Adobe Premiere Pro CS6

中文版经典教程

〔美〕Adobe 公司 著　　张明 译

人民邮电出版社

北京

图书在版编目（CIP）数据

Adobe Premiere Pro CS6中文版经典教程 / 美国
Adobe公司著 ；张明译. -- 北京 ：人民邮电出版社，
2014.6（2022.2重印）
ISBN 978-7-115-34940-8

Ⅰ. ①A… Ⅱ. ①美… ②张… Ⅲ. ①图形软件—教材
Ⅳ. ①TP391.41

中国版本图书馆CIP数据核字(2014)第060781号

内 容 提 要

本书由 Adobe 公司的专家编写，是 Adobe Premiere Pro CS6 软件的官方指定培训教材。

全书共分为 18 课，每一课先介绍重要的知识点，然后借助具体的示例进行讲解，步骤详细、重点明确，手把手教你如何进行实际操作。全书是一个有机的整体，它涵盖了 Adobe Premere Pro CS6 概述、设置项目、导入媒体、组织媒体、视频编辑基础知识、使用剪辑和标记、添加切换、高级编辑技巧、创建剪辑的运动特效、多摄像机编辑、编辑和混合音频、美化声音、添加视频特效、颜色校正与分级、探索合成技巧、创建字幕、项目管理，以及导出帧、剪辑和序列等内容，并在适当的地方穿插介绍了 Premiere Pro CS6 中的最新功能。

本书语言通俗易懂，并配以大量图示，特别适合 Premiere Pro 新手阅读；有一定使用经验的用户也可以从本书中学到大量的高级功能和 Premiere Pro CS6 的新增功能。本书也适合作为相关培训班的教材。

版 权 声 明

◆ 著　　　　[美] Adobe 公司
　　译　　　　张　明
　　责任编辑　俞　彬
　　责任印制　彭志环　杨林杰
◆ 人民邮电出版社出版发行　　北京市丰台区成寿寺路 11 号
　　邮编　100164　电子邮件　315@ptpress.com.cn
　　网址　http://www.ptpress.com.cn
　　固安县铭成印刷有限公司印刷
◆ 开本：800×1000　1/16
　　印张：24.75　　　　　　　　2014 年 6 月第 1 版
　　字数：584 千字　　　　　　　2022 年 2 月河北第 19 次印刷
　　著作权合同登记号　图字：01-2012-7397 号

定价：55.00 元（附光盘）

读者服务热线：**(010)81055410** 印装质量热线：**(010)81055316**
反盗版热线：**(010)81055315**
广告经营许可证：京东市监广登字20170147号

前　言

Adobe Premiere Pro CS6 是一个专门为视频编辑爱好者以及专业人士准备的基本的编辑工具，它能极大提升你的创作能力和创作自由度。Adobe Premiere Pro 是目前最易学、高效和精确的视频编辑软件。它支持众多的视频格式，包括 AVCHD、HDV、P2 DVCPRO HD、XDCAM、AVC-Intra、Canon XF、RED，ARRIRAW 以及 QuickTime 等。Adobe Premiere Pro 所具有的无与伦比的强大功能都将令你的工作更快捷，更有创造力。一整套功能强大、独一无二的工具可以让你顺利完成在编辑、制作以及工作流上遇到的所有挑战，满足你创建高质量作品的要求。

关于本书

本书是 Adobe 图形和出版软件系列官方培训教程的一部分。教程设计的出发点有利于你以自己的进度来学习。对于 Adobe Premiere Pro 的初学者来说，首先需要学习和这个程序有关的基本概念和功能。本书还涉及许多高级特性，包括使用这个程序最新版本的技巧和方法。

该版本教程中包含许多功能的应用。例如，多摄像机编辑、键控、动态裁切、颜色校正、无磁带介质以及音频视频特效。你还将学习如何使用 Adobe Media Encoder 创建用于互联网和移动设备的文件，或者不需要渲染或者中间导出就能够将序列发送到 Adobe Encore CS6 的方法，以及输出到光盘、蓝光盘或 Adobe Flash 的方法。全新的 Mercury Playback Engine 功能（它借助于软件和硬件两方面使性能获得突破）显著提高了软件的性能。Adobe Premiere Pro CS6 现在可用于 Windows 和 Mac OS。

准备工作

学习本书之前，请确认系统已经正确设置并且安装了所需的软件和硬件。可以访问 www.adobe.com/products/premiere/tech-specs.html 查看最新的系统需求。

你应该具备计算机和操作系统方面的常识，而且需要知道如何使用鼠标以及标准的菜单和命令，还有如何打开、存储和关闭文件。如果需要复习一下这些方法技巧，可以参考 Windows 或 Mac OS 系统的相关印刷文档或联机文档。

安装 Adobe Premiere Pro CS6

必须单独购买本书和 Adobe Premiere Pro CS6 软件。可以以单个产品的形式购买，也可以购买整个 Creative Suite 或者 Creative Cloud 系列。请将 Adobe Premiere Pro 从软件光盘安装到硬盘上，该程序无法直接在光盘上运行。如果你购买的是 Adobe Premiere Pro 的下载版本，请按照下载包中的说明启动安装。

Adobe Premiere Pro CS6 试用版

Adobe 提供 Adobe Premiere Pro CS6 的 30 天试用版，可以从 Adobe 产品网站下载该试用版。30 天后，软件将停止运行。如果决定购买 Adobe Premiere Pro，可以在安装的试用版中输入购买的序列号，将其转变为完全版的 Adobe Premiere Pro CS6。

性能优化

视频编辑工作对于计算机的内存和处理器来说是高强度的工作。快速处理器和大量的内存会使编辑变得更快、更高效。Adobe Premiere Pro CS6 对内存的最低要求是 4GB；编辑高清（HD）媒体时使用 8GB 或更大的内存会更好。Adobe Premiere Pro CS6 可以利用 Windows 和 Macintosh 系统上的多核处理器。

在进行标高清（HD）视频媒体编辑时，建议使用专用的 7200RPM 或更快的硬盘。进行 HD 编辑时，强烈建议使用 RAID 0 条带化磁盘阵列或 SCSI 磁盘子系统。如果你尝试在同一个硬盘驱动器上存储媒体文件和程序文件，性能将会受到很大的影响。如果条件允许，确保将媒体文件存储在单独的硬盘驱动器上。

Adobe Premiere Pro 中的 Mercury Playback Engine 可以运行在纯软件模式或 GPU 加速模式中，在 GPU 加速模式下，它的性能将得到显著提高。GPU 加速模式可以选择视频卡，Adobe 网站（www.adobe.com/products/premiere/tech-specs.html）上列出了这些视频卡清单。

复制课程文件

本书各章中使用了特定的源文件，如用 Adobe Photoshop CS6 和 Adobe Illustrator CS6 创建的图像文件，以及音频文件和视频文件。要完成本书中的课程，必须将本书附带光盘（封底内）中的所有文件复制到计算机硬盘中。这需要大约 4GB 的存储空间。此外，安装 Adobe Premiere Pro CS6 软件还需要 4GB 的硬盘空间。

虽然每课内容都是相对独立的，但有些课程中会用到其他课中的文件。因此在学习本教程期间必须在硬盘上完整保存所有这些课程文件，以便随时使用。下面介绍如何将课程文件从光盘复制到硬盘上。

1. 在"我的电脑"或 Windows 资源管理器（Windows）或者 Finder（Mac OS）中打开本书所附光盘。

2. 右键单击（Windows）或者按 Control 键并单击（Mac OS；如果你使用的是超级鼠标或者光笔，也可以右键单击）文件夹 Lessons，选择 Copy（复制）命令。

3. 导航到用于存储 Adobe Premiere Pro CS6 项目的文件夹。默认路径为 My Documents\Adobe\

Premiere Pro\6.0（Windows）或 Documents/Adobe/Premiere Pro/6.0（Mac OS）。

4. 右键单击（Windows）或者按 Control 键并单击（Mac OS）文件夹 6.0，选择 Paste（粘贴）命令。

按上述步骤操作，可以将所有课程素材复制到本地文件夹中。复制过程可能需要几分钟时间，这取决于硬件的速度。

重新链接课程文件

课程文件的文件路径有时可能需要进行更新。如果你在打开某个 Adobe Premiere Pro 项目时找不到媒体文件，这时会出现一个对话框询问"Where is 文件媒体名 .mov？（媒体文件在哪里？）"。如果出现这种情况，需要导航到脱机文件中的一个以便重新连接。重新连接了项目中的一个文件之后，其余文件都将被重新连接。

- 可以导航到光盘中复制文件所在的位置。路径为 Premiere Pro CS6 CIB>Lessons>Assets。可能需要查看其中包含的一些文件夹以找到媒体文件（尤其是使用无磁带介质时）。
- 可以使用 OS 对话框中的搜索字段通过名称搜索媒体文件。找到文件之后，只需选择该文件并单击 Open（打开）按钮即可。

如何使用教程

本书中每课都一步步指导你为真实的项目创建一个或多个特定元素。每课都是独立的，但大多数课程是建立在前面课程所介绍的概念和技巧之上。所以学习本书的最好方法是按照顺序来学习。

本书章节是按照工作流，而不是按照功能来组织的，并且采用真实的处理方法进行编排。各章按照视频编辑人员完成项目所使用的典型步骤编排组织，首先采集视频、创建仅有硬切效果的视频，添加特效，美化音轨，最终将项目导出 Web、便携设备、DVD、蓝光光盘或者 Flash 中。

检查更新

Adobe 定期提供对软件的更新。只要具备 Internet 连接，就能轻松通过 Adobe Updater 获得这些更新。

1. 在 Premiere Pro 中，选择 Help（帮助）> Updates（更新）。Adobe Updater 将自动检查 Adobe 软件的可用更新。
2. 在 Adobe Updater 对话框中，选择想要安装的更新，然后单击 Download and Install Updates（下载并安装更新）进行安装。

要获得图书更新或者其他相关材料，可以访问网页中的图书页面，地址为 www.peachpit.com/prcs6cib。

目　录

第 1 课　Adobe Premiere Pro CS6概述

课程概述

在本课中，你将学习以下内容：

- Adobe Premiere Pro CS6 中的新功能；
- Adobe Premiere Pro 中的非线性编辑；
- 标准的数字视频工作流；
- 使用高级功能增强工作流；
- 将 Adobe Creative Suite 6 Production Premium 集成到工作流；
- Adobe CS6 Production Premium 工作流介绍；
- Adobe Premium Pro CS6 工作区介绍；
- 工作区布局介绍；
- 自定义工作区。

本课的学习大约需要 45 分钟。

在开始学习本课内容之前，需要简要了解一下视频编辑以及 Adobe Premiere Pro 对视频制作工作流的支持方式。即使对于熟练的视频编辑者来说，本课也是一个使用 Adobe Premiere Pro CS6 的有用的向导。

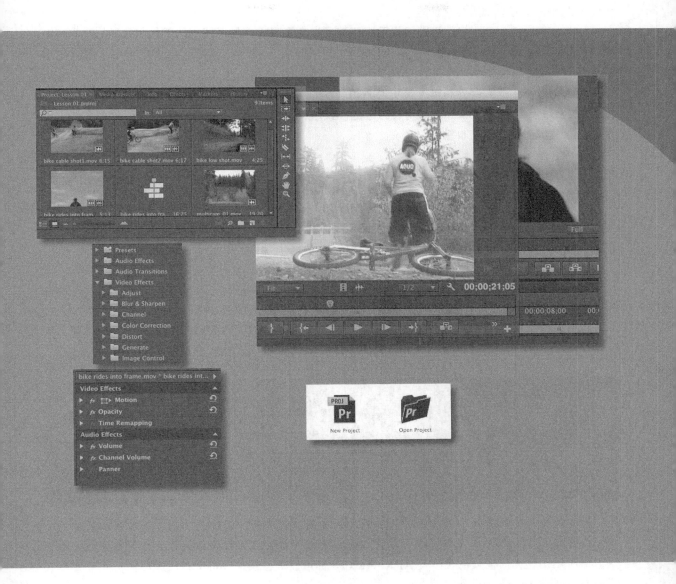

Adobe Premiere Pro CS6 是一个视频编辑工具，它支持最新的技术和摄像机，具有易于使用的强大工具并且能够与几乎每一种视频获取源进行集成。

1.1　开始

目前，对高质量视频内容的需求与日俱增，新老技术的交替同样非常迅速。面对不断的变化，视频编辑的目标却始终未变：获取素材并使用原始素材版本对其进行重新塑造，以便与观众（甚至整个世界）更有效地进行交流。

Adobe Premiere Pro 中的视频编辑系统能够通过众多强大且易于使用的工具对最新的技术和摄像机提供支持，能够与几乎每一种视频获取源进行集成，还为用户提供了众多的插件以及其他后期制作工具。

首先，你将了解大部分编辑人员所遵循的基本的工作流程。然后会看到 Premiere Pro 是如何与 Adobe CS6 Production Premium 融合在一起的。最后，你将了解 Adobe Premium Pro 界面中的主要组件，以及如何创建属于自己的自定义工作区。

1.2　Adobe Premiere Pro 中的非线性编辑

Adobe Premiere Pro 属于非线性编辑（NLE）工具。与文字处理程序相同，Adobe Premiere Pro 允许在最终编辑的视频中的任何位置上放置、替换和移动素材。不需要按照特定的顺序进行编辑，可以在任何时候对视屏中的任何部分进行更改。

你可以合并多个剪辑进而创建出一个序列，然后通过点击和拖动鼠标轻松地对其进行编辑。你可以按照任意顺序对序列中的任意部分进行编辑，然后对内容进行更改并移动剪辑，使其出现在视频的前面或者后面，还可以将视频图层混合在一起并添加特效以及进行其他操作。

你可以按照任意顺序对序列中的任意部分进行处理，甚至将多个序列合并在一起。可以不通过执行快进或者快退操作跳转到视频剪辑中的任何时间点上。组织图层与组织计算机上的文件一样简单。

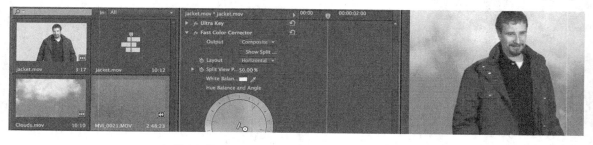

Adobe Premiere Pro 支持磁带和无磁带媒体格式，包括 XDCAM EX、XDCAM HD 422、AVCCAM、DPX、Panasonic P2、AVCHD、AVC-Intra 以及 DSLR 视频，同时还支持使用增强 RED 摄像机所拍摄的无损视频格式以及 ARRI Alexa。你可以轻松快速地将素材放进项目，并且通常不需要再对视频文件进行转换。

1.2.1　呈现标准的数字视频工作流

随着编辑经验的不断积累，你将在不同项目的基础上培养出属于自己的工作流程。每个步骤都具有不同的侧重点并使用不同的工具。此外，某些项目在某个阶段需要的时间会比其他项目的更多。

无论你是在脑海中快速构思各个步骤，还是花费几个小时（甚至几天！）的时间完善项目的各个方面，都需要遵循以下几个步骤。

1. 拍摄视频素材。这意味着需要为项目拍摄原始素材或者收集资源。
2. 把视频素材采集（传输或提取）到硬盘。对于基于磁带的媒体来说，Adobe Premiere Pro（通过合适的硬件）将视频转换为数字文件。对于无磁带媒体而言，Adobe Premiere Pro 能够直接读取媒体而无需转换。在使用无磁带媒体时，需要确保将在其他地方对文件进行备份。
3. 组织剪辑。在项目进行的过程中，你会从项目中选择大量的视频素材。花点时间将这些剪辑整理到项目中的一个特别的文件夹中（称为 bin）。你还可以为其添加彩色标签以及其他元数据（有关剪辑的更多信息），以便更好地对这些素材进行组织。
4. 选择需要的视频和音频剪辑并将其添加到 Timeline（时间线）中，构建属于自己的编辑序列。
5. 在不同的剪辑之间放置特别的转换特效，添加视频特效，并通过在多个图层（轨道）上放置剪辑来创建合并的视觉特效。
6. 创建标题或图形，然后使用与添加视频剪辑相同的方式将它们添加到序列中。
7. 将多个音轨进行混合以获得正确的效果，在视频剪辑中使用切换特效和特殊音效以改进声音的质量。
8. 将完成后的项目导出到磁带、计算机上的文件、用于因特网和移动设备上播放的文件或制作 DVD 和蓝光光盘。

Adobe Premiere Pro 以其业界领先的工具支持以上每一个步骤。

1.2.2　使用 Adobe Premiere Pro 增强工作流

Adobe Premiere Pro 不仅提供了一整套易于使用的标准数字视频编辑工具，还提供了一些高级的工具。通过这些工具可以对项目进行操控、调整和微调。

在最初的几个视频作品中，你很可能不会用到全部的功能。但随着经验的不断积累以及对非线性编辑有了更多的了解，你会希望扩展自己的技能。

本书中将会介绍以下几方面。

- 高级音频编辑：Adobe Premiere Pro 提供了与其他非线性编辑工具或者是大多数音频编辑软件完全不同的音频效果和编辑功能。可以创建和放置 5.1 环绕音频通道，编辑样式，在任何音频剪辑或音轨上应用多种音频效果，并使用自带的最前沿的插件和第三方 VST（Virtual Studio Technology）插件。
- 色彩校正：使用高级色彩校正器滤镜校正和增强视频效果。你还可以进行第二级颜色校正选择，它允许你调整被隔离出来的颜色以及图像中的某个部分，进而提高合成图像的质量。
- 关键帧控制：Premiere Pro 提供了精确的控制功能，使你无需导出到合成应用程序，就可以微调视觉和运动特效。关键帧使用标准的界面设计，因此只需在第一次使用时学习它们的使用方法，以后就可以在所有的 Adobe Creative Suite 产品中对其进行使用它们了。

- 广泛的硬件支持：采集卡及其他硬件的可选择范围很大，组合系统时，可以根据自己的需要和预算进行选择。Adobe Premiere Pro 不但支持 DV（数字视频）和压缩 HDV 格式编辑所使用的一般计算机，也支持采集 HD 视频以及 3D 立体视频所使用的高性能工作站。
- 水银回放引擎图形卡加速器：水银回放引擎运行在纯软件模式和 GPU 加速模式两种模式下。GPU 加速模式要求工作站上安装兼容的图形卡。关于兼容的图形卡列表请访问 www.adobe.com/products/premiere/tech-specs.html。
- 多摄像机编辑：可以轻易而迅速地编辑多摄像机拍摄的素材。Adobe Premiere Pro 会在一个分割显示的窗口中显示每台摄像机的图像轨，可以通过单击相应的屏幕或者使用快捷键来选取编辑的摄像视图。
- 项目管理器：通过单个对话框就可以管理媒体文件。可以查看、删除、移动、搜索、重组剪辑和文件夹。将那些真正在项目中用到的剪辑统一复制到某个文件夹中，以此来合并项目，然后删除无用的素材，释放硬盘空间。
- 元数据：Adobe Premiere Pro 支持 Adobe XMP，后者可以以元数据的形式存储与媒体有关的更多信息，可以通过多个应用程序来访问这些元数据。其中的信息可以用于定位剪辑或者根据需要与有价值的信息进行交流。
- 创意字幕：可以使用 Adobe Pro Title Designer 创建字幕和图形。你也可以使用其他任何合适的软件所创建的图形。此外，Adobe Photoshop 文件可以用作自动平铺的图像或者作为独立的图层来使用，你可以分别对其进行插入、合并或者动画处理。
- 高级裁剪：可以使用特殊裁剪工具对每个剪辑进行调整以及分割序列中的某个部分。Adobe Premiere Pro CS6 对裁剪工具进行极大的改进，能够使你对多个剪辑进行复杂的裁剪调整。
- 媒体编码：导出序列以创建最适合需要的视频和音频文件。使用 Adobe Media Encoder 的高级功能可以以不同格式创建已完成序列的多个副本。

1.3 扩展工作流

可以将 Premiere Pro 作为一个独立的应用程序来使用，但实际上它更需要多个应用程序的集体协作。很多时候，是将 Adobe Premiere Pro 作为 Creative Suite 6 的一部分来使用的，这就意味着在这个过程中还要访问其他专用的工具。即使你使用的是独立的版本，其中也绑定了 Adobe Encore（用于制作 DVD 和蓝光光盘）和 Adobe Media Encoder（用于创建数字视频文件）。了解这些软件协同使用的方式能够提高工作效率并且扩展你的个人能力。

1.3.1 在编辑工作流中与 CS6 其他组件协同工作

Adobe Premiere Pro 是一个功能强大的视频和音频后期制作工具，但是它仅仅是 Adobe CS6 中的一个组件，Adobe 完成的后期制作环境应该还包含以下软件：
- 高端 3D 运动特效；
- 复杂的文本动画；

- 带图层的图形；
- 矢量作品制作；
- 音乐创作。

要将这些功能中的一项或多项集成到一个作品中，你可以使用 Adobe Creative Suite 6 Production Premium 产品系列，它具有创建任何专业的高级视频作品所需的所有工具。

下面简要介绍 Adobe Creative Suite 6 Production Premium 内包含的其他组件。

- Adobe After Effects CS6：这是运动图像和视频特效艺术家选择的工具。
- Adobe Photoshop CS6 Extended：行业标准的图像编辑和图像创建产品。可以使用它来处理项目中要使用的照片、视频以及 3D 对象。
- Adobe Audition CS6：功能强大的音频编辑、音频整理、音频美化、音乐创作以及自动语音对齐工具。
- Adobe Encore CS6：高质量的 DVD 创作工具，它与 Adobe Premiere Pro、After Effects 和 Photoshop CS6 紧密集成。Encore 可以制作标准 DVD、蓝光光盘和交互式 SWF 文件。Encore CS6 包含在 Premiere Pro 中。
- Adobe Illustrator CS6：为印刷、视频创作和 Web 提供的专业的矢量图形创作软件。
- Adobe Dynamic Link：产品间的链接，使你能够在 After Effects、Adobe Premiere Pro 以及 Encore CS5 之间实时对媒体，合成图像和序列进行处理，而不用首先对其进行渲染和导出操作。
- Adobe Bridge CS6：可视化的文件浏览器，它提供对 Creative Suite 项目文件、应用程序和设置的集中访问。Bridge CS6 包含在 Adobe Premiere CS6 中。
- Adobe Flash Professional CS6：行业标准的交互式 Web 内容创作工具。
- Adobe SpeedGrade CS6：专业的高级润色工具并支持高端以及 3D（立体视频）格式。
- Adobe Prelude CS6：可以对基于文件的素材提取和添加元数据、标记和标签，进而能够提高后期制作的工作流程。
- Adobe Media Encoder CS6：批处理文件，用于为任何来自 Premiere Pro 和 Adobe After Effects CS6 的屏幕制作内容。Adobe Media Encoder CS6 包含在 Adobe Premiere Pro CS6 中。

1.3.2　Adobe Creative Suite 6 Production Premium 工作流

Adobe Premiere Pro/Creative Suite 6 Production Premium 工作流会根据不同的创作需要而不同。以下是一些工作流的流程。

- 使用 Photoshop CS6 处理来自数码相机、扫描仪或者视频剪辑的静态图像，然后在 Premiere Pro 中使用它们。
- 在 Photoshop CS6 中制作图层图形文件，然后在 Premiere Pro 中打开它们。可以选择单独对每个图层进行处理，这样能够对选择的图层应用特效和动画技巧。
- 使用 Adobe Prelude CS6 导入大量的媒体文件，添加有用的元数据、临时的评论以及标签。在 Adobe Prelude 中从子剪辑中创建序列并将其发送到 Premiere Pro 中，以便继续对其进行编辑。

- 将剪辑直接从 Premiere Pro Timeline（时间线）上发送到 Adobe Audition 中进行专业的音频整理和美化。

- 将 Premiere Pro 序列发送到 Adobe Audition 中完成专业的音频混合。Premiere Pro 可以根据序列创建一个 Adobe Audition 对话，其中带有模拟立体声（mixed-down）视频，因此你可以基于这一行为对其进行编辑。

- 使用 Dynamic Link，在 After Effects CS6 中打开 Premiere Pro 视频剪辑，应用特殊的特效和动画，然后在 Premiere Pro 中查看结果。可以直接在 Premiere Pro 中播放 After Effects 合成图像而无需对其进行渲染，还可以利用 After Effects CS6 Global Cache，它会保存 RAM 预览以便稍后使用。

- 用 After Effects CS6 的多种手段创建文字，并对其进行动画处理，这些手段是 Premiere Pro 所不具备的。可以通过 Dynamic Link 使用 Premiere Pro 中的合成图像。在 After Effects 中所做的调整会立即显示在 Premiere Pro 中。

- 使用 Dynamic Link 将在 Premiere Pro 内创建的视频项目发送到 Encore CS6 中，而不用渲染或者保存中间文件。使用 Encore 创建 DVD、蓝光光盘，或者交互式 Flash 应用程序。

本书将主要介绍只涉及 Premiere Pro 的标准工作流。尽管如此，本书还将用几课的篇幅演示如何在你自己的工作流中集成 Adobe Creative Suite 6 Production Premium 组件，以创建出更强大的效果。

1.4 Adobe Premiere Pro 界面概述

首先，有必要熟悉一下编辑界面，这样在接下来的课程中就可以在创作的过程中认识其中的工具。为了更加轻松地对用户界面进行配置，Premiere Pro 为我们提供了"工作区（workspace）"。可以在工作区中快速配置各种面板和屏幕上的工具，以便进行某种具体的操作，例如编辑、特效处理或者音频混合。

开始时，先对 Editing（编辑）工作区进行一个简单的了解。在本练习中，你会用到本书附带的 DVD 中的 Adobe Premiere Pro 项目。请确保将这些文件从 DVD 复制到计算机的硬盘中以便获得最佳效果。

1. 确保将 DVD 中的所有课程文件夹及其内容复制到硬盘中。默认时，Windows 下的目录是 My Documents\Adobe\Premiere Pro\6.0\Lessons，Mac OS 下的目录是 Documents/Adobe/Premiere Pro/6.0/Lessons。

> **Fl** 注意：由于有些课程需要参考之前的课程内容，所以最好将光盘中的所有课程文件全部复制到硬盘上，并一直保存到完成本书的所有课程为止。

2. 启动 Premiere Pro。

3. 单击 Open Project（打开项目）。

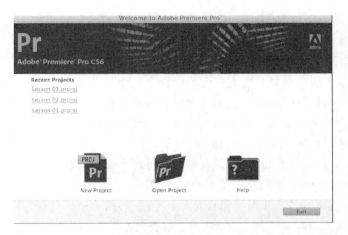

在 Adobe Premiere Pro 的欢迎屏幕中，可以启动新项目或者打开已经保存的项目

4. 在 Open Project 窗口中，导航到 Lessons 文件夹下的 Lesson 01 文件夹，然后双击 Lesson 01.prproj 项目文件，在 Premiere Pro 工作区内打开第一课。

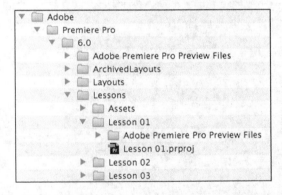

FI ┃ 注意：所有 Adobe Premiere Pro 项目文件都具有 .prproj 扩展名。

FI ┃ 注意：可能会出现提示对话框，询问某个文件的路径。当保存原始文件的硬盘盘符与当前所用盘符不同时将出现这种情况。这时需要告诉 Premiere Pro 该文件的路径。在这种情况下，请导航到 Lessons\Assets 文件夹，并选择对话框中提示的文件即可。Premiere Pro 将记住该路径以供其他文件使用。

1.4.1 工作区布局

开始之前，有必要先了解一下默认的工作区布局。选择 Window（窗口）>Workspace（工作区）>Editing（编辑）命令。接下来，要对工作区进行重新设置，可以选择 Window（窗口）>Workspace（工作区）>Reset Current Workspace（重设当前工作区）命令。在确认对话中单击 Yes（是）按钮。

如果你之前没有接触过非线性编辑工具，默认工作区可能会让你觉得无所适从。没关系，当你了解了这些按钮的作用之后就不会觉得那么复杂了。这种设计的目的就是为了让视频编辑更加简单。工作区中主要有以下几种元素。

工作区内的每一个项目都显示在它自己的面板中。你可以在一个框架中放置多个面板。一些通用的公共项目单独排列，比如时间线、调音台和节目监视窗口。下面介绍一些主要的工作区项目。

- Timeline（时间线）面板：大部分的实际编辑工作在这里完成。在时间线面板上创建序列（Adobe 术语，指编辑过的视频片段或整个项目）。序列的优点之一是可以嵌入它们（即将某些序列放置到其他序列中去）。我们可以用此方法把完整的任务分解成若干个易于处理的小块或者创建独特的效果。

- Tracks（轨道）：可以在无限数量的轨道上分层——或合成——视频剪辑、图像、图形和字幕。时间线上，放置在较高层轨道上的视频剪辑会覆盖其下方轨道上的内容。因此，如果你想要让处在低轨上的剪辑显现出来，就要为高轨上的剪辑设置一定的透明度，或者缩小它们的尺寸。

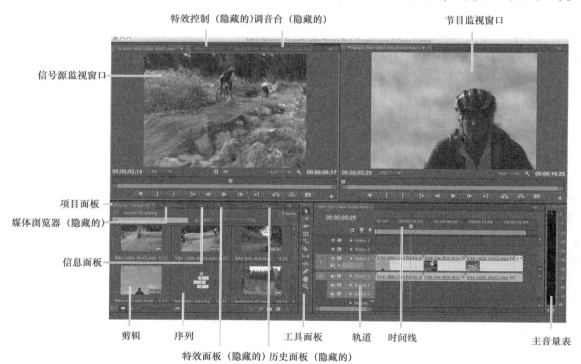

- Monitors（监视器）面板：通过 Source Monitor（信号源监视窗口，位于左边）观看和剪切原始素材（拍摄的原始信号）。要想把剪辑放到信号源监视窗口播放，请在项目面板中双击该剪辑。Program Monitor（节目监视窗口，位于右边）用来观看正在处理的项目。一些编辑人员喜欢只使用单个监视器，而本书各课中都会使用两个监视器。你可以自己选择一个或两个监视窗口。在 Source（源）选项卡中，单击 Close（关闭）按钮就可以关闭该监视窗口。在主菜单中，选择 Window（窗口）>Source Monitor（信号源监视窗口）可以再次打开它。

- Project（项目）面板：这里用于放置到项目媒体文件的链接。这些素材包括视频剪辑、音频文件、图形、静态图像和序列。可以通过文件夹来组织这些资源。

- Media Browser（媒体浏览器）：这里可以帮助你浏览硬盘中的文件系统以便找到特定素材，这对基于文件的摄像机媒体来说尤其有用。

- Effects（特效）面板：该面板中包含你将在序列中使用的全部剪辑特效，包括视频滤镜、音频特效以及切换（默认情况下它位于项目面板旁边）。特意按不同类型对特效进行分组以便在使用时更容易找到。

- Audio Mixer（调音台）：该面板默认情况下位于信号源和特效控制面板旁边。这个界面看起来很像一台用于音频制作的硬件设备，它包括音量滑块和摇曳旋钮，时间线上每一轨音频都有一套控件，此外还有一个主音轨。

特效控制

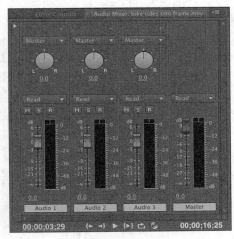

调音台

- Effect Controls（特效控制）面板：该面板默认情况下位于信号源和调音台面板旁边，也可以通过窗口菜单进行访问。它用于控制任何应用到序列中你选择的剪辑上的特效。通常会提供三种视频特效：Motion（运动）、Opacity（不透明度）和 Time Remapping（时间重映射）。大部分特效参数都可以随时间进行调整。

- Tools（工具）面板：该面板中的每个图标都代表一个执行特定功能的工具，通常是编辑功能。Selection（选择）工具与环境相关。它会自动变换外观，代表与环境相匹配的功能。如果你发现光标不按照自己的意愿工作，这可能是你选择了错误的工具。

- Info（信息）面板：该面板默认情况下位于项目面板和媒体浏览器面板旁边，也可以通过窗口菜单进行访问。信息面板用于显示项目面板中当前选取的所有素材、序列中选取的所有剪辑或切换特效的相关信息。

- History（历史记录）面板：该面板默认情况下位于特效面板和信息面板旁边，该面板能够追踪你已执行的步骤并且能够允许你轻松返回到以前的步骤。它相当于一种视觉上的撤销列表。当返回到先前状态时，在该点之后的所有操作步骤也将被撤销。

1.4.2　自定义工作区

除了根据不同的任务对默认的工作区进行自定义操作，你还可以调整各个面板的位置以创建最适合自己的工作区。然后可以保存工作区，甚至为不同的任务创建多个工作区。

- 当更改一个框架尺寸时，其他框架的尺寸会随之做相应的调整。
- 框架中的所有面板可以通过选项卡来访问。
- 所有面板都可定位，可以把面板从一个框架拖放到另一个框架。
- 可以把某个面板从原来的框架中拖出，使它成为一个单独的浮动面板。

在这个练习中，我们会尝试所有这些功能并保存一个自己定制的工作区。

1. 单击 Source Monitor 面板（如果需要可以选择它的选项卡），然后将鼠标指针定位在 Source 面板和 Program 面板之间的垂直分隔条上，再左右拖动，改变这些框架的尺寸。播放视频时，可以选择不同的尺寸。

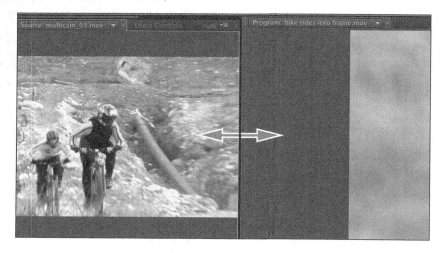

> **Fl** | 注意：所有面板都可以采用这种方式进行调整，甚至是工具面板和音量表。

2. 将指针放置到 Source 面板和 Timeline 之间的水平分隔条上，再上下拖动，改变这些框架的尺寸。

3. 单击 Effects 面板选项卡左上角被包夹的区域（位于名称的左边），将其拖动到 Source 面板的中间，将 Effects 面板放置在该框架内。

> **Fl** | 注意：移动面板时，Premiere Pro 会显示下落区域。如果这个区域是矩形，面板就会进入选定的框架中，成为其新增的选项卡。如果是梯形，面板则会进入自己的框架内。

当很多面板合并在同一个框架内时，无法看到所有的选项卡。这时，选项卡的上方会出现一个导航滑块以便在它们中间进行导航操作。

下落区域的中间会高亮显示

将滑块向左或者向右滑动可以显示隐藏的选项卡。也可以在 Window 菜单中选择某个面板以便显示该面板。

4. 单击并拖动 Effects 面板的拖动手柄到 Project 面板右侧附近的某个点上，可以将其放置到自己的框架中。

下落区域显示为梯形

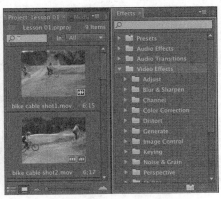

可能需要对面板的尺寸进行
重新定义以查看想要使用的控件

下落区域显示为一个梯形并且覆盖了 Project 面板的右边部分，释放鼠标按钮，工作区将显示为如右图中所示。

还可以将面板拉出来以使其进入它们自己的浮动面板中。

5. 单击 Source Monitor 的拖动手柄，按住 Control（Windows）键或者 Command（Mac OS）键并将其从自己的框架中拖出来。它的下落区域图像会显得更加清楚，这表示你将要创建一个浮动面板。

6. 在任意位置放下 Source Monitor 面板以创建它的浮动面板。与其他面板一样，拖动该面板的边角可以重新定义它的尺寸。

7. 随着经验的不断增加，也许你想要创建和储存一个自己定义的工作区。要实现这一点，可以选择 Window（窗口）>Workspace（工作区）>New Workspace（新建工作区）命令，输入工作区的名称，单击 OK（确定）按钮进行保存。

8. 如果想使工作区回到其默认布局，可以选择 Window（窗口）>Workspace（工作区）>Reset Current Workspace 命令（重设当前工作区）。要返回到某个可识别的起点上，可以选择预设 Editing（编辑）工作区并对其进行重新设置。

1.4.3　介绍首选项

你编辑的视频越多，就越是想要对 Premiere Pro 进行自定义操作以便满足自己特定的需求。存在几种类型的首选项，这些首选项被归纳到一个面板中以便方便访问。本书中的每章中几乎都设计首选项，这里我们先来看一下其中一个简单的示例：

1. 在 Windows 下，请选择 Edit（编辑）>Preferences（首选项）>Appearance（外观）命令，而在 Mac OS 下，选择 Premiere Pro>Preferences（首选项）>Appearance（外观）命令。

2. 左右移动 Brightness（亮度）滑块，调整到适合自己的亮度之后，单击 OK（确定）按钮，也可以单击取消按钮返回到默认设置。

默认亮度为中性的灰色，
这样有助于正确的查看色彩

Pr 提示：当接近最暗设置时，文字将切换为灰色背景上的白色文字。这适合于在阴暗的编辑隔间内工作的编辑人员。

复习题

1. 为什么 Premiere Pro 被认为是一个非线性编辑工具？
2. 请描述基本的视频编辑工作流。
3. Media Browser 的作用是什么？
4. 可以保存自定义的工作区吗？
5. Source Monitor 的作用是什么？ Program Monitor 窗口又有什么作用？
6. 如何拖放面板使其成为浮动面板？

复习题答案

1. Premiere Pro 可以将视频、音频和图形放在一个序列的任何地方。在序列中重新组合媒体素材之间的顺序，加入变换、应用视频特效，还能以任意顺序执行很多其他视频编辑步骤。
2. 拍摄视频，将其传输到计算机中；在时间线上创建视频、音频和静态图像剪辑序列；应用视频特效和变换特效，添加文字和图形；混合音频，导出最终作品。
3. Media Browser 使你可以浏览并导入媒体文件，而不需在软件外部再打开文件浏览器。在处理基于文件的摄像机素材时尤其有用。
4. 是的，选择 Window（窗口）>Workspace（工作区）>New Workspace（新建工作区）命令可以保存任何定制的工作区。
5. 使用 Monitor 面板可以查看项目内容和原始素材。可以在 Source Monitor 中查看和剪切原始素材，用 Program Monitor 查看在时间线上所创建的序列。
6. 在按住 Ctrl 键（Windows）或 Command 键（Mac OS）使用鼠标拖放面板即可。

第2课 设置项目

课程概述

课程概述

在本课中，你将学习以下内容：

- 选择项目设置；
- 选择视频渲染和播放设置；
- 选择视频和音频显示设置；
- 选择捕捉格式设置；
- 创建暂存盘；
- 使用序列预设；
- 自定义序列设置。

本课的学习大约需要 45 分钟。

在开始学习本课内容之前，需要创建一个新的项目并为第一个序列选择一些设置。对那些刚刚接触视频和音频技术的人来说，会感觉所有这些选项非常复杂，幸运的是，Adobe Premiere CS6 提供了一些快捷方式。此外，无论你创建何种内容，视频和音频，再创作的原理都是相同的。

只需知道自己想要做什么就可以了。为了帮助你更好地对项目进行计划和管理，本章中提供了大量与格式和视频技术相关的信息。随着对 Adobe Premiere Pro 了解的深入，你可以在以后重新查看本章中介绍的内容。

实际上，你很可能不会对默认设置进行过多的更改，但是了解这些选项的意义是非常有必要的。

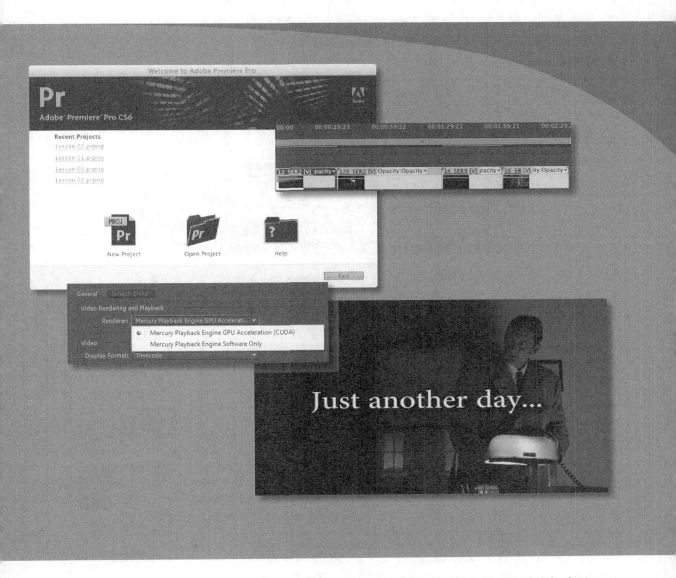

　　在本章中，你将学习如何创建新项目并选择序列
设置，以便告知 Adobe Premiere Pro 以何种方式显示
视频剪辑。

2.1 开始

Adobe Premiere Pro 项目中存储有连接到视频和音频文件的链接 aka clips，它们都用于 Adobe Premiere pro 项目中。项目文件中还至少存在一个序列（sequence）——也就是一系列要播放的剪辑，逐一进行播放并附带一些特别的效果、字幕以及声音，进而组成一个完整的富有创意的作品。你可以选择使用剪辑中的哪些部分以及以何种顺序进行播放。使用 Adobe Premiere Pro 进行编辑的动人之处在于你可以针对任何内容随时融入自己的想法。

记住，Adobe Premiere Pro 项目文件的文件扩展名为 .prproj。

> **FI** 注意：很多在 Adobe Premiere Pro 中使用的术语都出自于电影编辑工作，其中就包含术语 clip（剪辑）。在传统的电影编辑工作中，电影编辑人员会使用剪刀将赛璐珞剪成一片一片的，然后将这些碎片放在一旁，以便在编辑中使用。

在一个完成的编辑工作中，序列中的视频和音频剪辑按一定顺序进行播放

大部分时候，开始一个新的 Adobe Premiere Pro 项目都是非常简单的。创建一个新项目，选择一个序列预设，再进行编辑即可。

创建新项目时，Adobe Premiere Pro 会邀请你创建一个序列。有一点很重要，那就是要了解序列设置是如何改变 Adobe Premiere Pro 显示视频和音频剪辑的。如果这些设置无法精确达到你想要的效果，可以通过使用预设对所选的设置进行更改。

> **FI** 注意：预设会重新选择几个设置以便节省你的时间。你可以使用现有预设，也可以创建新的预设以便在下一次使用。

由于序列设置通常由最初的原始剪辑来决定，因此你需要知道摄像机所记录的视频和音频的类型。要更轻松地选择正确的设置，Adobe Premiere Pro 会以不同摄像机记录格式进行命名，因此如果你知道所使用的摄像机记录的视屏格式，那么就会知道如何进行选择。

New Project
新项目

在本章中，你将学习如何创建新项目并选择序列设置以便告知 Adobe Premiere Pro 以何种方式显示视频剪辑。你还将了解各种不同类型的音轨，什么是预览文件，以及如何打开在 Apple Final Cut Pro 7 和 Avid Media Composer 中创建的项目。

2.2 建立项目

我们首先来创建一个新项目

1. 启动 Adobe Premiere Pro。这时将显示欢迎屏幕。

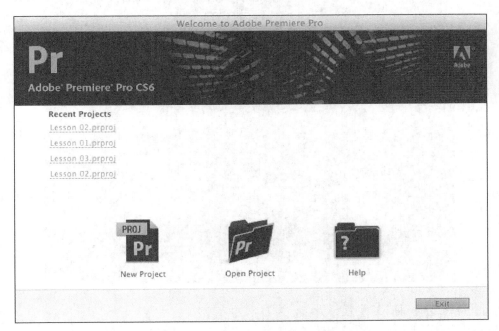

最近的项目是一个之前打开项目的一个列表。如果你是首次启动 Adobe Premiere Pro，那么屏幕将是空白的。

在这个窗口中有以下 4 个按钮：

- New Project（新建项目）：打开 New Project 对话。
- Open Project（打开项目）：允许你浏览某个已经存在的项目文件并打开以继续对其进行处理。
- Help（帮助）：打开在线帮助系统。你需要连接到因特网以便打开在线的 Adobe Premiere Pro Help。
- Exit（退出）：退出 Adobe Premiere Pro。

2. 单击 New Project 打开 New Project 对话。

这个对话中有两个选项卡：General（常规）和 Scratch Disks（暂存盘）。该对话中的全部设置以后都可以进行更改。在大多数情况下，你可能不想随其进行更改。让我们来看一下他们所代表的意思。

> **Fl** 注意：你可能会注意到在 Adobe Premiere Pro 中会出现大量的选项卡面板，这有助于将众多额外的选项归纳到一个较小的空间中。

2.2.1 视频渲染和播放设置

当你对序列中的视频剪辑进行有创意的处理时，很可能会应用一些视频特效。一些特效可以立即进行播放，当你点击播放按钮时，原始视频和一些特效会立即进行播放。当这种情况发生时，被称为"实时播放（real-time playback）"。

实时播放很受欢迎，因为这意味着你可以立即观察你的创意性选择所产生的结果。很多 Adobe Premiere Pro 中的特效都是专门为实时播放而设计的。

如果你使用了众多特效或者你使用的特效不是专门为了实时播放而设计的，那么你的计算机将不会以完全帧速率来显示结果。也就是说，Adobe Premiere Pro 将尝试播放你的视频剪辑并且显示应用的特效，但是它不会显示每秒中的每一个帧。当这种情况发生时，通常被描述为**落帧**（dropping）。

渲染和实时的真正意思是什么？

可以将渲染看成是与画家进行的渲染工作一样，其中的内容是可见的，拿出一张纸并需要一些时间。想象你的某个视频有些过于黑暗。你需要添加一些特效以使其变得更加明亮，但是你的视频编辑系统无法同时播放原始视频并使其变得更加明亮。在这种情况下，你需要系统对特效进行一些渲染工作。这时，会创建一个与原始视频相似的新视频文件并具备一些能够使其变得更加明亮的特效。

当播放序列中的某个部分时，如果其中包含带有渲染特效的剪辑，那么系统会在后台直接切换以播放新渲染的视频文件。该文件在播放时与其他常规文件一样。尽管它看上去只是在原始视频中加入了一点特效，但实际上只是一个正常播放的示例视频剪辑。

当序列中的某个部分包含更加明亮的剪辑时，系统会在后台直接切换并播放其他的原始视频文件。

渲染的缺点是它会占用硬盘中的空间并且需要花费一定的时间。还意味着你正在查看的是一个基于原始媒体的全新的视频文件，因此可能会导致一些视频质量上的损失。渲染的优势是你的系统将能够以完全质量和每秒全帧来播放特效结果。

实时就是立即！当使用实时特效时，系统会立即播放带特效的原始视频剪辑，而不需要等待渲染。实时表现的唯一的缺点是不需要渲染的数量是由系统的强大程度所决定的。使用Adobe Premiere Pro时，可以通过使用合适的图形卡（请参见本书下一页中的"水银回放引擎GPU加速[CUDA]"部分）来极大地提高实时的表现效果。此外，还需要使用那些专门为实时播放而设计的特效，而不是全部特效。

播放视频时，如果需要进行额外的处理，Adobe Premiere Pro 会在 Timeline 面板的顶部显示彩色的线条。

在播放序列时，看不到每一个帧也没有关系！这不会影响最终结果。完成编辑工作之后，你将输出完成的序列（更多内容请参见本书第18章"导出帧、剪辑和序列"），这时，它将是全质量并且是全帧的。尽管如此，这可能会对你的编辑体验和预览特效时的信心有一点影响。有一个很简单的解决办法：渲染。

当你选择进行渲染时，Adobe Premiere Pro 会生成一个新的视频文件，该视频文件看上去与你已经选择的序列非常相似——即众所周知的 work area——应用了所有的特效。每次播放序列的这个部分时，Adobe Premiere Pro 都会自动在后台切换到新的视频文件并进行播放。当该序列的这个部分播放完成之后，Adobe Premiere Pro 会在后台切换回来并播放序列中的下一个剪辑。

这就意味着 Adobe Premiere Pro 能够以全质量和全帧速率播放特效结果，而计算机只需像播放常规视频文件那样即可，无需执行额外的工作。

实际上，告诉 Adobe Premiere pro 执行渲染工作只需按键盘上的一个按键即可（Enter 键），或者也可以通过选择菜单上的

Render Effects in Work Area ↵
Render Entire Work Area

相关选项来完成。

如果 Renderer（渲染器）菜单是可见的，这意味着你的计算机中具备正确的 GPU 加速图形硬件并且已经进行了正确的安装。

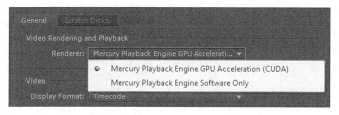

你将看到以下选项：

- Mercury Playback Engine GPU Acceleration (CUDA)（水银回放引擎 GPU 加速）：如果你选择了这个选项，Adobe Premiere Pro 会向计算机中的图形硬件发送很多播放任务，在序列中为你提供大量的实时特效和易于播放的混合格式。
- Mercury Playback Engine Software Only（仅使用水银回放引擎软件）：这仍然是实时播放的一个优势，它能够利用计算机中所有可能的力量，进而提供非常优秀的表现效果。如果你的计算机中没有正确的图形硬件，那么仅这个选项是可用的，而且你也无法点击这个菜单。

如果具有兼容的图形卡，可以通过选择 GPU Acceleration 来获得更好的效果。它允许 Adobe Premiere Pro 将一些播放视频的工作和应用特效的任务交给 GPU 进行来完成。

如果可能的话，你一定希望选择 GPU 选项并利用其具有的更多的性能。

如果条件允许，现在就可以这么做。

水银回放引擎

从 Adobe Premiere Pro CS5 开始，Adobe 公司引入了一款名为水银（Mercury）的播放引擎。Mercury Playback Engine 能够极大地提升播放性能，在处理多个视频格式、多个特效以及多个图层的视频（例如画中画特效）时能够实现更快更轻松的处理效果。

水银回放引擎在 CS5.5 和此处的 CS6 中都获得了增强，它具有以下三个主要功能：

- 播放性能：Adobe Premiere Pro 播放视频文件的性能获得了提升，尤其是对于那些很难播放的视频类型。例如，如果你的媒体是使用 DSLR 相机拍摄的，那么媒体很可能是使用 H.264 编码解码器记录的，这种类型的视频很难进行播放。有了 Mercury Playback Engine，你会发现这些文件播放起来非常简单。
- 64 位和多线程：Adobe Premiere Pro 是一个 64 位的应用程序，也就意味着它能够使用你计算机上全部的随机存取存储器（RAM）。在处理具有较高分辨率的视频时，这个特性非常有用。Mercury Playback Engine 同时还是多线程的，这意味着它能够利用计算机上的全部 CPU 核心。Adobe Premiere Pro 的性能由你的计算机性能来决定。

2.2.2 视频 / 音频 Display Format（显示格式）设置

下面将要介绍的两个选项用于告知 Adobe Premiere Pro 以何种方式测量视频和音频剪辑的时间。

大多数情况下，你选择默认设置就可以：为视频选择 Timecode（时间码），为音频选择 Samples（样例）。这些设置不会改变 Adobe Premiere Pro 播放视频或者音频剪辑的方式，而仅仅改变时间的测量方式。

Video Display Format（视频显示格式）

Video Display Format 中包含 4 个选项。对于特定的项目来说，你的选择由你是否将视频或者影片作为源材质进行处理来决定。

这 4 个选项如下所示：

- Timecode：这是默认设置。Timecode 通常是用于计算小时、分钟、秒以及视频文件或者磁带的单独帧的通用标准。全世界的摄像机、专业视频记录器以及非线性编辑系统所使用的也是同样的系统。

- Feet+Frames 16mm 或者 Feet+Frames 35mm：如果你的源文件是从影片捕捉的并且你想要将编辑工作交给暗室来完成，以便对原始底片进行裁切进而制作出较好的影片。这是可以使用这种标准的时间测量方法。这种方法不是测量时间本身，而是测量英尺数量和从上一英尺开始的帧的数量。它有一点与英尺和英寸的关系类似，只是这里将英寸换成了帧。由于 16mm 影片与 35mm 影片具有不同尺寸的帧（每英尺帧的数量也是不同的），因此每一个都会提供相应的选项。

Frames：这个选项仅用于计算视频中的帧数量，从 0 开始计算。这个选项有时用在动画制作项目中，暗室也愿意选择这种方法了解影片项目的编辑信息。

在这个练习中，将 Video Format（视频格式）设置为 Timecode。

音频显示格式

播放音频文件时，时间可以被显示为样例或者毫秒。

· Audio Samples（音频样例）：记录数字音频时，会捕捉一个声音样例，通过麦克风进行捕捉，每秒数以千次。对于大多数专业的视频摄像机来说，为每秒钟 48000 次。在 Audio Samples 模式下，Adobe Premiere Pro 将以小时、分钟、秒和样例播放序列。每秒钟样例的数量由序列的设置决定。

· Milliseconds（毫秒）：选择这个模式时，Adobe Premiere Pro 将以小时、分钟、秒和千分之一秒来显示时间。

默认情况下，Premiere Pro 允许你放大序列以便查看单个的帧。尽管如此，你可以轻松切换到显示你的音频显示格式上。这个强大的功能使你能够对声音进行最细微的调整。

2.2.3 Capture Format（捕捉格式）设置

Capture Format 菜单会告知 Adobe Premiere Pro 在将视频从录像带记录到硬盘时选择哪种格式。

DV 和 HDV 捕捉

在不使用第三方硬件的情况下，Adobe Premiere Pro 会使用计算机上的 FireWire 连接（如果有的话）。FireWire 也被称为 IEEE 1394 和 i.Link。

对于基于磁带的媒体来说，FireWire 是一个非常方便的连接方式，因为它它只需要使用一根线缆就可以传输视频和声音信息、设备控制（因此你的计算机也可以告知视频卡 [video deck] 进行播放、快进和暂停等操作）和时间码。

第三方硬件捕捉

并不是所有的视频卡都使用 FireWire 连接，因此你可能需要安装第三方硬件来连接视频卡以便进行捕捉。

如果你有第三方硬件，可以按照制造商提供的说明进行操作。这就像你在硬件上安装软件一样，它会发现计算机上已经安装的 Adobe Premiere Pro，并且会自动将更多的选项添加到这个菜单（或者其他菜单中）。

按照第三方设备提供的说明进行操作以配置新的 Adobe Premiere Pro 项目。

要了解更多关于视频捕捉硬件和 Adobe Premiere Pro 支持格式的信息，可以参见 www.adobe.com/products.premiere/extend.html。

> **Fl** 　**注意**：Mercury Playback Engine 能够与视频捕捉卡分享监视信息，这要归功于 Adobe Mercury Transmit，它是 CS6 中的一个全新功能。

现在，可以忽略这个设置，因为在这个练习中我们不会从磁带中捕捉视频，可以在任何时间对其进行更改。

2.2.4 Scratch Disks（暂存盘）设置

无论何时，当 Adobe Premiere Pro 从磁带中捕捉（记录）或者渲染特效时，都会在硬盘中创建一个新的媒体文件。

Scratch Disks 就是存储这些新文件的地方。它们可以是单独的磁盘，正如其名称中显示的那样，也可以是任意的文件存储位置。可以将所有的 Scratch Disks 创建在一个位置上，也可以在分离的位置进行创建，这由你的硬件和工作流程需要来决定。如果你要处理的媒体文件非常大，那么将暂存盘放在不同的硬盘上能够极大提升性能。

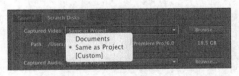

通常，在视频编辑中有两种存储方式：

- 基于项目的设置：所有关联的媒体文件都存储在同一个文件夹中的项目文件内。
- 基于系统的设置：与多个项目相关联的媒体文件存储在一个中心位置，而该项目文件存储在其他位置。

使用基于项目的设置

默认情况下，Adobe Premiere Pro 会将新创建的媒体与项目文件保存在一起（即 Same as Project[与项目相同位置] 选项）。将所有内容放在一个位置能够使寻找关联文件的操作变得更加容易。你设置可以在导入任何媒体文件之前先将它们导入到同一个文件夹中以便对其进行更好的组织和管理。当项目完成后，删除一个文件夹即可清理整个项目。

使用基于系统的设置

有些编辑人员更喜欢将他们的全部媒体文件存储在一个单独的位置上。而另一些人则愿意将他们捕捉视频的文件夹和预览文件夹存储在项目中的不同位置上。当多个编辑人员共享多个编辑系统并且都连接到同一个存储驱动时，这种选择非常普遍。当编辑人员的视频媒体硬盘驱动非常快速但是其他硬盘驱动较慢时，也会采用这种方式。

典型的驱动设置和基于网络的存储

尽管所有的文件类型都可以保存在同一个硬盘中，典型的编辑系统仍会拥有两个硬盘：硬盘1，供操作系统和程序所使用，硬盘2（通常速度更快），供素材项目使用，包括捕捉的视频和音频、视频和音频预览、静态图像以及导出的媒体文件。

一些存储系统会使用本地的计算机网络在多个系统上共享存储空间。如果你的Adobe Premiere Pro就是在这种情况下使用，请与系统管理人员进行沟通以便确认获得正确的设置。

对于这个项目来说，我们建议你为暂存盘全部选择默认设置：Same as Project。

1. 在 Name（名称）：字段内单击并将你的新项目命名为 lesson 02-01。
2. 单击 Brower（浏览）按钮；然后在计算机的硬盘中为这些课程选择一个合适的位置。
3. 如果你的项目获得了正确的设置，那么 New Project 窗口中的 General 和 Scratch Disks 选项卡会与下面显示的屏幕相同。如果设置匹配，单击 OK 创建项目文件。

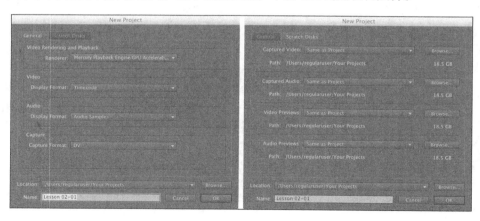

Fl　注意：当为项目文件选择存储位置时，你可以从下拉菜单中选择最近使用的位置。

2.3　设置序列

　　创建项目之后，会出现一个对话框，提示你为第一个序列设置参数。Adobe Premiere Pro 总是会假设你需要至少一个序列，因此当开始新项目时，会提示你创建一个序列。Adobe Premiere Pro 会对你放置到序列中的视频和音频剪辑进行改编以使它们与序列的设置相匹配。项目中的每一个序列都具有不同的设置，而你希望选择最能够与原始媒体相匹配的设置。这么做能够减少系统播放剪辑时的工作量，提升实时播放性能并获得最好的质量。

　　New Sequence（新建序列）对话中有三个选项卡：Sequence Presets（序列预设）、Settings（设置）和 Tracks（轨道）。我们先从 Sequence Presets 开始。

2.3.1　Sequence Presets 选项卡

　　Sequence Presets 选项卡能够使对新序列的设置变得更加容易。当你选择一个预设时，Adobe Premiere Pro 会为序列选择与视频和音频格式最为匹配的设置。选择完预设之后，你可以在 Settings（设置）选项卡中对这些设置进行调整。

　　你会看到很多针对最常使用和支持的媒体类型的预设配置选项。这些设置是基于摄像机格式（具体设置位于以记录格式来命名的文件夹中）进行组织的。

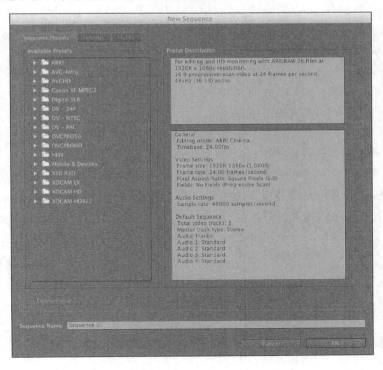

1. 单击 DVCPROHD 组旁边的三角形图标。

你会看到三个基于帧尺寸和差值方法的子文件夹。记住，视频摄像机在拍摄视频时经常使用不同尺寸的 HD 风格，帧速率和记录方式也是如此。下一个练习中将要使用的媒体将是 720p 的 DVCPRO HD，其帧速率为 24fps。

2. 单击 720p 子组旁边的三角形图标。
3. 为了匹配我们将使用的素材，点击其名称选择 DVCPROHD 720p24 预设。

 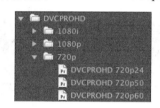

选择正确的预设

开始进行视频编辑工作时，你可能会觉得可用的格式有一点繁杂。Adobe Premiere Pro可以播放和处理多种类型的视频和音频格式，在播放不匹配的格式时，也经常能够获得平滑的播放效果。

尽管如此，在面对不匹配的序列设置时，Adobe Premiere Pro必须对视频进行调整以便进行播放，编辑系统也必须执行更多的操作来播放视频，而这将会对实时播放性能产生影响。因此在开始编辑之前，有必要花点时间找到最能够与原始媒体文件相匹配的序列设置。你将注意到，所有的预设都是基于摄像机类型的，这有助于更容易地选择正确的那一个。

基本要素通常都是相同的：每秒的帧数量、帧尺寸（图片中的像素数量）以及编码解码器。如果你想将序列变为文件，那么帧速率、音频格式和帧尺寸等内容都将与你在此处所选的设置相匹配。

当你导出文件时，可以选择任何自己喜欢的导出格式（要了解更多关于导出的更多信息，请见本书第18章"导出帧、剪辑和序列"）。

2.3.2 设置选项卡

选择了与源视频最为匹配的序列预设之后，你可能还希望对设置进行一些调整以便适合序列的具体特性。

　　要开始进行调整，你需要单击 Settings（设置）选项卡并选择最合适的选项，使 Adobe Premiere Pro 采用你希望的视频和音频播放方式。记住，Adobe Premiere Pro 会自动对你添加到 Timeline 上的素材进行改编，以便与序列设置相匹配，同时，无论原始格式是什么，它都会为你提供标准的帧速率和帧尺寸。

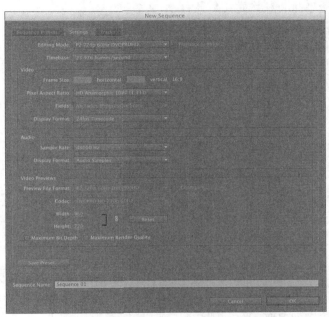

　　在使用预设时，你会发现无法改编某些设置。这是因为它们根据你在 Preset（预设）选项卡中所选的媒体类型进行了优化。要获得完全的灵活性，可以将 Editing Mode（编辑模式）改为 Custom（自定义），这时，你将能够对所有可用的选项进行更改。

　　Settings（设置）选项卡允许你对单个的预设设置进行自定义操作。如果你的媒体与预设中的一个相匹配，则不需要对 Settings（设置）选项卡进行任何更改。事实上，这也是我们也建议你这么做的，

　　在这里，先不用考虑预设，但是需要查看一下预设时如何配置新序列的。

　　从选项卡的顶部到底部逐一查看每一个设置，熟悉一下所需的选项以便能够正确地配置视频编辑序列，

最大位深和最佳渲染质量

　　如果启用了Maximum Bit Depth（最大位深）选项，Adobe Premiere Pro能够以最好的质量对特效进行渲染。对于很多特效来说，这意味着32位浮点色彩，允许数以万亿计的色彩合并。这能够最大限度地提升特效质量，但是需要计算机进行更多的工作，因此如果启用它，要做好损失实时播放性能的心理准备。

如果启用了Maximum Render Quality（最佳渲染质量）选项或者你有GPU加速，那么Adobe Premiere Pro会使用更为高级的系统来缩小图像的尺寸。如果没有这个选项，当缩小图像尺寸时，你会在画面中看到人工痕迹或者噪点。如果没有GPU加速，这个选项会对性能产生影响。

这两个选项可以在任何时候关闭或者开启，因此你可以在编辑时将它们关闭，然后在输出最终作品时再开启这两个选项。即使当这两个选项全部启用时，你也可以使用实时特效并获得很好的性能。

自定义预设

虽然标准预设能够获得很好的效果，但是你也许还希望对设置进行自定义操作。要进行这种操作，首先选择与媒体最为接近的序列预设，然后在 Settings（设置）选项卡中进行自定义选择。可以通过单击 Settings（设置）选项卡底部附近的 Save Preset（保存预设）按钮保存自定义预设。在 Save Preset（保存预设）对话中为你的自定义预设输入一个名称，还可以根据需要添加说明，然后单击 OK 按钮。该预设将会出现在 Available Presets（可用预设）下面的 Custom（自定义）文件夹中，

如果你使用的是 Apple Macintosh 并安装了 Apple ProRes 编码解码器，那么可以使用它作为预览文件的编码解码器。选择一个自定义的编辑模式，然后选择 QuickTime 作为预览文件格式、选择 Apple ProRes 作为编码解码器。

格式和编码解码器

视频文件类型，比如Apple QuickTime和Microsoft AVI，能够承载很多不同的视频和音频编码解码器。这些文件被称为wrapper，而编码解码器被称为essence。

编码解码器（codec）是压缩/解压缩（compressor/decompressor）的简写。它是视频和音频信息的存储方式。

如果你将完成的序列输出到文件中，那么将会同时选择文件类型和编码解码器。

2.3.3　Tracks（轨道）选项卡

当你向序列中添加视频或者音频剪辑时，会将其放在轨道上。轨道是序列中的水平区域，用于将剪辑保持在时间上的特定位置。如果你有一个以上的视频轨道，任何放置在上方轨道上的视频都将位于下方轨道上的剪辑的前面（如果它们占用的是同一个时间点）。因此，如果你的

第二个视频轨道上有文字或者图形，而第一个视频轨道上有视频，那么将会看到二者的合成效果。

　　所有音频轨道都在相同的时间进行播放。这使音频混合的创建变得更加容易。你只需将音频剪辑放置在不同的轨道上，在时间上对其进行排序即可。叙述、声音片段、声音特效和音乐都可以通过将其放置在指定轨道上来进行组织，这样能够使它们在序列中更容易被找到。

　　Adobe Premiere Pro 允许你指定在序列创建时所添加的视频和音频轨道的数量。你可以删除或者添加音频或视频轨道，但是无法更改 Audio Master（主音频）的设置。

Fl　注意：序列创建之后，你无法改变 Audio Master 的设置。这个设置用于选择单声道、立体声、5.1 或者多通道输出。针对本书中的这些课程，我们将会选择 Stereo（立体声）。如果你初次接触视频编辑，在大部分项目中都可能会选择 Stereo。其他选项用于高级的专业工作流程中，例如长篇电影中的环绕声音混合。

　　你可以从几个音频轨道类型中进行选择。每个轨道类型都是专门设计的，以用于添加特定的音频文件类型。选择某个特别的轨道类型时，Adobe Premiere Pro 将会为你提供正确的控制以对声音进行调整。

　　当将剪辑添加到既有视频又有音频的序列中时，Adobe Premiere Pro 会确保音频部分使用正确类型的轨道。你不会在不经意间将音频剪辑放置到错误的轨道上；如果不存在正确类型的轨道，那么 Adobe Premiere Pro 会自动为你创建。

　　让我们快速浏览一下每一种类型（我们将在本书第 11 章 "编辑和混合音频" 中介绍音频）。

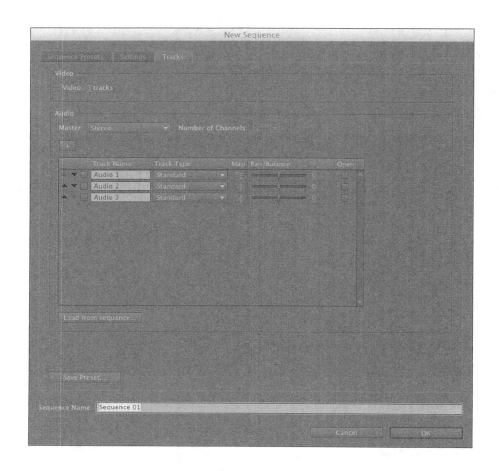

音频轨道

音频轨道是用于放置音频剪辑的水平区域。Adobe Premiere Pro 中可用的音频轨道有以下几种：

- Standard（标准）：这些音频轨道可以承载单声道和立体声音频剪辑。
- 5.1：这些轨道仅能承载具有 5.1 音频的音频剪辑（用于环绕声音）。
- Adaptive（自适应）：这种轨道类型是最新加入到 Adobe Premiere Pro CS6 中的。自适应轨道可以承载单声道和立体声音频。

- Mono（单声道）：这种轨道类型仅能承载单声道音频剪辑。

submix（子混合）

submix 是 Adobe Premiere Pro CS6 中一个用于音频美化的特别功能。你可以将输出从序列的轨道中发送到一个 submix 上，而不是直接发送到主输出上。进行这个操作时，你将可以使用 submix 应用音频特效并对音量进行调整。对于单个轨道来说，这种方法可能作用并不明显，但是你可以根据需要尽可能多地将常规音频轨道发送到单个的 submix 上。例如，当你发送 10 个音频轨道时，就意味着可以通过一个 submix 控制 10 个音频轨道。简单地说，就是在执行多个动作时减少鼠标点击的次数。

submix 选项如下所示：

- Stereo Submix（立体声子混合）：用于对立体声轨道进行子混合。

- 5.1 Submix（5.1 子混合）：用于对 5.1 轨道进行子混合。

- Adaptive Submix（自适应子混合）：用于对单声道或立体声轨道进行子混合。

- Mono Submix（单声道子混合）：用于对单声道轨道进行子混合。

> Stereo Submix
> 5.1 Submix
> Adaptive Submix
> Mono Submix

对于第一个序列，我们将使用默认的设置。尽管如此，有必要花点时间点击一下可用的选项使自己对这些选择变得更加熟悉。

1. 现在，在 Sequence Name（序列名称）框中单击，将序列命名为 First Sequence。

2. 单击 OK 按钮创建序列。

3. 选择 File（文件）>Save（保存）按钮。恭喜！你现在已经使用 Adobe Premiere Pro 创建了一个新项目和序列。

如果你还没有复制媒体和项目文件，请现在进行复制（本书的前言中有相关的说明）。

导入Final Cut Pro项目

　　Adobe Premiere Pro能够使用Final Cut Pro 7 XML将序列导入或者导出到媒体文件中。XML文件使用一种能够同时被Final Cut Pro和Adobe Premiere Pro理解的方式来存储与编辑相关的信息。

　　这样它就成为一种在两个应用程序间共享创意工作的理想方式。

从Final Cut Pro 7中导出XML文件

　　你需要在Final Cut Pro中打开Final Cut Pro项目文件以创建一个XML文件。将XML文件导入到Adobe Premiere Pro中时，你需要提供供Final Cut Pro使用的媒体文件。Adobe Premiere Pro能够共享同一个文件。

1. 在Final Cut Pro中打开已经存在的项目。

2. 如果什么都不选择的话，那么你将导出的是整个项目，或者也可以选择某些特定的项目，这时仅会导出所选的这些项目。

3. 选择File（文件）>Export（导出）>XML。
   在XML对话中，你会看到一个关于所选文件、剪辑和序列的数量的报告。

4. 选择Apple XML Interchange Format, version 4（Apple XML交换格式第4版）选项以便获得与Adobe Premiere Pro最大的兼容性。

5. 将XML文件保存在一个易于找到的位置（这一点与项目相同）。

导入Final Cut Pro项目（续）

导入Final Cut Pro 7 XML文件

与导入其他类型的文件一样，你可以将Final Cut Pro 7 XML文件导入到Adobe Premiere Pro中（要了解更多信息，请见本书第3章"导入媒体"）。导入XML文件时，Adobe Premiere Pro会指导你将序列和剪辑信息连接到供Final Cut Pro使用的原始媒体文件上。其中存在这样一个限制，就是Final Cut Pro包含在Xall文件中的信息数量是受限的，因此你会发现一些专门的特效（例如色彩校正）无法在Adobe Premiere Pro中使用。在选择这种工作流程之前可以先进行一下测试。

媒体最佳实践

如果你打算同时使用Final Cut Pro和Adobe Premiere Pro，那么可能希望使用这两种编辑系统都能够轻松处理的媒体格式。Adobe Premiere Pro能够支持众多的媒体格式，同时也能够轻松处理Final Cut Pro ProRes媒体文件。

对于本课来说，最好使用Final Cut Pro导入媒体文件并从磁带中捕捉视频。你可以在Final Cut Pro中使用ProRes媒体设置项目，然后在实现与Adobe Premiere Pro的轻松交换。

要了解更多关于使用Final Cut Pro共享项目的信息，请见www.adobe.com/products/premiere/extend.html。

导入Avid Media Composer项目

Adobe Premiere Pro能够使用从Avid Media Composer导出的AAF文件将序列和链接导入到媒体文件中。AAF文件使用一种能够同时被Avid和Adobe Premiere Pro理解的方式来存储与编辑相关的信息。

这样它就成为一种在两个应用程序间共享创意工作的理想方式。

从Avid Media Composer中导出AAF文件

你需要在Avid Media Composer中打开Avid项目以创建AAF文件。将AAF文件导入到Adobe Premiere Pro时，你需要提供供Avid Media Composer使用的媒体文件。Adobe Premiere Pro能够共享同一个文件。

1. 在Media Composer中打开一个已经存在的项目。
2. 选择想要传输的序列。
3. 选择File（文件）>Export（导出）命令。单击Options（选项）按钮。

在标准的Avid Export对话框中，底部的一个菜单中包含了一些相应的模板。底

导入Avid Media Composer项目（续）

部的Options按钮允许你进行自定义操作。

4. 从Export Setting（导出设置）对话框中，选择以下选项：

- 选择 AAF Edit Protocol（AAF 编辑协议）。
- 包含序列中的所有视频轨道。
- 包含序列中的所有音频轨道。
- 在 Export Method（导出方法）的 Video Details（视频细节）选项卡中，选择 Link to (Don't Export) Media（链接到 [不导出] 媒体）。
- 在 Export Method（导出方法）的 Audio Details（音频细节）选项卡中，选择 Link to (Don't Export) Media（链接到 [不导出] 媒体）。
- 在 Audio Details（音频细节）选项卡中，选择 Include Rendered Audio Effects（包含渲染的音频特效）。
- （可选操作）包含标记——仅在 In/Out（入 / 出）点间导出。
- （可选操作）使用已经启用的轨道。

5. 将AAF文件保存在易于找到的位置。

导入Avid AAF文件

与导入其他类型的文件一样，你可以导入Avid AAF文件到Adobe Premiere Pro中（请参加本书第3章）。导入时，Adobe Premiere Pro会指导你将序列和剪辑信息连接到供Avid使用的原始媒体文件上。其中存在一个限制，就是Avid包含在AAF文件中的信息数量是受限的，因此你会发现一些专门的特效（例如色彩校正）无法在Adobe Premiere Pro中使用。在选择这种工作流程之前可以先进行一下测试。

媒体最佳实践

Avid Media Composer使用与Adobe Premiere Pro系统完全不同的媒体管理系统。但是从Media Composer 3.5开始，一个名为AMA的新系统能够实现与Avid自己的媒体组织系统之外的媒体的链接。当AAF文件被导入到Adobe Premiere Pro中时，使用AMA导入到Avid Media Composer中的媒体文件会获得更好的重新链接。Avid Media Composer AMA文件夹中的媒体可以是任意Apple QuickTime能够播放的媒体，包括P2、XDCAM，甚至是RED。你需要在Adobe Premiere Pro编辑系统中安装合适的编码解码器。

如果你使用Avid Media Composer的AMA系统将原始媒体与P2或者XDCAM媒体链接起来，通常能够获得最佳的效果。

要了解更多关于使用Avid Media Composer共享项目的信息，请见www.adobe.com/products/premiere/extend.html。

2.3.4 创建能够自动与源匹配的序列

如果你不确定应该选择何种序列预设，不要担心，Adobe Premiere Pro 会提供一个特别的捷径以创建基于原始媒体的序列。

在 Project 面板的底部，有一个名为 New Item（新建项目）的菜单按钮（▦）。你可以使用这个按钮创建新项目，例如序列和字幕。

要自动创建与媒体相匹配的序列，将 Project 面板中的任意剪辑拖放到 New Item 菜单按钮上即可。

Adobe Premiere Pro 会创建一个新的序列，该序列具有与剪辑相同的名称以及相匹配的帧尺寸和帧速率。现在，你准备开始进行编辑工作了，并且也对序列设置充满了信心。

> **Pr**　提示：如果你添加到序列中的第一个剪辑与序列的播放设置不匹配，Adobe Premiere Pro 会询问你是否希望自动更改序列设置以使其匹配。

复习题

1. New Sequence 对话中的 Settings 选项卡的作用是什么？
2. 如何选择序列预设？
3. 什么是时间码？
4. 如何创建自定义序列预设？
5. 在不适用其他硬件的情况下，Adobe Premiere Pro 中有哪些可用的捕捉设置？

复习题答案

1. Settings 选项卡用于对现有预设进行自定义操作，或者创建新的自定义预设。如果你使用标准的媒体类型，那么需要做的全部工作就是对序列预设的选择。
2. 一般来说，最好选择与原始素材相匹配的预设。Adobe Premiere Pro 会使用相机系统的术语来描述预设，使预设的选择变得非常容易。
3. 时间码是用于测量时间的通用专业系统，它以小时、分钟、秒钟和帧为单位进行测量。每秒钟帧的数量会根据记录格式的不同而不同。
4. 当为自定义预设选择了希望的设置之后，单击 Save Preset（保存预设）按钮，输入名称和描述，再单击 OK 即可。
5. 如果计算机上具有 FireWire 连接，Adobe Premiere Pro 会记录 DV 和 HDV。如果你从安装的硬件中获得了其他连接，请查看硬件的相关文档以获得最佳的设置。

第3课 导入媒体

课程概述

在本课中，你将学习以下内容：

- 使用 Media Browser 加载视频文件；
- 使用 Import（导入）命令加载图形文件；
- 选择放置缓存文件的位置；
- 从磁带中捕捉。

本课的学习大约需要 75 分钟。

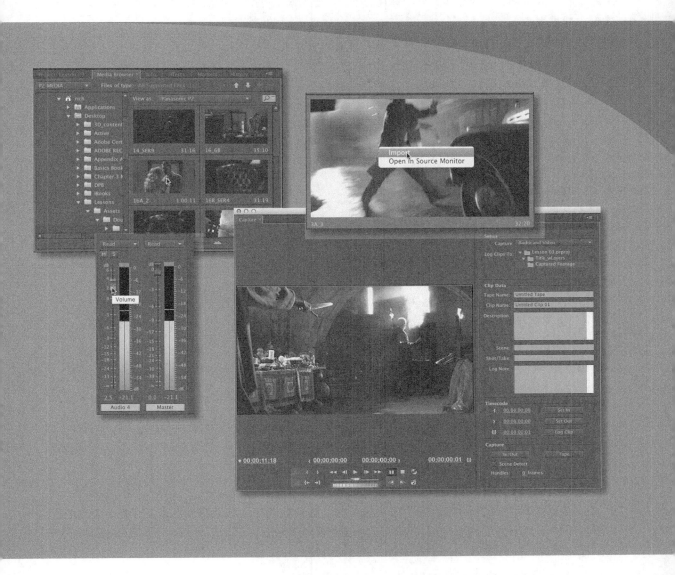

　　要编辑视频资源，首先要将资源放入项目中。Adobe Premiere Pro 能够处理多种类型的资源，因此存在多种浏览和导入媒体的方法。

3.1 开始

在本课中，你将学习如何将媒体资源导入到 Adobe Premiere Pro CS6 中。对于大多数文件来说，你将会用到 Adobe Media Browser，它是一个强大的资源浏览器，能够处理所有你可能需要导入到 Adobe Premiere Pro 中的媒体类型。你还将学习一些针对特别情况的处理，例如导入图形或者从录像带中捕捉视频。

对于本课来说，你将继续使用本书第 2 章中使用的项目文件。

1. 继续处理前一章中的项目文件，或者从硬盘中打开该文件。
2. 选择 File（文件）>Save As（另存为）命令。
3. 将文件重新命名为 Lesson 03.prproj。
4. 选择一个硬盘中你喜欢的位置，单击 Save（保存）按钮保存项目。

如果你没有上一章中的文件，可以从 Lesson 03 文件夹中打开 Lesson 03.prproj 文件。

3.2 导入资源

当你将项目导入到 Adobe Premiere Pro 项目中时，同时也就创建了一个从原始媒体指向项目内部的链接。这意味着你实际上并不是在修改原始文件，只是以一种非破坏的方式对其进行操控。例如，如果你选择仅编辑序列中的剪辑的一部分，并不意味着将那些没有使用的媒体抛弃了。

将媒体导入到 Adobe Premiere Pro 中，有以下两种主要方式：

- 通过选择 File>Import 命令实现的标准导入方式。
- 使用 Media Browser 面板导入。

让我们看一下每种导入方式都有哪些优点。

3.2.1 何时使用 Import 命令

使用 Import 命令的效果立竿见影（与你在其他应用程序中的体验一样）。要导入任意文件，只需选择 File>Import 命令即可。你也可以使用键盘快捷键来完成，按 Control+I（Windows）组合键或者 Command+I（Mac OS）组合键将打开标准的 Import 对话。

这种方法在处理独立的资源时能够获得最佳效果，例如图形和音频，当你知道这些资源在硬盘中的确切位置并希望快速导航到它们时更是如此。这种导入方法对摄像机格式文件并不十分理想，后者通常使用复杂的文件夹结构，其中音频和视频文件都是独立存在的。对于那些以摄像机为导向的媒体来说，需要使用 Media Browser 进行导入操作。

> **Pr** | 提示：还有一种打开 Import 对话的简单方式，那就是在 Project 面板的空白区域双击鼠标即可。

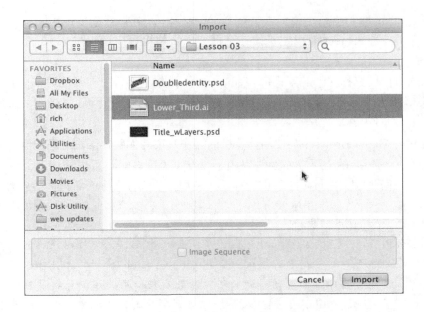

3.2.2 何时使用 Media Browser

Media Browser 是一个十分强大的工具，它能够查看媒体资源并将其导入到 Adobe Premiere Pro 中。Media Browser 能够为你显示现代数字视频摄像机所需要的格式并能够将复杂的摄像机文件夹结构转换为易于浏览的图标和元数据。对于较长的文件和照片列表，直接看到元数据（其中包含时长、日期和文件类型等重要信息）能够更容易地选择正确的剪辑。

默认情况下，Media Browser 位于 Adobe Premiere Pro 工作区（如果工作区设置为 Editing［编辑］）的左下角。它与 Project 面板位于同一个框架中。你也可以通过按 Shift+8 组合键快速访问 Media Browser。

你也可以通过使用鼠标拖动的方式将 Media Browser 放到屏幕上的其他地方，或者通过单击面板角落的子菜单并选择 Undock Panel（解除停靠面板）对其进行解除停靠操作使其成为一个浮动面板。

你会发现使用 Media Browser 与使用计算机的操作系统并无明显区别。左侧有一系列的导航文件夹，右上角有一些标准的上下左右箭头以用于改变浏览层级。你可以使用上下箭头选择列表中的项目，使用左右箭头沿文件目录路径进行移动（例如进入文件夹中查看里面的内容）。

从Adobe Prelude中导入

Adobe Prelude是Adobe Creative Suite CS6的一个组件，你可以使用它在一个简单的流线型的界面中对素材进行组织。有关Adobe Prelude使用的相关知识超越了本书的范围，但是你可以在组件附带的文档中看到有关使用和组织剪辑最佳实践方面的介绍。有了Adobe Prelude，制片人和助理在无磁带工作流程中可以迅速获取、记录甚至转换媒体编码。

如果你有Adobe Prelude项目，下面是如何将其发送到Adobe Premiere Pro中的介绍：

1. 启动Adobe Prelude。
2. 打开你想要传输的项目。

3. 切换到Adobe Premiere Pro并确认你想要接收媒体的项目处于打开状态。
4. 切换回Adobe Prelude并单击Project面板。

从Adobe Prelude中导入（续）

5. 按Control键并单击（Windows）或者按Command键并单击（Mac OS），选择想要发送的单个文件，或者选择全部剪辑。

6. 选择File>Send to Adobe Pro（发送到Adobe Pro）命令。

7. 切换到Adobe Premiere Pro，文件将会出现在Project面板中。

现在可以退出Adobe Prelude并关闭项目。

Media Browser 有以下优势：

- 将显示范围缩小到特定的文件类型，例如 JPEG、Photoshop、XML、AAF 等。
- 自动感知摄像机数据——AVCHD、Canon XF、P2、RED、ARRIRAW、Sony HDV 以及 XDCAM（EX 和 HD）。
- 查看和自定义与剪辑相关的元数据显示。
- 正确显示由多个摄像机媒体卡中的剪辑组成的媒体。这种情况在专业摄像机中很普遍，Adobe Premiere Pro 可以将这些文件多为单个的剪辑进行导入，设置记录那些较长文件时使用两个卡也能够顺利导入。

Pr 提示：如果需要使用其他 Adobe Premiere Pro 项目中的资源，可以将那个项目导入到你当前的项目中。只需使用 Media Browser 确定它的位置，然后将其拖放到当前项目中即可。

3.3 使用 Media Browser

Adobe Premiere Pro 中的 Media Browser 可以使你轻松浏览电脑中的文件。它还能够始终处于打开状态，使你可以立即访问硬盘中的媒体文件。在定位和导入素材时，它能够实现快速、便捷和高效的操作。

3.3.1 使用无磁带工作流程

简单地说，无磁带工作流程（也称作基于文件的工作流程）的处理过程是：把视频从无磁带摄像机导入，编辑后再导出。Adobe Premiere Pro 使该操作变得非常简单，因为与很多非线性编辑系统竞争产品不同，Adobe Premiere Pro CS6 不需要转换这些无磁带格式的媒体。Adobe Premiere Pro 不需转换就能够本地编辑无磁带格式素材（例如 P2、XDCAM 和 AVCHD，甚至是 DSLR 拍摄的视频）。

在处理摄像机媒体时，为了获得最佳结果，请遵循以下指导进行操作：

1. 为每个项目创建一个新文件夹。
2. 将摄像机媒体复制到编辑硬盘中（确保不要损坏现有的文件夹结构）。请确保从卡的根目录中直接传输全部的数据文件夹。你也可以使用通常由摄像机制造商提供的传输应用程序移动视频剪辑以便获得最佳效果。有必要认真查看以便确保所有媒体文件都被复制并且存储卡和新文件夹尺寸相互匹配。
3. 使用摄像机信息为媒体文件夹添加清晰的标签，包括卡号和拍摄日期。
4. 在第二个驱动器中创建另一个副本。
5. 理想的做法是，使用其他备份方法，例如蓝光光盘、LTO 磁带等创建一个能够长时间保存的档案文件。

3.3.2 受支持的视频文件类型

有些项目，存在由不同摄像机拍摄的不同文件格式，这种情况一般并不常见，但是 Adobe Premiere Pro 能够轻松解决这种问题，因为你可以在同一个 Timeline 上混合不同的帧尺寸。Media Browser 能够支持几乎任何文件格式。尤其对无磁带格式支持良好。

Adobe Premiere Pro 支持的无磁带格式主要有以下几种：

- 由任何直接拍摄 H.264 的 DSLR 相机拍摄的 .mov 或者 .mp4 文件。
- Panasonic P2（DV、DVCPRO、DVCPRO 50、DVCPRO HD、AVC-Intra）。
- ARRIRAW。
- XDCAM SD、XDCAM EX、XDCAM HD 和 HD422。
- Sony HDV（在可删除无磁带媒体上拍摄）。
- AVCHD 摄像机。
- Canon XF。

3.3.3　使用 Media Browser 查找资源

好消息是 Media Browser 是非常简明易懂的。在很多方面，它就像网页浏览器一样（提供前进和后退按钮以在最近的导航中进行切换）。它还在侧面提供一个快捷方式列表。因此，查找材料是非常轻松的。

> **Pr** | 提示：可以通过使用 Media Browser 中的 Files of Type（类型文件）菜单过滤正在查看的资源。

1. 现在处理前面的 Lesson 03.prproj 文件。本项目中不需要导入任何文件。
2. 将工作区恢复到默认设置；选择 Window（窗口）>Workspace（工作区）>Editing（编辑）命令。然后选择 Window（窗口）>Workspace（工作区）>Reset Current Workspace（重设当前工作区）命令并单击 Yes（是）按钮。

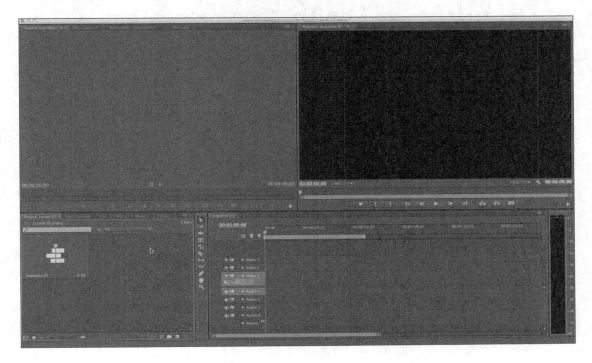

3. 单击 Media Browser（默认情况下，它应该与 Project 面板在一起）。通过向右拖动右边边缘将其放大。

4. 使用 Media Browser 导航到 Lesson/Assets/Double Indentity/P2 MEDIA 文件夹。你可以通过双击鼠标打开每一个文件夹。

5. 要使 Media Browser 更容易被看见，将鼠标指针放在其面板上；然后按、（grave）键。该键通常位于键盘的左上角处。
   Media Browser 将会充满整个屏幕。

> **Pr** 提示：Media Browser 会过滤掉非媒体文件，使浏览视频和音频资源变得更加容易。

6. 拖动 Media Browser 左下角的重置尺寸滑块放大剪辑的缩览图。你可以使用任何自己喜欢的尺寸。

7. 单击文件夹中第一个剪辑以将其选中。
   现在，你可以使用键盘快捷键预览剪辑。

8. 按 L 键可以向前预览剪辑。

9. 要停止播放，可以按 K 键。

10. 按 J 键可以逆向播放剪辑。

11. 尝试播放其他剪辑。如果计算机开了声音，那么你将会听到清晰的音频播放。
    也可以多次按 J 键或者 L 键增加播放速率以进行快速预览。按 K 键或者空格键可以暂停播放。

12. 将这些剪辑导入到项目中。按 Control+A 组合键（Windows）或者 Command+A 组合键（Mac OS）选择所有剪辑。

13. 右键单击选择的剪辑中的一个并选择 Import（导入）。

此外，也可以将选择的剪辑拖动到 Project 面板上并将其放置在空白区域来实现剪辑的导入。

14. 切换回 Project 面板。

3.4 导入图像

图形已经成为现代视频编辑的一个重要部分。人们希望图形既能够传递信息又能够为最终编辑添加视觉风格。幸运的是，Adobe Premiere Pro 几乎可以导入任何类型的图像和图形文件。在使用由 Adobe 图形工具，如 Adobe Photoshop 和 Adobe Illustrator 创建的原生文件格式时，能够获得更好的支持。

3.4.1 导入 Adobe Photoshop 平面文件

任何从事图形打印或者照片修饰工作的人都会使用到 Adobe Photoshop。它是图形设计行业的主力工具。Adobe Photoshop 是一个非常强大的工具，具有很大的操作深度和丰富的功能，正在成为视频制作领域中一个越来越重要的组成部分。现在，我们看看如何正确的导入两个来自 Adobe Photoshop 的文件。

开始时，我们先来导入一个基本的 Adobe Photoshop 图形。

1. 单价 Project 面板对其进行选择。
2. 选择 File>Import 命令或者按 Control+I 组合键（Windows）或者 Command+I 组合键（Mac OS）。
3. 导航到 Lesson/Lesson 03。
4. 选择文件 DoubleIdentity.psd 并单击 Import 按钮。

该图形是一个简单的 logo 文件，并导入到了 Adobe Premiere Pro 项目中。

3.4.2 导入 Adobe Photoshop 图层文件

Adobe Photoshop 还能够使用多个图层创建图形。图层与 Timeline 中的轨道类似，可以允许在元素间进行分隔。这些图层可以被导入到 Adobe Premiere Pro 中以进行隔离或者创建动画。

1. 双击 Project 面板的空白区域打开 Import 对话框。
2. 导航到 Lessons/Lesson 03。
3. 选择文件 Title_wLayers.psd，单击 Import 按钮。
4. 此时会打开一个新的对话，你可以在此选择图层文件的导入方式。存在 4 种文件导入方式，可以通过 Import Layered File（导入图层文件）对话框的弹出菜单来对其进行控制：

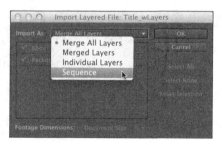

- Merger All Layers（合并全部图层）：该选项合并全部图层并将文件以单个平面文件方式导入到 Adobe Premiere Pro 中。
- Merger Layers（合并层）：仅将你选择的图层以单个平面文件方式导入到 Adobe Premiere Pro 中。
- Individual Layers：（单个图层）仅将你选择的图层从列表中导入到文件夹中，使每个剪辑对应每个源图层。
- Sequence（序列）：仅导入你选择的图层，每个都作为一个单个的剪辑。Adobe Premiere Pro 接下来会创建一个新的序列（帧尺寸由导入的文档决定），新序列中每个图层都位于一个独立的轨道上（与原始堆栈顺序相匹配）。

选择 Sequence 或者 Individual Layers 允许你从 Footage Dimensions（素材尺寸）菜单中选择以下选项：

- Document Size（文档尺寸）：使所选择的图层与原始 Photoshop 文档尺寸一致。
- Layer Size（图层尺寸）：使剪辑中的帧尺寸与它们在原始 Photoshop 文件中内容的帧尺寸相匹配。没有填充整个画布的图层可能会被修剪得更小，透明区域将被删除。

5. 在这个练习中，选择 Sequence 并使用 Document Size 选项。单击 OK。

6. 查看 Project 面板，找到文件夹 Title_wLayers。双击将其打开并显示其中的内容。

7. 双击序列 Title_wLayers 将其载入。

8. 在 Timeline 面板中检查该序列。尝试对每个轨道开启和关闭可视化图标以查看图层是如何被隔离的。

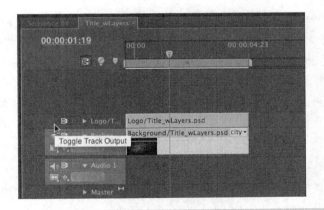

导入Adobe Photoshop图像文件的技巧

下面介绍几个从Adobe Photoshop中导入图像的技巧：

- 你可以导入图像的最大尺寸为 16 megapixels（4096×4096）。记住，当将带图层的 Photoshop 文档作为序列导入时，帧尺寸将与文档的像素尺寸一致。
- 如果不打算对图像进行放大操作，尝试至少按照项目的帧尺寸来创建文件。否则，你必须对图像进行放大操作，而这样会降低图像的清晰度。
- 导入过大的文件会占用更多的内存空间并降低项目的处理速度。
- 如果打算放大图像，你所创建的图像的放大区域的帧尺寸至少应该与项目的帧尺寸相同。例如，如果你处理的是 1080P 的图像并且希望放大二倍，那么则需要 3840×2160 的帧尺寸。

3.4.3 导入 Adobe Illustrator 文件

Adobe Illustrator 也是 Adobe Creative Suite 中的一个组件。与 Adobe Photoshop 专门用于处理基于像素（或者称为光栅）的图形不同，Adobe Illustrator 是一个矢量应用程序。这意味着它通常用于技术性图片，线条图片以及其他复杂的图形，它们可以在 Adobe Illustrator 内部无限制地进行缩放。

现在，我们来导入一个矢量图形。

1. 双击 Project 面板中的空白区域打开 Import 对话框。
2. 导航到 Lessons/Lessons 03。
3. 选择文件 Lower_Third.ai 并单击 Import 按钮。

该文件的类型为 Adobe Illustrator Artwork。下面介绍 Adobe Premiere Pro 是如何处理 Adobe Illustrator 文件的：

- 与你在之前的练习中导入的 Photoshop CS6 文件一样，这也是一个带图层的图形文件。Adobe Premiere Pro 没有提供将 Adobe Illustrator 文件导入到独立图层上的选项，而是直接合并它们。它还会使用一种名为光栅化（rasterization）的处理，将适量（基于路径）Adobe Illustrator 图片转化为供 Adobe Premiere Pro 使用的基于像素（光栅）的图像格式。这种转化是在导入过程中发生的，因此请确保在导入到 Adobe Premiere Pro 之前，Illustrator 中的图形足够大。

- Adobe Premiere Pro 具有自动抗锯齿功能，能够对 Adobe Illustrator 图片的边缘进行平滑处理。

- Adobe Premiere Pro 会将所有的空白区域转化为透明的 alpha 通道，这样，在 Timeline 上位于这些区域下方的剪辑就能后显示出来了。

> **Fl** 注意：如果在 Project 面板中右键单击 Lower_Third.ai，你会发现有个 Edit Original（编辑原始图像）选项。如果你的计算机上安装了 Adobe Illustrator，选择 Edit Original 会在 Illustrator 中打开这个文件供你编辑。因此，即使它的图层已经在 Adobe Premiere Pro 中被合并了，也仍然可以回到 Illustrator 编辑原来的图层文件并保存，所做的修改会立即在 Adobe Premiere Pro 中体现出来。

记录临时叙述轨道（scratch narration track）

很多时候，你可能需要处理带叙述轨道的视频项目。大多数人会选择专业的工作室进行录制（或者至少选择一个比较安静的地点），你也可以在 Adobe Premiere Pro 中记录临时的轨道。如果你在视频编辑中需要这样的内容，这个功能非常有用。

记录临时叙述轨道（scratch narration track）（续）

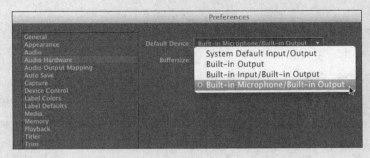

下面介绍如何记录临时的音频轨道：

1. 如果你使用的不是内置麦克风，请确认外置麦克风已经正确地连接到了计算机上。也许需要阅读计算机附带的与声卡有关的文档说明。

2. 选择Edit（编辑）>Preferences（首选项）>Audio Hardware（音频硬件）命令（Windows）或者Premiere Pro>Preferences>Audio Hardware命令（Mac OS）正确配置麦克风以供Adobe Premiere Pro使用。使用Default Device（默认设备）弹出菜单中的一个选项，例如System Default Input/Output（系统默认输入/输出）或者Built-in Microphone/Built-in Output（内置麦克风/内置输出），单击OK按钮。

3. 调低计算机扬声器的音量以以避免产生反馈或者回音。

4. 打开一个序列，在Timeline上选择一个空白轨道。

5. 选择Audio Mixer（它与Source Monitor放置在同一个框架内）。

6. 在Audio Mixer中。在你希望音频设备使用的轨道上单击Enable Track For Recording（允许轨道录制）图标（R）。

7. 从Track Input Channel（轨道输入通道）菜单中选择记录输入通道。

8. 单击位于Audio Mixer底部的Record（记录）按钮进入Record模式。

9. 单击Play（播放）按钮开始记录。

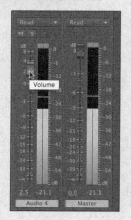

10. 如果音量过大或者过小，你可以向上（增大）或者向下（减小）调整轨道音量滑块。如果你看到位于VU表顶部的红色指示灯点亮了，很可能出现了声音扭曲的现象。一个较好的标准是高音频在0dB附近，而低音频在-18dB附近。

11. 单击Stop（停止）图标停止记录。

12. 找到两个记录到的音频实例。新纪录的音频将会出现在Timeline上的音频轨道上并在Project面板中添加一个剪辑。你可以选择Project面板上的剪辑对其进行重新命名或者从项目中删除。

3.5 媒体缓存

导入特定的视频和音频格式时，Adobe Premiere Pro 可能需要处理并缓存一个版本。尤其对于那些高压缩的格式。被导入的音频文件一致变为 .cfa 文件。大多数 MPEG 文件被索引为新的 .mpgindex 文件。在导入媒体时，如果你在屏幕的右下角看到一个小的处理指示器，说明正在构建缓存。

媒体缓存的益处是能够极大提高预览的性能，它通过减少计算机 CPU 的工作量来实现这一目的。你可以对缓存进行完全的自定义操作以便进一步提升其响应能力。媒体缓存数据库会与 Adobe Media Encoder、Adobe After Effects、Adobe Premiere Pro、Adobe Encore 以及 Adobe Audition 进行共享，因此这里的每一个应用程序都可以从一套相同的媒体缓存文件中进行读取和写入操作。

要访问缓存的相关空间，选择 Edit>Preference>Media（Windows）命令或者 Premiere Pro>Preference>Media（Mac OS）命令。下面介绍一些相关的选项：

- 要将媒体缓存或者媒体缓存数据库移动到一个新磁盘中，分别单击 Browse（浏览）按钮，选择希望放置的位置，然后单击 OK 按钮。大多数时候，在开始进行编辑之后不会移动媒体缓存数据库。但是作为惯例，它将被进行清理。

- 要清理缓存以删除生成和索引的文件，单击 Clean（清理）按钮。任何与驱动相连接的缓存文件都将被删除。在完成项目之后可以进行此项操作，因为可以删除那些不需要的预览。

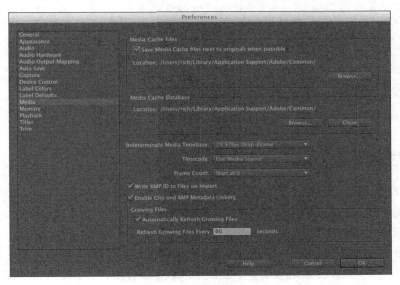

- 选择 "Save Media Cache files next to originals when possible（可能时将媒体缓存文件保存在原始文件旁）" 以便将缓存文件存储在与媒体相同的驱动上。这将会使媒体缓存文件被分配到媒体所在的驱动上，这通常是我们希望获得的结果。如果你想将所有内容都放到中央文件夹中，那么不需要选中该选项。

Dynamic Link（动态链接）简介

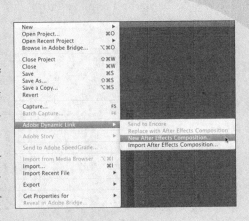

    Adobe Premiere Pro可以与一系列的工具一同使用。在进行视频编辑时，你可能会用到还包含其他组件的某个版本的Adobe Creative Suite。要是编辑工作变得更加容易，存在几种能够使后期制作工作流程更快速的方法。

    Dynamic Link存在于几个应用程序之间，但是它的行为方式会根据所使用的应用程序而有所区别。使用Dynamic Link的基本目标就是减少渲染或者导出所用的时间。

支持Dynamic Link的组件包括Adobe Premiere Pro、Adobe After Effects和Adobe Encore。

    我们将在整本书中涉及到Dynamic Link工作流程，但是在这里有必要介绍一个示例以便帮助你理解Adobe软件组件是如何协同工作的。使用Dynamic Link，你可以将Adobe After Effects合成图像导入到Adobe Premiere Pro项目中。添加之后，Adobe After Effects合成图像的外观和行为都将与项目中的其他剪辑一样。如果对Adobe After Effects进行更改，它们将会自动更新到Adobe Premiere Pro项目中。在你开始设置项目时，这种方式能够为你节省时间。

3.6　从录像带捕捉

尽管无磁带工作流程已经成为最为普遍的视频格式，但是仍然存在众多使用磁带进行记录的视频摄像机。幸运的是，磁带现在仍然是一种关联资源并且能够获得 Adobe Premiere Pro 的完全支持。你可以通过捕捉的方式将素材放到 Adobe Premiere Pro 项目中。

你可以从磁带中将数字视频捕捉到硬盘中以便在项目中使用。Adobe Premiere Pro 通过数字端口来捕捉视频，例如 FireWire 或者安装在计算机上的数字串行接口（Serial Digital Interface，SDI）。Adobe Premiere Pro 会将捕捉到的素材以文件的形式保存在磁盘中，并能够将这些文件以剪辑的形式导入到项目中。

Adobe Premiere Pro 能够省去捕捉过程中的一些手动工作。有三种基本方法：

- 可以将整个录像带作为一个长剪辑进行捕捉。
- 可以记录每个帧的 In（入）和 Out（出）点以用于自动的批量捕捉。
- 你可以使用 Adobe Premiere Pro 中的屏幕侦测功能在你每次按下摄像机的 Pause/Record 按钮时自动创建彼此分开的剪辑。

> **Fl**　**注意**：要完成这些练习，你需要一台 DV 或者 HDV 摄像机或录像机。还需要 FireWire 端口以及适合的电缆。如果你没有所需的硬件，仍然可以阅读练习中的步骤。如果你不打算使用磁带，可以直接跳至本书第 4 章"组织媒体"。

使用第三方硬件捕捉其他格式

默认情况下，如果你的计算机具有FireWire端口，可以在Adobe Premiere Pro中使用DV和HDV源。如果你想捕捉其他高端的专业格式，则需要添加第三方捕捉设备。它们的形式包括内部卡以及通过FireWire、USB3.0和Thunderbolt端口连接的中断箱（breakout box）。Adobe Premiere Pro能够统一对第三方硬件的支持，进而可以利用Mercury Engine Playback功能连接到专业监视器上以预览特效和视频。要了解更多受支持的硬件，请访问www.adobe.com/products/premiere/extend.html。

3.6.1 捕捉整个磁带

由于硬盘空间的价格相对比较便宜，因此很多人会选择一次性捕捉整个磁带。项目的编辑工作完成之后，你可以选择使用 Adobe Premiere Pro 中的媒体管理选项删除不使用的部分。

下面介绍如何捕捉整个磁带：

1. 在连接到任何硬件之前，先确保退出 Adobe Premiere Pro。这是一个必要的步骤，因为当应用程序启动时，可以侦测到硬件的存在。

2. 使用合适的电缆将摄像机或者磁带录像机（tape deck）连接到计算机上。

3. 开启摄像机或者磁带录像机，将其设置为播放模式：VTR 或者 VCR。不要将其设置为摄像机模式。

4. 根据操作系统的不同，将打开以下对话框：

   - 在 Windows 中，将弹出一个 AutoPlay（自动播放）对话框。单击 "View more AutoPlay options in Control Panel（在控制面板中查看更多自动播放选项）"。将选项设置为 "Take no action（无动作）"（当你下次开启摄像机时，将看不到该连接询问。）。

   - 在 Mac OS X 中，如果启动了 iMovie 或者其他应用程序，需要从中退出。然后才可以使用 Adobe Premiere Pro 进行捕捉。

5. 启动 Adobe Premiere Pro，单击 Open Project（打开项目），导航到你已经处理的 Lesson 03 文件。创建一个新的名为 Captured Footage 的文件夹。

6. 选择 File>Capture 命令以打开 Capture 面板。

> **Fl** 注意：如果提示你 "No Device Control"（无设备控制）或者 "Capture Device Offline"（捕捉设备脱机），那就需要排除这一故障。最简单的解决方法就是确认摄像机电源已经打开、数据线已经连接。关于故障排除的更多方法，请参考 Adobe Community Help 网站。

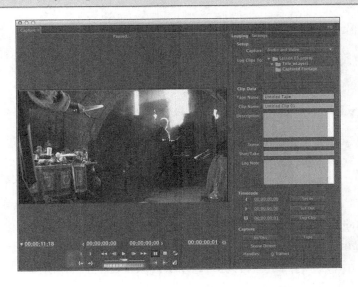

7. 查看 Capture 面板预览窗格确保摄像机获得了正确的连接。

8. 将磁带插入摄像机或者录像机中。Adobe Premiere Pro 会提示你为磁带命名。

9. 在文本框中为磁带输入一个名称。不要为两个磁带进行相同的命名；Adobe Premiere Pro 会根据磁带名称记住剪辑的出 / 入日期。

10. 使用 Capture 面板中的 VCR 风格的设备空间播放、快进、倒放、暂停或者停止磁带播放。如果你以前从来没有通过计算机来控制摄像机，会感觉这种方式非常神奇。

> **FL** | 注意：为了帮助你识别这些按钮，可以将鼠标指针至于按钮上以查看工具提示。

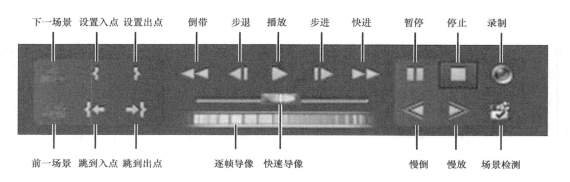

11. 试试其他一些 VCR 风格的按钮。

    - Shuttle（快速导像，靠近底部的滑块）允许向前或向后缓慢移动或快速拉动剪辑画面，速度取决于滑块移开中心的距离。
    - 单帧 Jog（导像）控制（位于 Shuttle 下方）。
    - 单步前进或单步后退，每次一帧。
    - 慢倒和慢放。

12. 将磁带倒至起点或者你想要开始录制的任何地方。

13. 在 Logging 选项卡的 Setup 区域，请注意音频和视频是默认设置。如果只想捕捉音频或视频，则可以改变这个设置。

14. 单击 Logging 选项卡 Capture 区域内的 Tape 按钮或 Capture 面板内的 Record 按钮开始录制。你会在 Capture 面板内和摄像机上看到（和听到）视频。因为捕捉过程会有一点延迟，所以你会听到像回声一样的声音。你可以调小摄像机或计算机扬声器的音量。

注意：在计算机上捕捉 HDV 素材时，你可能看不到预览窗口的更新，请确保将监视器直接与磁带录像机或者摄像机相连接，这样你才可以监视视频信号。

15. 要停止录制时，请单击 Escape 键。

这时会弹出 Save Capture Clip（保存捕捉的剪辑）对话框。

16. 为剪辑命名（还可以加上描述信息），然后单击 OK。

Adobe Premiere Pro 会把捕捉的所有剪辑存储到同一个文件夹内作为项目文件。要更改默认位置，可以选择 Project>Project Settings>Scratch Disks（暂存盘）命令。

3.6.2 使用批量捕捉

Adobe Premiere Pro 提供了一个名为批量捕捉（batch capture）的功能。该功能允许你记录磁带并设置 In（入）点和 Out（出）点以对数量众多的剪辑进行描述。使用记录过程可以查看原始素材。你希望找到有用的视频、最好的采访声音片段或者任何自然的声音以增强作品的表现力。Adobe Premiere Pro 能够自动将记录的剪辑传输到计算机中。这种方法具有很大的益处，因为它能够使你以比实时更快的速度进行记录，然后只需要等待并让剪辑自己进行捕捉就可以。

当记录每个剪辑时，你必须为其指定一个唯一的名称。仔细想想要怎样命名剪辑。我们最终可能要面对大量的剪辑，如果不给它们起个有描述性的名字，有可能会延缓编辑速度。

需要遵循以下步骤：

1. 在 Capture 面板内，单击 Logging 选项卡。
2. 把 Handles 设置（Capture 面板的下方）修改为 30 帧。

对于 NTSC 29.97 制式来说，这样将在每段捕捉剪辑的头尾各增加 1 秒，这样留下足够的头、尾帧来添加切换特效，而不会覆盖剪辑内的重要元素。如果你处理的是 PAL 制式，则将其设置为 25 帧。

注意：Handles 是剪辑开头个末尾上的额外的帧。例如，如果你处理的是 NTSC 29.97 制式，添加 30 帧时，Handles 将在剪辑的视频头尾各增加 1 秒，这有利于传输工作的进行。

3. 在 Logging 选项卡的 Clip Data 区域，为磁带输入一个唯一的名称。
4. 倒带后再播放磁带来记录磁带。
5. 当看到想要传送进计算机的素材段的起始部分时，停下磁带，倒到这段素材的起点，单击 Logging 选项卡 Timecode 区域内的 Set In（设置入点）按钮。

6. 到达该段素材的结束处时（可以用快进或播放键到
   达此处），单击 Set Out（设置出点）。入/出点的时间，
   以及剪辑的长度都会显示出来。

7. 单击 Log Clip（记录剪辑），打开 Log Clip 对话框。
8. 如果需要的话，可以修改剪辑名称，添加合适的注释，
   之后单击 OK 按钮。

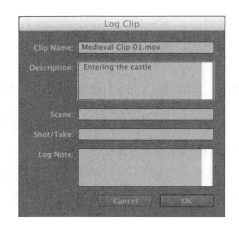

   这将把该剪辑的名称与入/出点时间，以及磁带名信息添加到 Project 面板中（位于 Offline
   旁边）。稍后我们会到这儿进行实际的捕捉。
9. 使用同样的方法记录剩余磁带上的剪辑。
   每次单击 Log Clip 时，Adobe Premiere Pro 都会自动在上一个剪辑名称后加一个数字。你
   可以接受或改写这种自动命名功能。

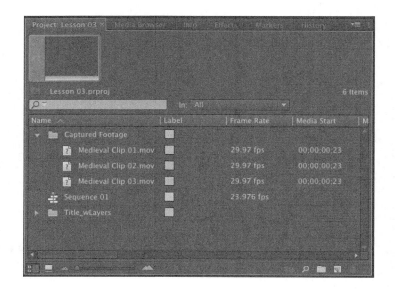

10. 记录完所有剪辑后，关闭 Capture 面板。

   记录的所有剪辑都显示在 Project 面板内，每段剪辑旁边都有一个 Offline 图标。

11. 在 Project 面板内，选择想要捕捉的所有素材。

12. 选择 File>Batch Capture（批量捕捉）命令。

这将打开 Batch Capture 对话框，你可以改变摄像机设置，或添加更多的处理帧。

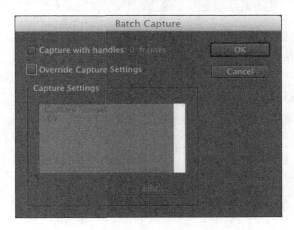

13. 不要选取 Batch Capture 对话框内的选项，单击 OK 按钮。

   Capture 面板打开，还会打开另一个小对话框，它提示你插入正确的磁带（对于此处的练习，磁带可能还在摄像机里）。

14. 插入磁带，单击 OK 按钮。

Adobe Premiere Pro 现在开始控制摄像机，导航到第一段剪辑，将该剪辑以及其他所有剪辑传送到硬盘中。

15. 捕捉完成后，请观察一下 Project 面板中的结果。Offline 图标现在已经变成影片图标，素材可以编辑了。

3.6.3　使用场景检测

可以用 Scene Detect（场景检测）功能取代手工设置入 / 出点。Scene Detect 能自动分析磁带的时间 / 日期戳，辨认出中断的地方，如在录制过程中按摄像机的 Pause/Record（暂停 / 录制）键所产生的中断点。

当打开 Scene Detect 功能进行捕捉时，Adobe Premiere Pro 自动把它所检测到的每一个场景中断捕捉到一个独立的文件中。不管你是捕捉整盘磁带，还是只捕捉指定入点和出点之间的素材，都可以使用 Scene Detect 功能。

要打开 Scene Detect 功能，有两种方式：

- 单击 Scene Detect 按钮（位于 Capture 面板内 Record 按钮的下方）。
- 选择 Logging 选项卡 Capture 区域内的 Scene Detect 选项。

接下来，可以设置入点和出点，单击 Record，或者将磁带倒到你想开始捕捉的地方，再单击 Record。在后一种情况下，捕捉完成后单击 Stop 按钮。

捕捉的剪辑会显示在 Project 面板中。不需要批捕捉它们，Adobe Premiere Pro 很快就捕捉完每一段剪辑。Adobe Premiere Pro 会为每一段剪辑命名，捕捉的第一段剪辑的名称是我们在 Clip Name 文本框中输入的名称后再加 01，以后每段新剪辑的名字在此基础上将序号依次加 1。

复习题

1. 导入时，Adobe Premiere Pro CS6 是否需要转换 P2、XDCAM 或者 AVCHD 素材？
2. 使用 Media Browser 时，通过 File>Import 方法导入为磁带媒体的一个优势是什么？
3. 如果在 Capture 面板的顶部看到"Capture Device Offline"该检查什么？
4. Scene Detect 被选择之后有什么功能？
5. 在捕捉过程中，如何添加额外的帧，以确保有足够长度的素材来添加切换特效？
6. 在批量捕捉的记录阶段，实际媒体被捕捉到硬盘了吗？

复习题答案

1. 不需要。Adobe Premiere Pro 可以直接编辑 P2、XDCAM 和 AVCHD 素材。
2. Media Browser 能够理解 P2 和 XDCAM 文件夹结构并且以理想方式为你显示剪辑。
3. 检查摄像机或者录像机是否连接到计算机，是否处于打开状态和 VCR 模式。
4. 启用场景检测导致剪辑在摄像机停止或者暂停的每个点处被自动登记。
5. 需要在 Logging 选项卡的 Capture 区域内的 Handle 选项中设置帧数。
6. 创建批量捕捉列表时，只有关于剪辑的信息（如磁带名称、In（入点）和 Out（出点））被捕捉。剪辑在 Project 面板内显示为"Offline"。当切换到 Project 面板并执行离线文件的批量捕捉时，媒体才被捕捉。

第4课 组织媒体

课程概述

在本课中，你将学习以下内容：

- 使用 Project 面板；
- 组织文件夹；
- 向剪辑添加元数据；
- 使用基本的播放控件；
- 解释素材；
- 更改剪辑。

 本课的学习大约需要 50 分钟。

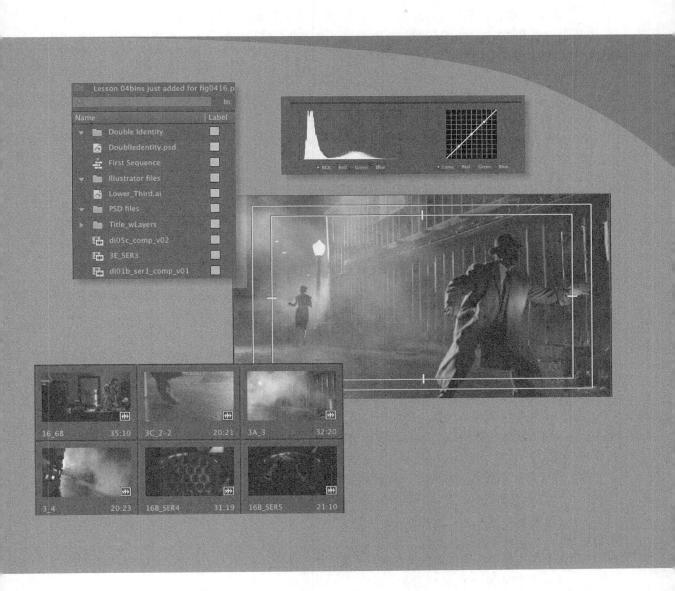

当项目中包含了一些视频和音频资源之后，你可能希望查看这些素材并为序列添加剪辑。进行这种操作之前，有必要花点时间对现有资源进行组织，这样能够避免以后将大量时间花费在查找资源上。

4.1 开始

当项目中有很多从不同媒体类型导入的剪辑时，控制所有这些对象并且在需要时找到想要的照片会成为一个挑战。

在本章中，你将学习使用 Project 面板组织剪辑，该面板是项目的核心部分。你将创建特别的文件夹，这些文件夹称为 bin（文件夹），通过这些文件对剪辑进行分类。你还将学习如何向剪辑添加重要的元数据和标签。

开始时，需要先了解 Project 面板以及如何组织剪辑。

在开始之前，请确保你使用的是默认的 Editing（编辑）工作区。

1. 单击 Window>Workspace>Editing 命令。
2. 单击 Window>Workspace>Reset Current Workspace 命令。
3. 在 Reset Workspace 对话框中单击 Yes 按钮。

    在本章中，你将使用本书第 3 章中的项目文件。

4. 继续处理第 3 章中的项目文件，或者从硬盘中打开。
5. 选择 File>Save As 命令。
6. 将文件重新命名为 Lesson 04.prproj。
7. 在硬盘中选择一个自己喜欢的位置，单击 Save 按钮保存项目。

    如果你没有之前的课程文件，可以从 Lesson 04 文件夹中打开 Lesson 04.prproj 文件。

4.2 Project 面板

任何导入到 Adobe Premiere Pro CS6 中的内容都将会出现在 Project 面板中。除了为你提供一些用于浏览剪辑和使用元数据的强大工具之外，Project 面板中还提供了特别的文件夹，这些文件夹称为 bin，你可以使用它们来组织全部的内容。

无论你以何种方式导入剪辑，序列中的所有内容都将会在 Project 面板中显示出来。如果你将某个已经用于序列中的剪辑从 Project 面板中删除，那么该剪辑也会自动从序列中被删除。不用担心，将你执行这种操作时，Adobe Premiere Pro 会发出警告。

除了能够存储全部剪辑，Project 面板还提供了一些用于导入媒体的重要选项。比如所有素材都会有一个帧速率和像素长宽比，有时为了获得创意性的结果，你可能希望对这些设置进行更改。例如，将 30fps 视频导入为 24fps 以实现微妙的慢动作特效。你有时可能还会收到错误像素长宽比的视频文件。

Adobe Premiere Pro 会使用与素材相关的元数据来确定素材的播放方式。如果你想更改这些元数据，也可以使用 Project 面板来完成。

也可以保留使用原有的 untitle（未命名）或者 new（新建）这样的名称，在只处理两三个剪辑时可以选择这种做法，但是如果面对的是两三百个剪辑，那么这种做法会使寻找剪辑变得非常困难。

即使每个剪辑都有自己单独的名称，像我们正在处理的这个项目一样，在识别时也不是那么容易的。

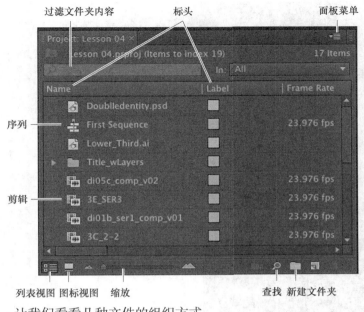

过滤文件夹内容　　　　标头　　　　　　　　面板菜单

序列

剪辑

列表视图　图标视图　缩放　　　　　查找　新建文件夹

让我们看看几种文件的组织方式。

4.2.1　自定义 Project 面板

你可能随时需要对 Project 面对的大小进行重新定义。在查看剪辑时你也可能需要在列表和缩览图之间进行切换，有时这比滚动鼠标能够更快地查看想要的信息。

> **Pr**　提示：查看 Project 面板时，要在小窗口和全屏窗口之间快速切换，只需按、（grave）键即可，你可以在 Adobe Premiere Pro 中的任何面板采用这种操作方式。

默认的 Editing 工作区已经最大程度保持了界面的整洁，因此你可以专心进行自己的创意工作而不必过多的考虑各种按钮。Project 面板的一部分在视图中是隐藏起来的，称为 Preview Area（预览区），其中列出了有关剪辑的更多信息。

我们现在来看看这个区：

1. 在 Project 面板中单击面板菜单。
2. 选择 Preview Area。

   Preview Area 中显示与你在 Project 面板中选择的剪辑有关的几种有用信息，包括帧尺寸、像素长宽比和持续时长。

   如果该选项处于未被选择的状态，可以单击 Project 面板左下角的 List View（列表视图）按钮（▤），在这种视图中，可以查看 Project 面板中剪辑的各种信息，查看时需要进行水平滚动。

   需要时，Preview Area 能够为你提供很多信息。

3. 单击 Project 面板中的面板菜单。

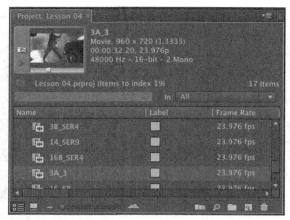

贴帧　　剪辑名称 剪辑类型

3A_3
Movie, 960 x 720 (1.3333) ——— 帧尺寸
00:00:32:20, 23.976p ——— 时长和帧速率
48000 Hz – 16-bit – 2 Mono ——— 音频类型

播放/停止

4. 选择 Preview Area 将其隐藏。

4.2.2　在 Project 面板中查找资源

处理剪辑与处理桌面上的纸质文件有一点类似。如果仅有一两个剪辑,那么处理起来非常容易。但是当有一两百个剪辑时,你就需要有一个系统了!

一种方法就是在每次开始处理时花点时间对剪辑进行组织,这样可以是编辑工作更加顺畅。如果能够在捕捉时或者导入之后对剪辑进行命名,对编辑工作会带来极大的帮助。即使你在从磁带捕捉时没有为每个剪辑进行命名,也可以为每种视频类型进行命名,然后 Adobe Premiere Pro 会通过添加 01、02、03……这样的方式为其命名(请见本书第 3 章 "导入元数据" 部分)。

> **Pr** | 提示:可以使用鼠标滚轮上下滚动 Project 面板。

1. 单击 Project 面板顶部的名称标头。当单击名称标头时,该项目会在 Project 面板中按字母顺序正向或者反向显示。

   Name ∨

2. 向右滚动直到在 Project 面板中看到 Media Duration(媒体时长)标头为止。这将显示每个剪辑的媒体文件的总的持续时间。

3. 单击 Media Duration 标头。Adobe Premiere Pro 将按照媒体持续时间长短来显示。注意 Media Duration 标头上的方向箭头。当你单击标头时,方向箭头会进行切换,按照持续时间长短进行正向或者反向显示剪辑。

注意：当你在 Project 面板中向右滚动时，Adobe Premiere Pro 会一直将媒体名称保持在左侧，这样你就可以了解正在查看的是哪一个剪辑的信息。

Media Duration ∧   Media Duration ∨

注意：要找到方向箭头，你可能需要单击并进行拖动以扩展栏的宽度。

4. 如果你查看的是大量带有特定特性的剪辑——例如时长或者帧尺寸——那么更改标头的显示顺序能够带来极大的帮助。

5. 单击并向左拖动 Media Duration 标头，直到看到在 Label（标签）标头和 Name（名称）标头之间出现蓝色的分隔条。释放鼠标按钮时，Media Duration 标头会被重新放置在 Named 标头的右侧。

注意：图形和照片文件，例如 Photoshop PSD 或者 Illustrator AI 文件，会将你在 Preferences>General>Still Image Default Duration 命令中设置的时长一同导入。

Name   Media Duration ∨ | Label

蓝色分隔条将显示你放置标头的位置。

过滤 bin（文件夹）内容

Adobe Premiere Pro 提供了内置的搜索工具以便帮助你找到想要的媒体文件。即使当你使用的是来自基于文件的摄像机中的非描述性原始剪辑名称时，也可以按照帧尺寸和文件类型进行搜索。

在 Project 面板的顶部，你可以在 Filter Bin Content（过滤文件夹内容）字段框中输入相应文本以便仅显示与输入文本相匹配的剪辑。如果你记得剪辑的名称，那么这是一个非常快速轻松的查找方式。与输入文本不匹配的剪辑将被以藏起来，而仅显示与之匹配的剪辑，即使该剪辑位于 bin 内部。

1. 在 Filter Bin Content 字段框中单击鼠标，输入字母 ser。Adobe Premiere Pro 将仅显示那些名称中带 ser 字母的剪辑。注意，剪辑的名称将出现在文本输入框的上方，并带有 "(filtered)" 字样。

Lesson 04.prproj (filtered)

ser

Lesson 04.prproj (filtered)

2. 单击 Filter Bin Content 字段框右侧的 X 可以清除过滤内容。

3. 在字段框中输入字母 psd。

Adobe Premiere Pro 将仅显示名称中带有字母 psd 的剪辑以及所有的项目 bin。这里，仅有一个之前导入的剪辑。以这种方式使用 Filter Bin Content 字段框，可以查找特殊类型的文件。

在文本输入框的左侧，你会看到一个显示最近项目的菜单按钮，以及与搜索标准相匹配的剪辑数量。

在 Filter Bin Content 字段框的右侧有一个名为 In（入）的菜单，你可以在此指定 Adobe Premiere Pro 是基于全部元数据搜索剪辑，还是仅基于当前显示的元数据进行搜索（请参见本章后面的"使用 bin"部分），还是基于脚本中的单词进行搜索（请参见本章后面的"使用内容分析组织媒体"部分）。

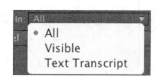

> **Fl** 注意：你在 Project 面板中创建的文件夹称为 bin。这是从电影编辑中引申出来的一个术语。Project 面板本身就是一个高效的 bin，因为它的内部包含各种剪辑。它的功能也与其他任何的 bin 相同，因此可以看成是一个 bin。

通常情况下，不需要选择这个菜单中的任何内容，因为如果你仔细做了一些选择，会使用 All（全部）选项进行过滤。确保单击 Filter Bin Content 右侧的 X 以清除过滤内容。

Find（查找）

Adobe Premiere Pro 还有一个更为高级的 Find 选项。为了了解该选项，我们现在再导入另外两个剪辑。

1. 使用本书第 3 章中介绍的任意一种方法，从课程中包含的 Assets 文件夹中导入 Seattle_Skyline.mov 和 Vegas_Night.mov 文件。

2. 在 Project 面板的底部，单击 Find 按钮（）。Adobe Premier Pro 将显示 Find 面板，其中包含更多用于定位剪辑的高级选项。

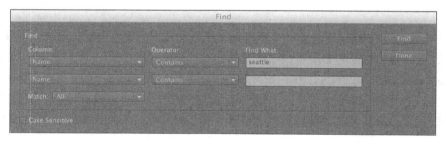

在 Adobe Premiere Pro 的 Find 面板中，可以同时执行两种搜索方式。可以选择显示与两种搜索标准都匹配的剪辑，或者显示匹配其中一种搜索标准的剪辑。例如，你可以执行以下两种操作中的一种：

- 搜索名称中同时带有 dog 和 boat 的剪辑。
- 搜索名称中带有 dog 或 boat 的剪辑。

然后选择以下选项：

- Column（栏）：从 Project 面板中可用的标头进行选择。单击 Find 按钮时，Adobe Premiere Pro 将仅使用你选择的标头进行搜索。
- Operator（操作符）：该选项提供一系列标准的搜索选项。使用该菜单可以选择是否查找一个包含、完全匹配或者以你想要搜索的任何内容开头或者结尾的剪辑。

- Match（匹配）：选择 All（全部）时将查找同时与第一个和第二个文本相匹配的剪辑。选择 Any（任意）将查找与第一个文本或者第二个文本相匹配的剪辑。

- Case Sensitive（区分大小写）：告诉 Adobe Premiere Pro 是否要求你要搜索的内容与输入的标准在字母大小写方面相匹配。

- Find What（搜索内容）：在此输入你的搜索文本，最多可以添加两套搜索文本。

单击 Find 按钮时，Adobe Premiere Pro 将会高亮显示与搜索标准相匹配的剪辑。再次单击 Find 按钮，Adobe Premiere Pro 将会高亮显示下一个与搜索标准匹配的剪辑。单击 Done（完成）可退出 Find 对话框。

4.3 使用 bin

Bin 的显示图标与硬盘中的文件夹相同，工作方式也基本相同。允许你将剪辑分隔到不同的组中以便对其进行更好的组织。

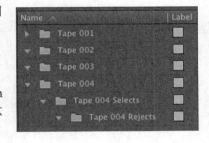

与硬盘中的文件夹相同，你可以在某个 bin 中存储多个 bin，根据项目需要创建复杂的文件夹结构。

bin 与硬盘中的文件夹之间存在一个重要的区别，那就是 bin 仅存在于你的 Adobe Premiere Pro 项目文件中。你在硬盘中看不到单独存在的项目 bin。

4.3.1 创建 bin

现在，让我们来创建一个 bin。

1. 单击 Project 面板底部的 New Bin（新建 bin）按钮。

Adobe Premiere Pro 将创建一个新的 bin，并自动高亮显示它的名称以提示你对其进行重新命名。有必要养成在创建时就为其命名的习惯。

2. 我们有一些来自电影中的剪辑。现在为这些剪辑创建一个 bin。将 bin 命名为 Double Identity。

3. 也可以使用 File 菜单创建 bin。选择 File>New>Bin 命令。

4. 将该 bin 命名为 PSD files。

5. 你也可以在 Project 面板的空白区域单击鼠标右键并选择 New Bin 命令创建 bin。现在就来尝试一下这种方法。

> **Fl** 注意：当 Project 面板中被剪辑充满时，很难找到空白区域。尝试在面板内部图标的左侧进行点击。

6. 将新的 bin 命名为 Illustrator files。

要为项目中已经存在的剪辑创建新的 bin，最快速简单的方法就是将剪辑拖放到 Project 面板底部的 New Bin 按钮上。

7. 将剪辑 Vegas_Night.mov 拖放到 New Bin 按钮上。

8. 将 bin 命名为 City Views。

9. 按键盘快捷键 Control+/（Windows）或者 Command+/（Mac）创建新的 bin。

10. 将 bin 命名为 Sequences。

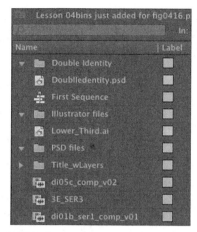

如果将 Project 面板设置为 List View，bin 将会按照剪辑名称的顺序显示。

Fl | **注意**：当以序列形式导入带多个图层的 Adobe Photoshop 文件时，Adobe Premiere Pro 会自动为单独的图层以及它们的序列创建一个 bin。

4.3.2 管理 bin 中的媒体

现在，我们已经有了一些 bin，可以将其投入使用了。使用提示三角隐藏它们的内容以使视图看起来更加整洁。

1. 将剪辑 Lower_Third.ai 拖放到 Illustrator files 的 bin 中。

2. 将 DoubleIdentity.psd 拖放到 PSD files 的 bin 中。

3. 将 Title_wLayers 的 bin（导入带图层的 PSD 文件时自动创建的）拖放到 PSD files 的 bin 中。嵌套在 bin 中的其他 bin 的行为方式与嵌套在文件夹中的其他文件夹相同。

4. 将 Seattle_Skyline.mov 拖放到 City Views 的 bin 中。你可能需要重新定义面板尺寸或者切换到全屏模式以同时查看剪辑和 bin。

5. 将序列 First Sequence 拖放到 Sequence bin 中。

6. 将其与所有的剪辑放到 Double Identity bin 中。

现在，你已经对 Project 面板进行了很好的组织，每种类型的剪辑都在其自己的 bin 中了。

可以按住 Shift 键并单击和 Control 键并单击（Windows）或者按住 Command 键并单击（Mac）以选择 Project 面板中的内容，这与选择硬盘中的文件的方式相同。

注意：在组织系统允许的情况下，可以复制并粘贴剪辑以创建更多的副本。对于 Double Identity 内容来说，可能需要一个 Photoshop 文档。现在，我们来创建一个副本。

Fl 注意：创建剪辑的副本时，并不是创建它们链接的媒体的副本。你可以根据需要在 Adobe Premiere Pro 项目中创建更多的副本。这些副本会全部链接到同一个原始媒体文件。

7. 单击 PSD files bin 的提示三角以显示其中的内容。
8. 右键单击 DoubleIdentity.psd 剪辑，选择 Copy（复制）命令。
9. 单击 Double Identity bin 的提示三角以显示其中的内容。
10. 右键单击 Double Identity bin，选择 Paste（粘贴）命令。
    Adobe Premiere Pro 会将剪辑副本放置到 Double Identity bin 中。

查找媒体

如果你不确定媒体是否位于硬盘中，可以在 Project 面板中右键单击并选择 Reveal in Explorer（在 Explorer 中显示）（Windows）或者 Reveal in Finder（在 Finder 中显示）（Mac）命令。

Adobe Premiere Pro 将打开硬盘中包含媒体文件的文件夹并高亮显示。当你处理的媒体文件被存储在多个硬盘中或者在 Adobe Premiere Pro 中对剪辑进行了重新命名时，这种方法非常有用。

4.3.3 更改 bin 视图

尽管 Project 面板和 bin 之间存在区别，但是它们具有相同的控件和视图选项。从任何层面上来说，你都可以将 Project 面板作为一个 bin 进行处理。

Bin 具有两种视图模式，你可以通过单击位于 Project 面板底部的 List View（列表视图）按钮和 Icon View（图标视图）按钮在两种模式之间进行切换。

- List View：将剪辑和 bin 以列表形式显示，提供大量可以滚动阅读的元数据。
- Icon View：将剪辑和 bin 以缩览图形式显示，可以重新对其进行排列和播放。

Project 面板中有一个 Zoom（缩放）控制，可以通过它更改剪辑和缩览图的尺寸。

1. 双击 Double Identity bin 将其在自己的面板中打开。
2. 双击 Double Identity bin 的 Icon View 按钮显示剪辑的缩览图。
3. 试着调整 Zoom 控制。
   Adobe Premiere Pro 能够显示非常大的缩览图，你可以更轻松地浏览和选择剪辑。
4. 将视图模式切换到 List View。
5. 试着调整 bin 的 Zoom 控制。

当处于 List View 模式时，进行缩放控制并不会产生什么影响，除非为该视图开启了显示缩览图选项。

6. 单击 Panel 按钮，选择 Thumbnails（缩览图）。

Adobe Premiere pro 现在将在 List View 中显示缩览图，Icon View 中同样如此。

7. 试着调整 Zoom 控制。

剪辑缩览图将显示媒体的第一帧。在有些情况下，这并没有什么特别的作用。例如剪辑 16B_SER4，缩览图中显示一个空置的椅子，但是我们更想看到的是谁将坐在上面。

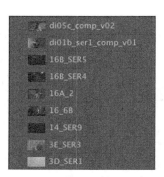 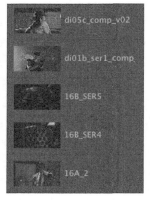  

8. 单击 Panel 菜单，选择 Preview Area。

9. 选择剪辑 16B_SER4 以便使与该剪辑有关的信息显示在 Preview Area 中。

10. Preview Area 中的 Thumbnail Viewer 能够显示剪辑，拖动它可以创建一个新的贴帧。使用 Thumbnail Viewer 拖动剪辑直到看到演员坐在椅子上为止。

11. 单击 Thumbnail Viewer 上的 Poster Frame（贴帧）按钮。

Adobe Premiere Pro 将针对该剪辑显示最新选择的帧。

12. 使用面板菜单关闭 List View 中的缩览图并隐藏 Preview Area。

4.3.4 指定标签

Project 面板中的每一个项都具有一个标签颜色。在 List View 模式下，Label（标签）标头显示每个剪辑的标签颜色。当向序列中添加剪辑时，它们将在 Timeline 面板中显示该颜色。

> **FI** | **注意**：通过事先选择的方式可以更改多个剪辑的标签颜色。

我们来更改标题的颜色以使其与 bin 中的其他剪辑相匹配。

1. 右键单击 DoubleIdentity.psd 并选择 label>Iris 命令。

2. 通过单击面板内部的某些区域确保 DoubleIdentity bin 处于激活状态。

3. 按 Control+A 键（Windows）或者 Command+A 键（Mac）选择 bin 中的每一个剪辑。
4. 右键单击 bin 中的任意剪辑，选择 Label>Forest 命令。

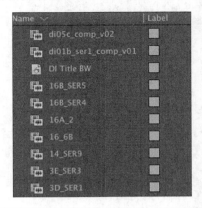

更改可用的标签颜色

存在8种可以指定到项目中各个项上的颜色标签。同时存在8种可以指定颜色的项目类型，这就意味着不存在空闲的标签颜色。

如果选择Edit>Preferences>Label Colors（标签颜色）命令（Windows）或者Premiere Pro>Preferences>Label Colors命令（Mac），你会看到颜色列表，每个都具有一个拾色器，你可以通过单击将其更改为其他颜色。

如果在首选项中选择了Label Defaults（标签默认颜色），你可以为项目中的每种项选择不同的默认标签。

更改名称

由于项目中的剪辑与它们链接的媒体文件是分开的，因此你可以在 Adobe Premiere Pro 中对各个项进行重新命名，而且硬盘上的原始媒体文件的名称不会受到影响。这能够使对剪辑的重新命名更加安全。

1. 右键单击剪辑 DoubleIdentity.psd，并选择 Rename（重新命名）。
2. 将名称更改为 DI Title BW。
3. 右键单击新命名的剪辑 DI Title BW，并选择 Reveal in Explorer 命令（Windows）或者 Reveal in Finder 命令（Mac）。

Fl 注意：当在 Adobe Premiere Pro 中更改剪辑的名称时，新名称将被存储在项目文件中。因此同一个剪辑很可能在两个项目文件中具有不同的名称。

注意：原始文件名称并没有被更改。有必要明确原始媒体文件与 Adobe Premiere Pro 中的剪辑之间存在的不同，因为这能对很多 Adobe Premiere Pro 工作方式提供相应的解释。

Name
DoubleIdentity.psd

4.3.5 自定义 bin

默认情况下，Adobe Premiere Pro 会在 Project 面板中显示特定类型的信息。你可以轻松添加或者删除标头。根据不同的元数据类型以及处理方式，你有时候可能希望显示或者隐藏不同类型的信息。

1. 如果 Double Identity bin 没有打开，请打开该文件夹。
2. 单击 Panel 面板，并选择 Metadata Display（元数据显示）命令。

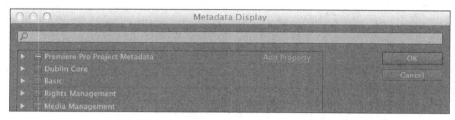

在 Metadata Display 面板中，你可以选择任何类型的元数据以用作 Project 面板（以及任何 bin）的 List View 中的标头。你只需选择想要使用的信息类型相应的复选框即可。

3. 单击 Adobe Premiere Pro Project Metadata 的提示三角显示这些选项。
4. 选择 Media Type（媒体类型）复选框。
5. 单击 OK。

你会看到 Media Type 现在作为标头被添加到了 Double Identity bin 中了，但其他的 bin 却没有发生任何变化。要使这种更改同时发生在每个 bin 中，可以使用 Project 面板中的 Panel 菜单，而不是分别对每个 bin 单独进行处理。

| Label | Media Type | Frame Rate |

有些标头只用于提供相应的信息，而还有一些标头可以直接进行编辑。例如 Scene（场景）标头，你可以在其中为每个剪辑添加场景数量。

注意：如果你输入一个场景数量，然后按 Enter 键，Adobe Premiere Pro 会激活下一个场景字段框。通过这种方式，你可以使用键盘快速输入与每个剪辑相关的信息，从一个字段框跳至下一个字段框。

Scene 标头是一个特别的项。它能够为你提供关于场景用途的信息；此外，还会为 Adobe Premiere Pro 提供信息已告知原始脚本中的哪个场景将会用在音频的自动分析中（请见本章后面的

"使用内容分析组织媒体"部分）。

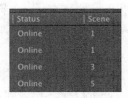

Adobe Story

Adobe Story是一个脚本编写应用程序，它能够使自动更正脚本格式化的过程并将其整合到Adobe Premiere Pro的编辑工作流程中。

除了提供脚本编写工具，Adobe Story还能够与其他脚本编写工具协同工作，自动进行脚本控制以及使用元数据处理脚本以用于制定预生产计划，它还能够生成脚本报告以及时间表以帮助你进行生产的准备工作。

4.3.6　同时打开多个 bin

默认情况下，双击某个 bin 时，Adobe Premiere Pro 会在一个浮动窗口中打开该 bin。每个 bin 面板的行为方式都是相同的，并且具有相同的选项、按钮和设置。

如果你的计算机显示器拥有足够的空间，可以根据需要同时打开多个 bin。

与任何其他类型的面板一样，你可以将 bin 拖放到界面的任何位置，重新定义大小，将其与其他面板合并，以及使用、（grave）键在全屏模式和窗口模式之间进行切换。

由于默认首选项的存在，双击时 bin 会在自己的面板中打开，你可以对其进行更改以适合自己的编辑风格。

选择 Edit>Preferences>General 命令（Windows）或者 Premiere Pro>Preferences>General 命令（Mac）更改这些选项。

每个选项都能够使你选择双击时所产生的结果，按住 Control 键并双击（Windows）或者按住 Command 键并双击（Mac），或者按住 Alt 键并双击（Windows）或者按 Option 键并双击（Mac）。

4.4　使用内容分析组织媒体

在组织文件和共享信息时，越来越多地用到元数据。与元数据有关的挑战就是如何找到一种高效的创建元数据并将其添加到剪辑中的方法。

为了使这个过程更加容易，Adobe Premiere Pro 会对媒体进行分析并基于其中的内容自动创建元数据。语音中的单词可以作为时间上的文本被添加进来，具有人脸的剪辑也会被进行标记以便更轻松地识别出那些有用的画面。

4.4.1　附着脚本或者文字记录

Adobe Premiere Pro 有一种称为 Speech to Text（语音到文本）的功能，它能够收听素材中的语音并创建与剪辑相关连的文本。当语音出现时，文本会在时间上与之链接，因此你可以轻松找到想要的那部分剪辑。

分析的精确程度由几个因素决定。你可以通过与剪辑相关的脚本或者文字记录让 Adobe Premiere Pro 正确识别语音中的词语。

4.4.2　语音分析

要使用 Speech to Text 功能，请执行以下操作：

> **Fl** **注意**：该文件夹中有一个压缩文件，其中包含一个视频剪辑的原始副本，如果愿意可以尝试再次使用。使用 Adobe Premiere Pro 的 Speech to Text 功能时，原始文件中会被添加更多的元数据，无论你在何时执行导入操作，都可以使用这些元数据。

1. 从 Assets/Speech to text 文件夹中导入视频文件 CU MAGE STT.mp4。

2. 沿 Project 面板滚动直到看到 Scene 标头。将 CU MAGE STT.mp4 的场景数量添加为 1。
3. 双击 CU MAGE STT.mp4 剪辑。如果 Double Identity bin 占用了 Source Monitor，你可以单击 bin 面板选项卡中的 X 按钮将其关闭。

   Adobe Premiere Pro 将会在 Source Monitor 中显示该剪辑。
4. 单击 Metadata 面板的选项卡显示该面板。在默认的 Editing 工作区中，你会看到 Metadata 面板与 Program Monitor 共享同一个窗口，如果看不到 Metadata 面板，单击 Window 菜单，选择 Metadata 即可。

   Metadata 面板能够显示很多与项目中剪辑相关的不同类型的元数据。
5. 单击 Metadata 面板右下方的 Analyze（分析）按钮。

   Analyze Content（分析内容）按钮为你提供了一些用于决定自动分析执行方式的按钮。你只需要决定是否希望 Adobe Premiere Pro 检测面部和 / 或识别语音，然后选择语言和质量设置即可。

   为了提高语音检测的精确度，我们将为附加一个脚本文件。
6. 单击 Reference Scrip（参考脚本）按钮，选择 Add 命令（添加）。
7. 浏览到 Assets/Speech to text 文件夹，打开 Paladin_Script_Final.astx。Adobe Premiere Pro 将会显示 Import Script（导入脚本）对话框，你可以在此确定是否选择了正确的脚本。注意，

此处存在一个用于确定是否脚本文本与记录对话精确匹配的复选框。它能够强制 Adobe Premiere Pro 仅使用原始脚本中的词语（可用于采访录音）。单击 OK，不需要选择该复选框。

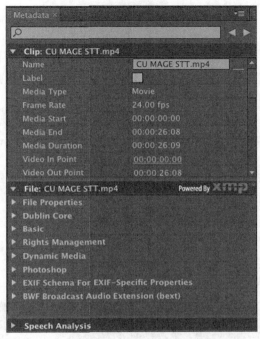

8. 在 Analyze Content 面板中选择 Identity Speakers（识别说话者）复选框。

   这将告知 Adobe Premiere Pro 对不同声音的对话进行分离。

9. 其他设置使用默认选项，单击 OK 按钮。

Adobe Premiere Pro 将启动 Adobe Media Encoder，它在后台执行分析任务，因此你可以在分析进行的过程中处理项目中的其他内容。当分析完成时，Metadata 面板中会显示一个剪辑中语音的文本描述。

Adobe Premiere Pro 开始执行自动分析并在分析完成时出现一个提示音。你可以对多个剪辑进行分析，Adobe Media Encoder 会自动将它们添加到序列中。当任务完成时，可以退出 Adobe Media Encoder。

> **Pr** 提示：添加剪辑的场景数量能够帮助 Adobe Premiere Pro 识别与对话相关的脚本部分。

4.4.3 面部检测

较大的项目中通常存在大量的剪辑，因此任何能够使查找工作变得更容易的功能都是有益的。在分析素材时开启面部检测功能能够多提供一种搜索内容的方式。

现在，你已经分析了 CU MAGE STT.mp4，可以尝试单击 Project 面板中 Filter Bin Content 字

段框的 Recent Searches（最近搜索）按钮并选择 Find Faces（查找面部）命令。这时将会显示 CU
MAGE STT.mp4，即使你已经将其放在了某个 bin 中。确保单击 Filter Bin Content 字段框上的 X 按
钮以清除搜索内容。

4.5　监视素材

视频编辑中的很大一部分内容就是查看各种剪辑并对其进行有创意的选择。因此能够顺畅地浏
览媒体非常重要。

Adobe Premiere Pro 提供了多种执行普通任务的方法，例如播放视频剪辑。你可以使用键盘，
用鼠标点击按钮，或者使用外部设备，如导像（jog）与快速导像（shuttle）控制。

Adobe Premiere Pro 中引入了一个称为 hover scrub 的全新浏览功能，它可以使你快速轻松地查
看 bin 中的内容。

1. 双击 Double Identity bin 将其打开。
2. 单击 bin 左下角的 Icon View 按钮。
3. 拖动鼠标但不点击，划过 bin 中的任意图像。

    Adobe Premiere Pro 将在你拖动时显示剪辑的内容。缩览图的左侧边缘代表剪辑的起点，
    右侧边缘代表渐进的终点。而缩览图的宽度也就代表整个剪辑。

4. 单击选择一个剪辑。Hover scrub 现在处于关闭状态，缩览图的底部会出现一个小的滚动条。
    尝试使用该滚动条拖动剪辑。

    与 Media Browser 相同，Adobe Premiere Pro 也会使用键盘上的 J、K 和 L 键执行播放任务。

    • J：向后播放。
    • K：暂停。
    • L：向前播放。

| Pr | 提示：如果多次按 J 或者 L 键，Adobe Premiere Pro 将会以多个速度播放视频剪辑。 |

5. 选择一个剪辑，使用 JKL 键播放缩览图。务必只点击剪辑一次。如果双击剪辑，它将会在 Source Monitor 中打开。

当双击剪辑时，不仅会显示将其在 Source Monitor 中打开，还会向其中添加一个最近剪辑的列表。

6. 双击打开 Double Identity bin 中的 4 个或者 5 个剪辑。

7. 单击位于 Source Monitor 顶部选项卡中的 Recent Items（最近项目）菜单，在最近的剪辑之间浏览。

> Close
> Close All
>
> Source: di05c_comp_v02
> Source: 16_6B
> Source: 14_SER9
> Source: 3E_SER3
> Source: 3D_SER1
> Source: 3B_SER4
> • Source: 3A_3

> **Pr** 提示：注意，你可以通过选择相关选项关闭单个剪辑或者关闭全部剪辑以清理菜单和监视器。有些编辑人员喜欢先清除菜单，然后选择 bin 中的某些长剪辑并将其一同拖放到 Source Monitor 中以打开这些剪辑。然后就可以使用最近项目菜单只浏览这个简短列表中的剪辑。

8. 单击位于 Source Monitor 底部的 Zoom（缩放）菜单。默认情况下，该菜单被设置为 Fit（适合），表示 Adobe Premiere Pro 将显示整个帧，无论原始尺寸为多大。将该设置更改为 100%。

此处的 Double Identity 剪辑具有较高的分辨率，它们很可能比 Source Monitor 还要大。因此 Source Monitor 的底部和右侧可能会出现滚动条，你可以使用滚动条浏览图像中的不同部分。

将 Zoom 设置为 100% 的好处是你可以看到原始视频中的每一个像素，而这有助于检查视频的质量。

9. 将 Zoom 设置改回到 Fit。

播放分辨率

如果你的计算机处理器型号比较旧或者运行速度较慢，在播放具有非常高分辨率的视频剪辑时可能会很困难。为了适应更多类型的计算机硬件配置，从功能强大的台式工作站到轻量级的便携式笔记本计算机，Adobe Premiere Pro 能够降低播放分辨率以获得更为顺畅的播放效果。你可以通过选择 Source Monitor（以及 Program Monitor）中的 Select Playback Resolution（选择播放分辨率）菜单随时转换播放分辨率。

时间码信息

Source Monitor 左下角的时间码以小时、分钟、秒以及帧的形式（00：00：00；00）显示播放头（playhead）的当前位置。

Source Monitor 右下角的时间码显示所选择的剪辑的总时长。稍后，你将通过添加特别的标记以进行特殊选择。现在它显示的是完整的时长。

安全边界

老式的 CRT 监视器会裁剪图片的边缘以便获得整洁的边缘效果。如果你制作的是用于 CRT 监视器的视频，那么可以单击 Source Monitor 底部的 Settings（扳手图标）按钮并选择 Safe Margins（安全边界）。Adobe Premiere Pro 将会在图像上显示外色的轮廓线。

外侧的框为 Safe Action（安全动作）区，当播放时能够将重要的动作保持在该框内，使裁切操作不会将其中的内容隐藏起来。

内部的框为 Title Safe（字幕安全）区，能够将字幕和图形保持在该框内，这样，即使那些不标准的视频，观众也能够看到其中的文字。

再次单击 Source Monitor 底部的 Settings 按钮并选择 Safe Margins 将其关闭。

4.5.1 基本的播放控件

现在来看一下播放控件。

1. 双击 Double Identity bin 中的视频 16_6B 将其在 Source Monitor 中打开。

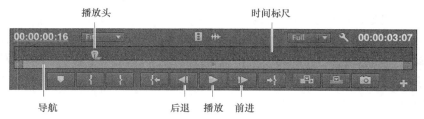

2. 在 Source Monitor 的底部，有一个黄色的播放头标记。将其沿面板底部进行拖动可以查看剪辑中的不同部分。你也可以在希望播放头行进的位置单击，它会直接跳至你单击的位置。

3. 在导航条和播放头的下方有一个滚动条，它可以充当缩放控件的角色。拖动滚动条的一端可以放大剪辑导航。

拖到此处   拖到此处

4. 单击 Play 按钮播放剪辑。再次单击可停止播放。你也可以使用空格键播放和停止播放剪辑。

5. 单击 Step back 和 Step forward 按钮每次移动一帧。你也可以使用键盘上的左右箭头执行该操作。

6. 使用 J、K 和 L 键播放剪辑。

4.5.2　自定义监视器

要自定义监视器，单击 Source Monitor 上的 Settings 按钮（ ）。

该菜单中为 Source Monitor 提供了几种不同的播放选项（Program Monitor 中也具有此类菜单）。分析视频时，你可以选择查看波形图和矢量图。

这里，我们只想在屏幕上看到常规的视频。需要确保该菜单中的 Composite Video（合成视频）处于选中状态。

你可以在 Source Monitor 底部添加或者删除按钮。

1. 单击 Source Monitor 右下部的 Button Editor（按钮编辑器）按钮，会出现一组特别的按钮。

2. 将浮动面板中的 Loop（循环）按钮（ ）向右拖动到 Source Monitor 上的 Play 按钮，单击 OK 按钮。

3. 双击 Double Identity bin 中的剪辑 di05c_compv_02 将其在 Source Monitor 中打开。

4. 单击 Loop 按钮将其激活，然后使用空格键或者 Source Monitor 中的 Play 按钮播放视频。当你看到足够多的内容时停止播放。

   当 Loop 功能处于激活状态时，Adobe Premiere Pro 会一直重复播放。

4.6　修改剪辑

Adobe Premiere Pro 使用与剪辑相关的元数据来选择播放方式。有时，元数据可能存在错误，你需要告知 Adobe Premiere Pro 如何导入剪辑。

你可以一次性为一个文件或者多个文件更改剪辑的导入方式。要执行该操作，只需选择想要更改的剪辑即可。

4.6.1　调整音频通道

Adobe Premiere Pro 具备高级的音频管理功能。你可以创建复杂的声音混合效果以及有选择地对原始剪辑的音频确定输出音频通道。可以制作 Mono、Stereo、5.1，甚至是能够精确控制音频走向的 16 通道序列。

如果你还处于刚刚开始的阶段,可能想要制作立体声序列并使用立体声源材料。在这种情况下,默认的设置就能够很好地满足你的需求。

使用专业的摄像机记录音频时,通常会有一个麦克风记录一个音频通道,而另一个麦克风记录另一个音频通道。尽管这些通道都是相同的并且用于常规的立体声音频中,但它们现在包含的是完全被隔离的声音。

你的摄像机会为记录的视频添加元数据以告知 Adobe Premiere Pro 声音是单声道(彼此分开的音频通道)还是立体声(通道 1 音频和通道 2 音频共同形成完全的立体声音效)。

在新的媒体文件通过 Edit>Preferences>Audio>Channels(windows)命令或者 Premiere Pro>Preferences>Audio>Channels(Mac)命令导入时,你可以告知 Adobe Premiere Pro 如何解释音频通道。

导入剪辑时,如果设置存在错误,可以轻松纠正 Adobe Premiere Pro 对音频通道的导入。

1. 在 Project 面板中右键单击剪辑 CU MAGE STT.mp4,并选择 Modify(修改)>Audio Channels 命令。

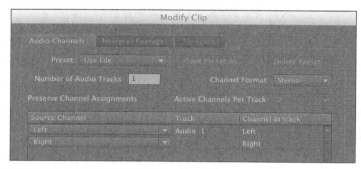

2. 现在,剪辑被设置为使用文件的元数据识别音频的通道格式。单击 Preset 按钮,将其更改为 Mono。

   Adobe Premiere Pro 会将 Channel Format(通道格式)菜单更改为 Mono。你将看到 Left Source Channel 和 Right Source Channel 现在已经被链接到 Audio 1 和 Audio 2 上了,这意味着当你向序列中添加剪辑时,每个音频通道都将会归属于各自的轨道上,允许你对它们进行单独处理。

3. 单击 OK 按钮。

4.6.2 解释素材

为了让 Adobe Premiere Pro 正确地解释剪辑,需要知道视频的帧速率,像素长宽比(像素的形状)以及播放域的顺序。如果剪辑中存在这些内容,Adobe Premiere Pro 会从文件的元数据中找到这些信息,但是你可以轻松更改剪辑的解释方式。

1. 从 Lesson 04 文件夹中导入 RED Video.R3D。双击该文件使其在 Source Monitor 中打开。由于它是完全宽屏的，因此对于本项目来说有一点过宽。

2. 在 bin 中右键单击剪辑，并选择 Modify（修改）>Interpret Footage（解释素材）命令。

3. 现在，剪辑被设置为使用来自文件的 Pixel Aspect Ratio（像素长宽比）：Anamorphic 2:1. 这意味着像素的宽度是高度的两倍。

4. 将 Pixel Aspect Ratio 的设置更改为 Conform to：（统一到），并选择 DVCPRO HD(1.5)。然后单击 OK 按钮。

从现在开始，Adobe Premiere Pro 将对那些像素宽度为像素高度 1.5 倍的剪辑进行解释。这将重新塑造图像的形状使其成为标准的 16:9 宽屏。事实上，这种方式并不是总是能够获得满意的效果，它经常产生变形问题，但是也能够针对不匹配的媒体问题提供快速的解决办法（新闻编辑人员会经常遇到此类问题）。

4.6.3 使用 RED 文件

Adobe Premier Pro 针对由 RED 摄像机拍摄的 R3D 文件提供了一些特殊的设置。R3D 文件与专业 DSLR 照相机使用的 Raw 格式类似。Raw 文件具备一个用于查看文件的解释层。你无需在 Adobe Premiere Pro 中进行播放就可以随时更改解释方式。例如，可以在不需要额外处理的情况下更改素材的颜色。使用特效也可以获得类似的效果，但是需要计算机在播放剪辑时承担更多的处理工作。

另一个益处是使用 RED 源设置进行的更改将会应用到原始媒体文件中，因此你可以在稍后的编辑步骤中更新颜色的解释方式并在序列中已经存在的剪辑上查看相应的结果。

1. 在 Project 面板中右键单击剪辑 RED Video.R3D，并选择 Source Settings（源设置）命令。

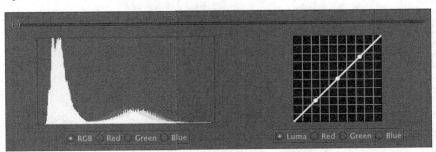

这时，将出现 RED R3D Source Settings 对话框，你可以在其中访问所选剪辑的全部原始解释控制。从很多方面来说，它是一个非常强大的颜色校正工具，具有自动白平衡功能，还能够对红色、绿色以及蓝色的值进行调整。

2. 在右侧，存在一些用于调整图片的单独的控制。将列表一直向下滚动，你可以看到 Gain Settings（增益设置）。鉴于这是一个 RED 剪辑，因此我们将红色增益增加到 1.5。可以拖动控制条，单击并拖动橙色的数值或者单击直接输入数值。

3. 单击 OK 按钮，再次在 Source Monitor 中查看剪辑。

图片已经获得了更新。如果你已经在序列中编辑了该剪辑，它还会同时更新到序列中。

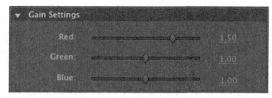

要了解更多关于使用 RED 媒体的信息，请访问 http://www.adobe.com/go/red/。

复习题

1. 如何在 Project 面板中更改 List View 标头？
2. 如何在 Project 面板中迅速过滤剪辑显示以轻松查找某个剪辑？
3. 如何创建新的 bin ？
4. 如果更改了 Project 面板中的剪辑名称，是否会同时更改硬盘上预期链接的媒体文件的名称？
5. 可以使用键盘上哪个键播放视频和音频剪辑？
6. 如果剪辑的音频通道不是你想使用的类型，如何对其进行更改？

复习题答案

1. 单击 Project 面板的 Panel 菜单，并选择 Metadata Display。选择你希望显示的标头所对应的的复选框即可。
2. 在 Filter Bin Content 字段框中单击，开始输入你想要查找的剪辑。Adobe Premiere Pro 会隐藏那些不匹配的剪辑而只显示与之匹配的剪辑。
3. 单击 Project 面板底部的 New Bin 按钮。或者在 File 菜单中选择 New>Bin 命令。或者右键单击 Project 面板中的空白区域并选择 New Bin 命令。或者按 Control+/ 组合键（Windows）或 Command+/ 组合键（Mac）。你也可以将剪辑直接拖放到 Project 面板上的 New Bin 按钮上进行创建。
4. 不会。你可以在 Project 面板上对剪辑执行复制、重命名或者删除操作，但是不会对原始媒体文件产生任何影响。Adobe Premiere Pro 是一个无损的编辑工具，不会对原始文件进行修改。
5. 空格键用于播放和停止。J、K 和 L 键与快速导像控制类似，可以向前或者向后播放，而箭头键可以向前或者向后移动一帧。
6. 右键单击想要更改的剪辑，并选择 Modify>Audio Channels 命令。然后选择正确的选项（通常会选择一个预设），再单击 OK 按钮。

第5课 视频编辑基础知识

课程概述

在本课中，你将学习以下内容：

* 在 Source Monitor 中处理剪辑；
* 创建序列；
* 使用基本的编辑命令；
* 理解轨道。

本课的学习大约需要 45 分钟。

本章为你讲述使用 Adobe Premiere Pro CS6 创建序列时经常使用的核心编辑技巧。

编辑工作不仅仅是选择合适的素材。你需要在时间上精确安排各种素材片段，将剪辑放置在序列中正确的时间点以及你希望的轨道上（创建分层效果），向现有序列中添加新剪辑并删除原有的剪辑。

5.1 开始

无论你希望以何种方式学习视频剪辑，都需要不断花点时间了解一些非常简单的技巧。基本上讲，你将挑选剪辑并有选择地将它们放置到序列中去。Adobe Premiere Pro 为此提供了几种不同的方法。

开始之前，确保使用的是默认的 Editing 工作区。

1. 选择 Windows>Workspace>Editing 命令。
2. 选择 Windows>Workspace>Reset Current Workspace 命令。
3. 单击 Reset Workspace 对话框中的 Yes 按钮。

   在本章中，我们将使用本书第 4 章中的项目文件。

4. 继续处理本书上一章中的项目文件，或者从硬盘中打开该文件。
5. 选择 File>Save As 命令。
6. 将文件重新命名为 Lesson 05.prproj。
7. 在硬盘中选择一个自己喜欢的位置，并单击 Save 按钮保存项目。

   如果你没有上一章的文件，可以从 Lesson 04 文件夹中打开 Lesson 04.prproj 文件。

首先，你将了解更多有关 Source Monitor 的知识以及如何对剪辑进行预标记以便将其添加到序列中。然后再了解有关 Timeline 的知识，Timeline 是处理序列的地方。此外，你还将学习如何将各种内容整合在一起。

5.2 使用 Source Monitor

在将各种资源放入序列中之前，主要通过 Source Monitor 对其进行检查。

当在 Source Monotor 中观看视频剪辑时，它们将显示自己的原始格式。剪辑将完全按照记录时的格式进行播放，例如帧速率、帧尺寸、场景顺序、音频采样率以及音频位深。

向序列中添加剪辑时，Adobe Premiere Pro 将使其与序列中的设置相匹配。这就意味着帧速率、帧尺寸以及音频类型都会进行调整以便所有内容都以同一种方式播放。

查看多种文件类型时，Source Monitor 会提供其他一些重要的功能。你可以使用两种特殊的标记，称为 In（入）点和 Out（出）点，用于选择使剪辑中的哪个部分包含到序列中。你也可以为其他类型的标记添加注释以用于以后的参考或者用于提醒你与剪辑先关的重要信息。例如，可以为无权使用的素材部分添加记录。

5.2.1 载入剪辑

要载入剪辑，请执行以下操作：

1. 浏览到 Double Identity bin。在默认的首选项情况下，你可以按住 Control（Windows）键或者 Command（Mac）键并在 Project 面板中双击 bin 图标。bin 将在现有窗口中打开。要导航回到 Project 面板，可以单击 Navigate Up（向上导航）按钮（ ▣ ）。

2. 双击视频剪辑，或者将剪辑拖放到 Source Monitor 中。无论哪种方法，所产生的结果都是相同的：Adobe Premier Pro 会在 Source Monitor 中显示剪辑，你可以对其进行查看或者为其添加标记。

3. 移动鼠标使其位于 Source Monitor 上，并按、（grave）键。再次按、（grave）键将使 Source Monitor 恢复到原始尺寸。

> **Pr** 提示：活动帧的周围会出现一个橙色的轮廓。有必要知道哪个帧处于活动状态，因为菜单有时会随之更新以反映当前的选择。如果按 Shift+、（grave）组合键，当前选择的帧（而不是鼠标下方的帧）将切换为全屏模式。

在另一个监视器上查看视频

如果你的计算机上连接了两台监视器，Adobe Premiere Pro 可以使用第二台监视器以全屏模式播放视频。

选择 Edit>Preferences>Playback（Windows）命令或者 Premiere Pro>Preferences>Playback（Mac）命令，并选择希望进行全屏播放的监视器相对应的复选框。

你也可以选择使用与计算机连接的 DV 设备播放视频。

5.2.2 载入多个剪辑

接下来，我们将选择剪辑并在 Source Monitor 中进行处理。

1. 单击 Source Monitor 左上部的最近项目菜单，并选择 Close All（关闭全部）。

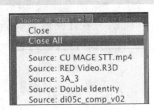

2. 单击 Double Identity bin 中的 List View 按钮，单击 Name 标头以确保剪辑按照字母顺序显示。

3. 选择第一个剪辑 3_4，然后按住 Shift 键并单击剪辑 16_6B。

   这将在 bin 中选择多个剪辑。

4. 将剪辑从 bin 中拖放到 Source Monitor 中。

   现在，只有那些被选中的剪辑会在 Source Monitor 的 Recent Items 菜单中显示。你可以使用该菜单选择要查看的剪辑。

5.2.3　Source Monitor 控件

除了播放控件，Source Monitor 中还有其他一些非常重要的控件。

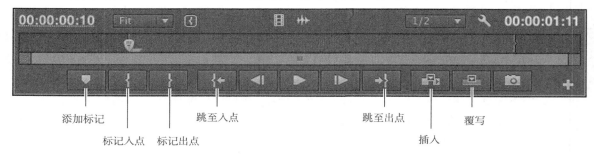

- Add Marker（添加标记）：在播放头的当前时间上为剪辑添加一个标记。标记能够提供简单的视觉参考或者用于存储注释。

- Mark In（标记入点）：在剪辑中的某个将要在序列中使用的部分的起点做标记。你只能有一个 In 点，新 In 点将会自动替换已经存在的 In 点。

- Mark Out（标记出点）：在剪辑中的某个将要在序列中使用的部分的起点做标记。你只能有一个 Out 点，新 Out 点将会自动替换已经存在的 Out 点。

- Go to In（跳至入点）：将播放头移动到剪辑的 In 点。

- Go to Out（跳至出点）：将播放头移动到剪辑的 Out 点。

- Insert（插入）：使用插入编辑方法（请见本章后面的"基本编辑命令"部分）将剪辑添加到当前在 Timeline 面板中显示的序列中。

- Overwrite（覆写）：使用覆写编辑方法（请见本章后面的"基本编辑命令"部分）将剪辑添加到当前在 Timeline 面板中显示的序列中。

5.2.4　选择剪辑中的某个范围

有时候，你需要只选择剪辑中的某段范围。

1. 使用最近项目菜单选择剪辑 3D_SER1。这是一个行走中的神情紧张的女士的素材。

2. 播放剪辑查看内容。

   剪辑中有这样一个时刻，大约位于剪辑的三分之一处，导演告诉女演员将头转过来。女演员照做了并且看上去神情紧张，这是一个非常富有戏剧性的时刻。

提示：为了帮助更好地查找素材，Adobe Premiere Pro 会在时间标尺上显示时间码数值。单击 Settings 按钮（ ⚒ ）并选择 Time Ruler Numbers（时间标尺数值）可以开启或者关闭该选项。

3. 将播放头放置在女演员转头之前的几秒处，当时她仍然目视前方。大约位于 00:00:07:00 处。

提示：如果你的键盘上具备独立的数字键盘，可以直接使用它输入时间码。例如，如果你输入 700，Adobe Premiere Pro 会将播放头放置在 00:00:07:00 处。同时，不需要输入前面引导的若干个 0。但是需要确保使用的是数字键盘而不是键盘上方排列的数字键。

4. 单击 Mark In 按钮，你也可以按键盘上的 I 键。

   Adobe Premiere Pro 将会高亮显示剪辑中所选的那部分。你现在已经将剪辑中的第一个部分单独隔离出来了，稍后如果需要的话还可以将这部分放回去——这是非线性编辑提供的一个很好的自由度。

5. 将播放头放置在女演员刚刚离开画面的位置。大约在 00:0013:00 处。

6. 按键盘上的 O 键添加一个 Out 点。

   添加到剪辑中的 In 点和 Out 点会是永久性的。也就是说当你关闭或再次打开剪辑时，它们仍然存在。让我们为下面的两个剪辑添加 In 点和 Out 点。

7. 对于 3E_SER3，将 In 点添加到画面开始后的 10 帧处，刚好在跟踪者挥动匕首的动作之前（00:00:00:10）。

提示：当将鼠标指针悬浮在按钮上时，弹出的工具提示会按钮名称后面的括号中显示该按钮的键盘快捷键。

8. 在画面开始后大约 1 秒即 20 帧的位置添加一个 Out 点，刚好在跟踪者挥动匕首之后（00:00:01:20）。

9. 对于 3B_SER4，在视频开始后的 8 秒处添加一个 In 点，也就是女演员跑过摄像机的那个时刻（00:00:08:00）。

10. 在视频开始后的 16 秒处添加一个 Out 点，也就是当汽车几乎离开屏幕时（00:00:16:00）。

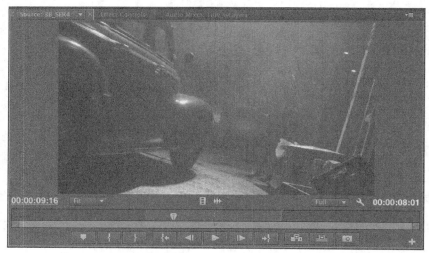

随着编辑经验的不断增加，你可能发现自己更喜欢在构建序列之前查看所有可用的剪辑并根据需要添加 In 点和 Out 点。也有一些编辑更喜欢只在用到某个剪辑时为其添加 In 点和 Out 点。

5.2.5　创建子剪辑

如果要处理的剪辑很长——甚至可能是整个视频磁带中的内容——可能存在多个要在视频中使用的部分，这时，有必要找到一种方法对剪辑进行预先分隔以便在构建序列之前对其进行组织。

子剪辑正是针对这种情况而创建的。子剪辑是剪辑的部分副本。它们通常用于处理比较长的剪辑，尤其是处理那些可能用在序列中并且来自同一个剪辑的多个剪辑部分。

- 子剪辑可以在 bin 中进行组织，就像常规的剪辑一样（它们具有不同的图标）。
- 子剪辑具有有限的时长——基于创建时使用的 In 点和 Out 点（与查看时长更大的原始剪辑相比，子剪辑更容易查看）。
- 子剪辑与它们所在的原始剪辑共享相同的媒体文件。

现在，我们来创建一个子剪辑

1. 查看 Double Identity bin 的时候，单击位于面板底部的 New Bin 按钮。新的 bin 将出现在现有的 Double Identity bin 中。

2. 将新的 bin 命名为 DI Subclips，并打开以便查看其中的内容；可以在按住 Control（Windows）键或者 Command（Mac）键时双击 bin 图标使其在同一个窗口中打开，而不是在一个浮动的独立窗中打开。

3. 在 Source 面板顶部的最近项目菜单中，选择剪辑 3C_2-2。这是一个表现跟踪者步行的素材。他正在朝着错误的方向行进，我们稍后可以使用特效对这个问题轻松进行处理。

4. 在剪辑开始之后的大约 6 秒处添加一个 In 点。

5. 在剪辑开始之后的大约 8 秒处添加一个 Out 点。

6. 要从所选择的部分剪辑创建子剪辑，需要在 In 点和 Out 点之间执行以下任意一种操作：

- 在 Source Monitor 中显示的图片中右键单击鼠标并选择 Make Subclip（创建子剪辑）命令。将子剪辑命名为 Footsteps，单击 OK 按钮。
- 单击 Clip 菜单，选择 Make Subclip 命令。将子剪辑命名为 Footsteps，单击 OK 按钮。新的子剪辑将被添加到 DI Subclips bin 中。

使用键盘快捷键创建子剪辑

默认情况下，Adobe Premiere Pro并没有为创建子剪辑分配键盘快捷键。当你需要创建大量子剪辑时，使用键盘快捷键就很有必要；与使用鼠标相比，使用键盘快捷键速度更快。

1. 单击Edit菜单并选择Keyboard Shortcut（键盘快捷键）（Windows）命令或者单击Adobe Premiere Pro菜单并选择Keyboard Shortcuts（Mac）命令。

2. 在Keyboard Shortcuts对话框中，展开快捷键的Clip目录，双击Make Clip条目。

3. 按下你喜欢的快捷键。Adobe Premiere Pro将提示你是否使用已经存在的快捷键。默认情况下，快捷键为Shift + Alt + S组合键。

4. 单击OK按钮。

5.3 导航 Timeline

如果说 Project 面板是项目的心脏，那么 Timeline（时间线）面板就是项目的画布。你可以在时间线上为序列添加剪辑、进行编辑更改、添加视频和音频特效、混合音轨以及添加标题和图形。

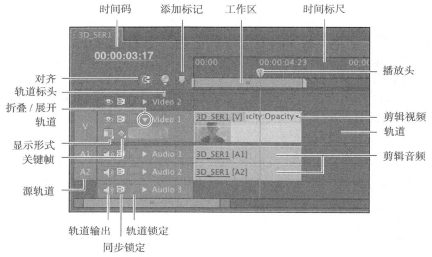

下面介绍的是有关 Timeline 面板的一些特性：

- 你可以在 Timeline 面板中查看和编辑序列。
- 你可以同时打开多个序列，每个序列都将显示在自己的 Timeline 面板中。
- 名称 Sequence 和 Timeline 经常可以交替使用，例如"在 Sequence 中"或者"在 Timeline 上"。
- 你最多可以有 99 个视频轨道，较高的视频轨道会在较低的视频轨道"前面"播放。
- 你最多可以同时播放 99 个音频轨道以创建音频合成（音频轨道可以使单声道、立体声、5.1 或者自适应——最大为 16 通道）。
- 每个轨道都具有用于改变其功能方式的一系列控件。
- 时间总是以从左向右移动的方式显示在 Timeline 上。
- Program Monitor 用于显示当前播放序列的内容。
- 对于 Timeline 上的大多数操作来说，都可以使用标准的选择工具，但是也存在一些其他的专用工具。如果存在疑惑，可以按 V 键。它是选择工具的快捷键。

5.3.1 什么是序列？

序列是用于承载剪辑的容器，其中的剪辑会以一定的顺序进行播放，有时带有多个混合图层，通常还具有特效、标题和音频，进而创建出一个完整的影片。

你可以根据需要在项目中创建任意数量的序列。

统一

序列具有帧速率、帧尺寸和主音频格式（例如单声道和立体声）。你添加到序列中的剪辑会被统一或者调整以便与这些设置相匹配。

你可以选择是否对剪辑进行尺寸调整以便与序列的帧尺寸相匹配。例如，如果序列的帧尺寸为720×480（标清NTSC-DV），而视频剪辑的帧尺寸为1920×1080（高清），那么你可能需要决定是否自动降低高分辨率以便与序列的分辨率相匹配，也可以不降低分辨率，这时只能在相对较小的序列窗口中查看部分图像。

当更改剪辑的尺寸时，垂直和水平方向的尺寸将被同时更改以便保持原始的长宽比、这就意味着如果剪辑具有与序列不相同的长宽比，那么在更改尺寸后它可能无法完全充满整个序列的窗口。例如，如果剪辑的长宽比为4:3，你对其进行调整并添加到一个16:9的序列中，会看到边缘存在一些空隙。

使用Motion（运动）控件（请见本书第9章的"让剪辑动起来"部分），你可以让查看的图片的某个部分运动起来，创建动态的摇摄扫描（pan-and-scan）效果。

现在，我们为 Double Identity 剧本创建一个新的序列：

1. 在 Double Identity bin 中，将剪辑 3D_SER1 拖放到面板底部的 New Item 按钮上。
   这是一个能够使序列与媒体完美匹配的快捷方式。Adobe Premiere Pro 会创建一个新的序列并与你选择的剪辑共享同一个名称的序列。

Fl | 注意：你可能需要单击 Navigate Up（向上导航）按钮查看 Double Identity bin。

2. 序列在 bin 中将被高亮显示，有必要马上对其进行重新命名。在 bin 中右键单击序列，选择 Rename。将序列命名为 Double Identity。

　　　　　　　　　　　　　　⚏ Double Identity

序列将自动打开，其中包含创建序列时使用的剪辑。对于此处的练习，这就是我们想要的结果，但是如果你只是为了练习这种快捷方式而随便使用了某个剪辑，现在可以在序列中选择它并将其删除（使用 Delete 键）。

在 Timeline 面板中单击序列名称选项卡上的 X 按钮关闭序列。

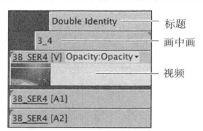

5.3.2 在 Timeline 面板中打开序列

要在 Timeline 面板中打开序列，可执行以下任意一种操作：

· 在 bin 中双击序列。

· 在 bin 中右键单击序列，并选择 Open in Timeline（在时间线中打开）命令。

现在将打开序列 Double Identity，在 Timeline 面板中查看该序列。

> **Pr** **提示**：你也可以在 Source Monitor 中打开序列并进行使用，就像使用剪辑那样。注意，要打开序列时不要将序列拖动到 Timeline 面板中。这样，你会将将其作为剪辑添加到当前的序列中。

5.3.3 理解轨道

从很大程度上讲，这与用于保持列车方向的铁轨类似，序列具有视频和音频轨道，用于限制你添加到上面的剪辑的位置。最简单的序列形式只有一个视频轨道，也可能只有一个音频轨道。你将剪辑按顺序从左至右添加到轨道中，这些剪辑会按照你放置的顺序进行播放。

序列可以有更多的视频和音频轨道。它们将成为视频图层和额外的音频通道。由于较高的视频轨道会出现在较低的视频轨道的前面，因此你可以使用它们创造性地制作出分层的合成图像。

你可以使用位于上面的视频轨道为序列添加标题或者使用特效将多个视频图层混合在一起。

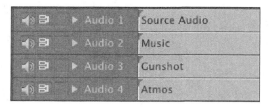

你可以使用多个音频轨道为序列创建完整的音频合成，其中具有原始的源对话、音乐、现场音效，例如枪声或者火花声、大气声波或者画外音。

◀》 📁	▶ Audio 1	Source Audio
◀》 📁	▶ Audio 2	Music
◀》 📁	▶ Audio 3	Gunshot
◀》 📁	▶ Audio 4	Atmos

5.3.4　瞄准轨道

轨道标头不仅仅用于显示名称。当在序列中对新加入的剪辑进行编辑时，它们还充当启用/禁
用按钮的角色。通过关闭轨道，在使用键盘快捷键或者屏幕上的按钮进行
编辑时，可以整个剪辑或者剪辑的某个部分被添加进来。如果将剪辑直接
拖放到序列中，那么轨道标头将被忽略。

在轨道标头的左侧，你会看到一些按钮，它们代表当前显示在 Source
Monitor 中的剪辑可以使用的轨道。这些是源轨道指示器。

与轨道一样，如果将剪辑直接拖放到序列中，源轨道指示器将被忽略。
但是当你使用键盘或者 Source Monitor 上的按钮向序列中添加剪辑时，源
轨道指示器是非常重要的。

在前面的示例中，源轨道指示器的位置意味着剪辑将被添加到
Timeline 上的 Video1、Audio1 和 Audio2 上。

在接下来的示例中，源轨道指示器将通过拖放的方式进行移动。在
这个示例中，剪辑将会被添加到 Timeline 上的 Video 2、Audio 3 和
Audio 4 上。

当轨道标头启用或者禁用对序列轨道的瞄准时，源轨道指示器将会启用或者禁用源剪辑的视频
和音频通道。你可以通过仔细定位源轨道指示器并选择开启或者关闭某个轨道进行更高级的编辑
工作。

5.3.5　In 点和 Out 点

在 Source Monitor 中使用的 In 点和 Out 点用于定义剪辑中的哪个部分将被添加到序列中。你
在 Timeline 上使用的点有两个基本目的：

- 使用它们告知 Adobe Premiere Pro 当剪辑被添加到序列时应该放在什么位置。
- 使用它们选择你想删除的序列部分。结合轨道标头，你可以进行非常精确的选择，从多个
  轨道上删除整个剪辑或者剪辑中的某一部分。

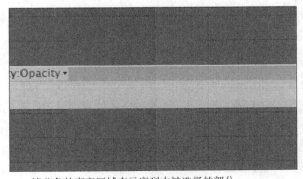

淡蓝色的高亮区域表示序列中被选择的部分

设置 In 点和 Out 点

在 Timeline 上添加 In 点和 Out 点与在 Source Monitor 上添加 In 点和 Out 点非常相似。一个主要的不同在于与 Source Monitor 中的控制不同，Program Monitor 中的控制还会被应用到 Timeline 上。

要在 Timeline 上添加 Out 点，需要确保 Timeline 处于活动状态，按 O 键，或者单击 Program Monitor 中的 Mark Out（标记出点）按钮。

> **Pr** | 提示：根据序列中剪辑的时长，也可以使用键盘快捷键向 Timeline 上添加 In 点和 Out 点。现在就尝试一下：移动 Timeline 播放头使其位于序列中已经存在的剪辑的上方，然后按 Shift+/ 组合键即可。

清除 In 点和 Out 点

如果打开了一个已经具有 In 点和 Out 点的剪辑并且你想将其删除，或者 Timeline 上的 In 点和 Out 点对你的处理工作造成了影响，也可以轻松将其删除。在 Timeline、Program Monitor 以及 Source Monitor 中删除 In 点和 Out 点所使用的技巧都是相同的。

现在就来尝试一下：

1. 打开位于 Double Identity bin 中的剪辑 3C_2-2。

   该剪辑中已经具备了标记，这是我们在从其中创建子剪辑的时候添加上去的。

   > Clear In
   > Clear Out
   > Clear In and Out

2. 右键单击 Source Monitor 底部的时间标尺，查看一下其中的菜单。

3. 在该菜单中选择你需要的选项，或者使用以下任意一种快捷键组合：

   - Alt+I：删除 In 点。
   - Alt+O：删除 Out 点。
   - Alt+X：删除 In 点和 Out 点。

最后一个选项，即 Alt+X，非常有用，它很容易记住并可以同时快速删除两个点。

5.3.6　使用时间标尺

位于 Source Monitor 底部和 Timeline 顶部的时间标尺具有相同的用途。使用它们可以实时在剪辑或者序列中进行导航。时间总是从左向右显示的，播放头的位置可以为你提供与剪辑相关的视觉参考。

现在单击 Timeline 的时间标尺，将其向左右拖动。播放头会随着鼠标进行移动。当你在 3D_SER1 剪辑上拖动时，会在 Program Monitor 中看到该剪辑中的内容。这种在内容中拖动的方式被称为"清洗（scrubbing）"。

注意：Source Monitor、Program Monitor 以及 Timeline 这三个面板在底部都有一个缩放条。你可以使用这些缩放条缩放时间标尺以及在剪辑时长上记忆导航。

Program Monitor 中的缩放条

5.3.7 理解 Work Area（工作区）

Work Area 是 Timeline 中一个重要的组成部分。在基于序列创建新视频和 / 或音频文件进行导出操作时，或者处理特效进行渲染时，它可以帮助你找到序列中你希望找到的那部分内容。

如果喜欢，Work Area 的功能也可以通过 Timeline 上的 In 点和 Out 点来实现。要关闭 Work Area，单击 Timeline 的 Panel 面板并选择 Work Area 将其禁用（再次选择可开启 Work Area）。

当向序列中添加新的剪辑时，Work Area 条目将会自动扩展。

5.4 基本编辑命令

Adobe Premiere Pro 为你提供了两种在序列中编辑剪辑的方式。无论你是使用鼠标将剪辑拖放到序列中，还是使用 Source Monitor 上的按钮，或者使用键盘快捷键，都将会用到插入编辑或者覆写编辑方法。

当你向已经具有剪辑的序列中添加一个新剪辑并对其进行定位时，存在两种选择——Insert（插入）或者 Overwrite（覆写）——它们会产生两种完全不同的效果。

5.4.1 插入编辑

要在 Adobe Premiere Pro Timeline 中执行插入编辑，请执行以下操作：

1. 拖动 Timeline 播放头将其放置在剪辑 3D_SER1 上，刚好位于女演员转过头之后（大约位于 00:00:02:10 处）。

   当你使用键盘快捷键或者 Source Monitor 上的按钮进行编辑时，Adobe Premiere Pro 将使用 Timeline 播放头的位置作为序列中新剪辑的 In 点。

注意：如果你在 Timeline 中添加一个 In 点或者 Out 点，相对于播放头的位置，Adobe Premiere Pro 将优先使用你添加的点。

2. 在 Source Monitor 中打开 3E_SER3。你已经为该剪辑添加了 In 点和 Out 点，因此可以直接准备在序列中进行编辑了。

3. 查看一下 Timeline 中是否具有排列在一起的 Source 轨道，如下面的示例中所示。

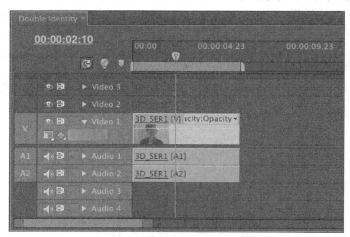

由于你对默认的标签颜色进行了更改，因此剪辑显示为绿色。

4. 单击 Source Monitor 上的 Insert（插入）按钮。

恭喜！你已经完成了一个插入编辑。序列中的剪辑 3D_SER2 已经被分割了，位于播放头后面的部分已经向后移动了与新建及 3E_SER3 在一起了。

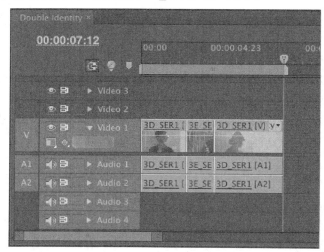

5. 将播放头放置在序列的开始处并播放编辑结果。你可以使用键盘上的 Home 键跳至起点，使用鼠标拖动播放头，或者按箭头键在各个编辑之间移动播放头（按向下箭头键将跳至后面的编辑上）。

6. 在 Source Monitor 中打开剪辑 3B_SER4，该剪辑已经具备了 In 点和 Out 点。

7. 将 Timeline 播放头放置到序列的末端——剪辑 3D_SER1 的末端。

Pr | 提示：浏览时按 Shift 键可以使播放头跳至 Timeline 上的编辑处。

---

8. 单击 Source Monitor 上的 Insert（插入）或者 Overwrite（覆写）按钮。由于 Timeline 播放头位于序列的末端，因此这里不存在任何剪辑，你执行任何方式的编辑所产生的结果都是一样的。

9. 将 Timeline 播放头放置在序列中最后一个剪辑的前面，位于 3D_SER1 与 3B_SER4 之间。

10. 在 Source Monitor 中打开剪辑 3A_3，使用 In 点和 Out 点在序列中最后两个剪辑之间选择一个你认为连接比较顺畅的部分。

11. 使用插入编辑在序列中编辑该剪辑。

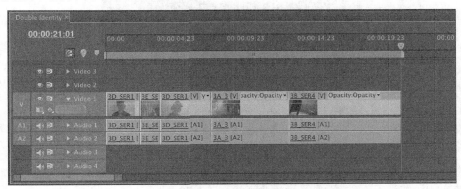

FI ｜ 注意：当使用插入编辑时，会增加序列的长度，特别是会使所选择的轨道的内容更长。

这里的编辑在时间安排上并不完美，但还不错。使用诸如 Adobe Premiere Pro 这样的非线性编辑系统的好处就在于你可以在后面对时间安排进行更改。但在开始时重要的是正确安排各个剪辑的顺序。

5.4.2 覆写编辑

我们现在使用覆写编辑方法在女演员进入车内的场景添加一个男主角的剪辑。

1. 在 Source Monitor 中打开素材 di05c_comp_v02。

FI ｜ 注意：素材（shot）和剪辑（clip）这两种表达经常可以交互使用。

2. 对于此处的编辑来说，你需要仔细设置 Timeline。将 Timeline 播放头放置在最后的序列剪辑中车门刚刚打开之后。此时，女演员正朝后看着跟踪者，我们想使播放头正好位于这一时刻之前，大约在 00:00:16:00 的位置。

3. 尽管新剪辑具有一个音频轨道，但实际上它几乎没有声音。我们将该音频轨道保持在 Timeline 上。单击 Audio 1 和 Audio 2 在 Timeline 上的标头按钮将它们关闭。开启与关闭之间的区别非常小，关闭之后，它们将变成深灰色。

4. 单击 Source Monitor 上的 Overwrite 按钮。

剪辑将被添加到 Timeline 上，但是仅位于 Video 1 轨道上。这一次，时间安排仍旧不完美，但是仍然可是创建出一个非常具有戏剧性的场景。

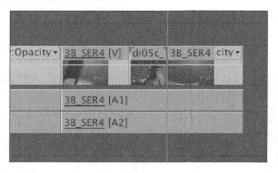

FI 注意：可以看到，在执行覆写编辑时，序列并没变得更长。

默认情况下，使用鼠标将剪辑拖放到序列中时，执行的将是覆写编辑。可以通过按住 Control（Windows）键或者 Command（Mac）键将其改为插入编辑。

5.4.3 三点编辑

编辑时，Adobe Premiere Pro 需要知道在 Source Monitor 和 Timeline 上要处理的时长。一个时长可以从其他时长中计算出来，因此你只需要三个点（不是四个点）就够了。例如，如果在 Source Monitor 中选择 4 秒钟的剪辑，Adobe Premiere Pro 将自动了解它将在序列中花费 4 秒的时间。

在上一个编辑中，我们没有添加 In 点和 Out 点，因此 Adobe Premiere Pro 使用的是整个剪辑的时长。你也可以不在 Timeline 上添加 In 点，这样 Adobe Premiere Pro 将使用 Timeline 播放头作为 In 点。

当你在进行编辑时，Adobe Premiere Pro 会使剪辑中假设的 In 点（剪辑的开头）与 Timeline 上假设的 In 点（播放头）互相对齐。

最终结果是你执行的仍然是三点编辑，其中的时长是从 Source Monitor 剪辑计算出来的。

使用四点编辑的结果

编辑时，你也可以使用四点编辑方法。如果你所选择的剪辑时长与序列时长相匹配，将会获得正常的编辑结果。如果不匹配，Adobe Premiere Pro 将请你选择你想要的结果。你可以延长或者压缩播放速度或者有选择地忽略其中一个In点或者Out点。

如果你在 Timeline 上添加一个 In 点，Adobe Premiere Pro 会忽略播放头的位置（尽管 Program

面板中的可视窗口反映的仍然是播放头的位置并且不会在视觉上指明编辑 In 点）。

你也可以通过在 Timeline 上添加一个 Out 点获得类似的结果。在这个示例中，Adobe Premiere Pro 将在你进行编辑时使剪辑的 Out 点与 Timeline 上的 Out 点互相对齐。如果剪辑中具有时间上的一系列动作，比如序列中剪辑末尾门关闭的动作，并且新剪辑需要在时间上与其保持一致时，可以选择这种操作方式。

> **Fl**　**注意**：如果某些轨道标头处于开启状态但是没有源视频或者音频指向这些轨道，这时你也可以对其应用编辑。在这种情况下，编辑仍将会被应用到这些轨道上，但是这些轨道的 Timeline 上将会被添加一些空白区域。

5.4.4　故事板剪辑

术语"故事板（storyboard）"通常用于描述一系列用于显示电影中的摄像机角度以及动作的图画。故事板与连环画非常类似，尽管它们通常会包含更多的技巧性信息，例如摄像机移动、对话以及音效。

你可以将 bin 中的剪辑缩览图作为故事板图像来使用。通过拖放操作对缩览图进行排列以便使剪辑在序列中按照你希望的顺序进行显示，从左至右，从上到下。然后将其拖放到序列中或者使用某个特殊的自动编辑功能将其添加到序列中以获得变换效果。

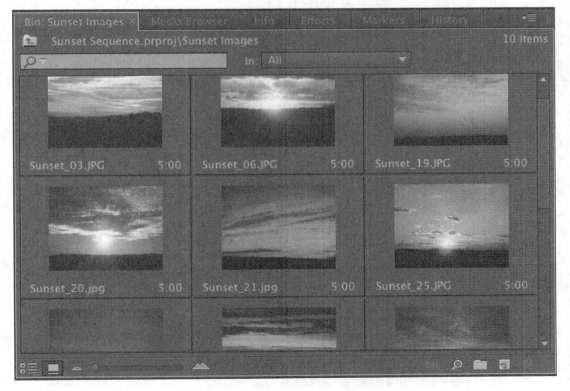

使用故事板构建装配编辑

装配编辑是在一个序列中，剪辑具有正确的顺序，但是时间安排还没有到位。通常，我们会先构建一个装配序列，只需要先确保其中具有正确的结构即可，稍后再对时间进行调整。

你可以使用故事板剪辑方式快速获得正确的剪辑顺序。

1. 保存当前的项目。
2. 打开 Chapter 05 文件夹中的 Sunset Sequence.prproj 文件。

这个项目中有一个带音乐的 Sunset Montage 序列。我们将为该序列添加一些美丽的日落素材。

组织故事板

双击 Sunset Images bin 将其打开。其中有一系列的 JPEG 图像。像素长宽比的解释方式已经被更改，因此图像与序列的长宽比更为接近。

1. 单击 bin 上的 Icon View 按钮查看剪辑的缩览图。
2. 将缩览图拖放到 bin 中并对其进行组织使其按照你希望的显示顺序进行排列。

> **设置静态图像的时长**
>
> 由于这些是静态图像，因此为其添加In点或者Out点并不重要。如果它们是视频剪辑，那么你可以在创建故事板编辑之前添加In点和Out点。
>
> 图形和照片在添加到Timeline上时可以拥有任意大小的时长。尽管如此，它们都具有默认的时长，这是你在导入时所设置的。可以在Adobe Premiere Pro的首选项中对默认时长进行更改。
>
> 选择Edit>Preference>General（Windows）命令或者Adobe Premiere Pro>Preferences>General（Mac）命令，然后在Still Image Default Duration（静态图像默认时长）对话框中对其进行更改。

3. 确保 Sunset Image bin 处于被选中状态。按 Control + A（Windows）键或者 Command+ A（Mac）键选择所有剪辑。
4. 将剪辑拖放到序列中，将其放置到 Video 1 轨道上，恰好位于 Timeline 的起点，音乐剪辑的上方。
5. 播放剪辑以查看结果。

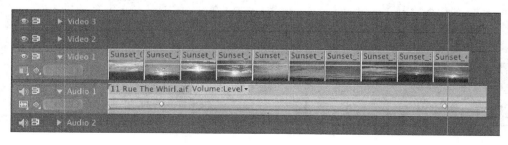

自动将故事板添加到序列中

除了将故事板编辑拖放到 Timeline 上之外，你也可以使用一个特别的名为 Automate to Sequence（自动添加到序列）的选项。

1. 按 Control + Z（Windows）键或者 Command + Z（Mac）键撤销编辑，将 Timeline 播放头放置在 Timeline 的起始位置。

2. 在 bin 中，在剪辑仍旧处于被选中的状态下，单击 Automate to Sequence 按钮。

   Automate to Sequence，正如其名称所示，会自动将剪辑添加到当前显示的序列中。以下是其中的选项：

   - Ordering（排序）：该选项按照剪辑在 bin 中的顺序或者你在选择时单击的顺序将剪辑添加到序列中。

   - Placement（位置）：默认情况下，剪辑将顺序逐个添加。如果 Timeline 上具有标记（也许与音乐的节奏一致），剪辑将会被添加到标记所在的位置。

   - Method（方法）：在 Insert 编辑和 Overlay（覆写编辑）之间进行选择。

   - Clip Overlay（剪辑交迭）：自动交迭剪辑以创建特效切换效果。

   - Transitions（切换）：选择是否在每个剪辑之间添加自动视频或者音频切换效果。

   - Ignore Options（忽略选项）：选择该选项会排除剪辑中的视频或音频部分。

3. 设置 Automate to Sequence 对话框使其与数字相匹配，单击 OK。

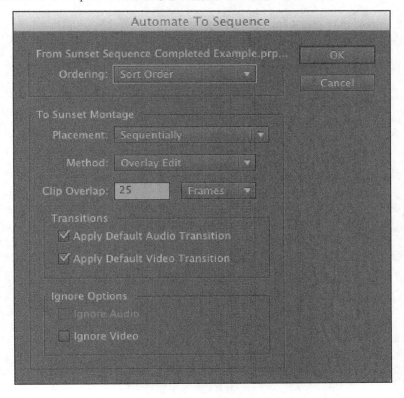

这次，剪辑将交迭在一起并具有特殊的溶解效果。注意，交迭会减少序列的总时长。

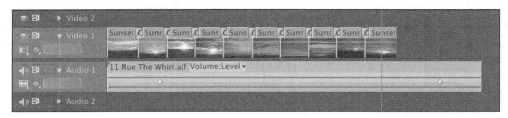

复习题

1. In 点和 Out 点的作用是什么？
2. 子剪辑如何帮助对剪辑进行组织？
3. Video 2 轨道位于 Video 1 轨道的前面还是后面？
4. 何时使用 Work Area？
5. 覆写编辑和插入编辑之间有什么区别？
6. 如果不使用 In 点或者 Out 点，将由多少源剪辑被添加到序列中？

复习题答案

1. 在 Source Monitor 中，In 点和 Out 点用于定义你想要在序列中使用的剪辑的某一部分。在 Timeline 上，In 点和 Out 点用于定义你想要删除的序列中的某一部分。当使用特效时，它们还可以想要渲染的序列中的某一部分，还可以用于定义你想导出的 Timeline 上的某一部分以便创建新的视频文件。

2. 虽然子剪辑不会对 Adobe Premiere Pro 播放视频和声音的方式产生影响，但是使用子剪辑可以轻松将素材划分到不同的 bin 中。在比较大的项目中，通常会有大量的长剪辑，是否使用这种方式对剪辑进行分割会存在很大的不同。

3. 较高的视频轨道总是位于较低的视频轨道的前面。

4. 在正常的编辑工作中，通常不会用到 Work Area。在使用特效时，当需要定义想要进行渲染的序列部分时，或者定义序列中的某个部分以创建可以共享的文件时，会使用到 Work Area。

5. 使用覆写编辑方法添加到序列中的剪辑将会置换该位置上的原有剪辑。使用插入编辑方法添加到序列中的剪辑会占用原有剪辑的位置并将后者向后推（向右）。

6. 如果不向源剪辑中添加 In 点或者 Out 点，当你将剪辑添加到序列中时，Adobe Premiere Pro 将会使用整个剪辑。使用两个标记中的一个可以对使用部分进行限制。

第6课 使用剪辑和标记

课程概述

在本课中，你将学习以下内容：

- 比较 Program Monitor 与 Source Monitor；
- 使用标记；
- 应用同步锁定和轨道锁定；
- 选择序列中的项目；
- 移动序列中的剪辑；
- 删除序列中的剪辑。

本课的学习大约需要 60 分钟。

　　在编辑视频序列中的剪辑时，可以使用 Adobe Premiere Pro CS6 提供的标记和针对轨道同步和锁定的高级工具轻松对剪辑进行微调。

序列中有了一些剪辑之后，就可以执行下一步对其进行微调了。你将在编辑过程中移动剪辑并且删除那些不想要的部分。也可以使用特别的标记向剪辑和序列中添加有用的信息，这在进行编辑工作或者将序列发送到 Adobe Creative Suite CS6 套件中的其他组件（例如 Adobe After Effects 或者 Adobe Encore）时非常有用。

6.1　开始

装配编辑之后的阶段也许能够最贴切地形容视频编辑工作的工艺。选择好剪辑并将其大致进行排列获得正确的顺序之后，就可以开始在时间上对编辑进行调整了。

在本课中，你将学习到更多 Program Monitor 中的控件并了解这些标记是如何在编辑时对素材进行组织的。

你还将学习如何处理 Timeline 上已经存在的剪辑——也就是使用 Adobe Premiere Pro 进行非线性编辑工作中的"非线性"部分。

在开始学习之前，请确保你使用的是默认的编辑工作区。

1. 选择 Windows>Workspace>Editing 命令。
2. 选择 Windows>Workspace>Reset Workspace 命令。

   这将打开 Reset Current Workspace（重设当前工作区）对话框。
3. 单击 Yes 按钮。

6.2　Program Monitor 控件

Program Monitor 很大程度上与 Source Monitor 相同，因此你可能对它有一种似曾相识的感觉，甚至可以认为它的作用实际上与 Source Monitor 相同。尽管如此，两者之间仍然存在一些较小但是非常重要的区别。

现在，让我们来了解一下。对于本课，需要打开 Lesson 06.prproj 文件。

当前序列帧

设置

标记入点　标记出点　　　　　　　　　　提升　抽取

Program Monitor与Source Monitor

Program Monitor与Source Monitor之间主要存在以下区别：

- Source Monitor用于显示剪辑的内容，而Program Monitor用于显示当前在Timeline面板中显示的序列的内容。

- Source Monitor具有Insert和Overwrite按钮，可以向序列中添加剪辑（或者剪辑的某一部分）。Program Monitor具有与之对应的用于从序列中删除剪辑（或者剪辑的某一部分）的Lift（提升）和Extract（抽取）按钮。

- 两个监视器都有一个时间标尺，Program Monitor的播放头也是当前处理的序列中（序列可以通过位于Program面板左上方的名称进行识别）的播放头。当一个移动时，另一个也会随之移动，因此你可以使用任何一个面板对当前显示的帧进行更改。

- 当使用Adobe Premiere Pro中的特效时，你可以在Program Monitor中对特效进行预览。

- Program Monitor上的Mark In和Mark Out按钮与Source Monitor上对应的按钮具有相同的功能。但是当您将它们添加到Program Monitor中时，In和Out标记会被添加到当前显示的序列中。

Program Monitor 能够显示序列的内容。Timeline 面板中的序列显示剪辑的片段和轨道，而 Program Monitor 显示的是视频输出的结果。Program Monitor 的时间标尺可以说成是一个微型的 Timeline 版本。

6.2.1 使用 Program Monitor 向 Timeline 中添加剪辑

你已经了解了如何使用 Source Monitor 选择部分剪辑并通过按键盘键、单击按钮或者拖放的方法将剪辑添加到序列中。

事实上，可以直接将剪辑拖放到 Program Monitor 中以添加到 Timeline 上。

1. 在 Sequence bin 中，打开 Double Identity 序列。你已经对这个场景进行过编辑了。

2. 将 Timeline 播放头放置在序列的末端，刚好位于剪辑 3B_SER4 最后一帧的后面。你可以按住 Shift 键并拖动播放头进行编辑，或者按上下箭头键在编辑之间进行导航。

3. 在 Source Monitor 中打开 Double Identity 中的剪辑 3A_3。该剪辑已经在序列中使用过了，但是这次我们想使用其中的一个不同的部分。

4. 在剪辑的大约 00:00:22:15 处添加一个 In 点，刚好在汽车离开屏幕之前，在大约

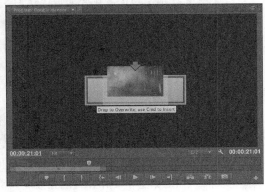

00:00:28:00 处添加一个 Out 点，也就是当男演员仍旧在画面远处观察时。

5. 将剪辑从 Source Monitor 中直接拖放到 Program Monitor 中。

一个较大的 Overwrite 图标将会出现在 Program Monitor 中间。当你释放鼠标按钮时，Adobe Premiere Pro 将会在序列的末端添加一个剪辑。到此，编辑就完成了。

6.2.2 使用 Program Monitor 执行插入编辑

让我们来尝试一下使用相同的技巧执行插入编辑。

1. 将 Timeline 播放头放置在大约 00:00:01:00 处，差不多在剪辑的中间位置。

2. 在 Source Monitor 中打开 Double Identity bin 中的剪辑 3C_2-2。

3. 向剪辑中添加一个新的 In 点和 Out 点，选择的总时长约为 2 秒。你可以在 Source Monitor 的右下角看到以白色数字显示的刚才所选择的时长（ 00:00:02:00 ）。

4. 按住 Control（Windows）键或者 Command（Mac OS）键，将剪辑从 Source Monitor 拖动到 Program Monitor 中。当你释放鼠标按钮时，剪辑将会被插入到序列中。

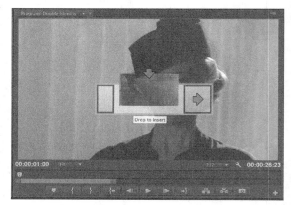

> **FI**　**注意**：默认情况下，当使用鼠标将剪辑拖动到序列中时，Adobe Premiere Pro 将会同时添加视频和音频部分。还要注意，在两种情况下，添加到序列中的剪辑都将以 track patching（轨道补丁）为依据——即源通道选择按钮的位置与 Timeline 轨道标头之间的关系。

选择内容

你也许已经注意到了，刚刚添加的剪辑3C_2-2存在一个持续性的问题。男演员的行走方向与素材中其他内容的方向是相反的。可以使用Horizontal Flip（水平折叠）特效轻松修复这个问题（请见本书第13章"添加视频特效"了解更多有关添加特效的内容）。

有些问题可以在后期轻松修复，这个问题就是其中的一个示例。要确定某个效果是否正确，唯一的方式就是尝试一下并检查一下是否每项内容都获得了很好的匹配。

> **FI**　**注意**：当使用鼠标将剪辑拖放到 Timeline 面板中时，轨道补丁控制将被忽略。仅仅当使用键盘快捷键或 Source Monitor 上的 Insert/Overwrite 按钮，或者直接将剪辑拖放到 Program Monitor 时，才会应用轨道补丁控制。

相对于键盘快捷键或者 Source Monitor 上的 Insert/Overwrite 按钮，如果你更喜欢使用鼠标进行编辑，那么可以只使用剪辑中的视频或者音频部分。

让我们尝试将这些技巧结合在一起使用。你将创建一个自己的 Timeline 轨道标头，然后将其拖放到 Program Monitor 中。

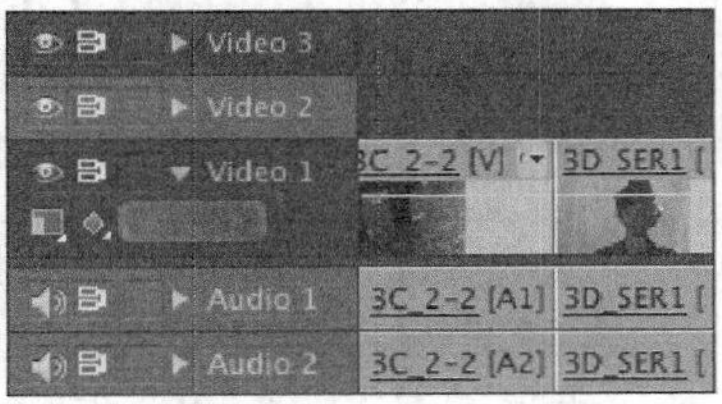

1. 将 Timeline 播放头放置在大约 00:00:08:00 处，刚好位于女演员离开画面之前。

2. 关闭 Timeline 轨道 Video 1，确保轨道 Video 2 处于开启状态。对于你将使用的技巧来说，用于接收剪辑的将是处于开启状态的较低的轨道。

你创建的 Timeline 轨道标头的外观应该与下图所示的相同。

3. 在 Source Monitor 中查看剪辑 3C_2-2。在大约 12 秒的位置，男演员离开画面。在这里标记一个 In 点，即大约在 00:00:12:00 的位置。

4. 在大约 00:00:14:00 的位置添加一个 Out 点。在这个点上，画面中只显示男演员的影子——这是一个非常具有戏剧性的结尾。

在 Source Monitor 的底部，你将会看到 Drag Video Only（只拖动视频）和 Drag Audio Only（只拖动音频）图标（  ）。

这些图标有两种用途：

- 告诉你剪辑是否具有视频和 / 或音频。例如，如果没有视频，电影胶片图标将是变暗的。如果没有音频，波形图标将是变暗的。
- 你可以使用鼠标进行拖动以便有选择地将视频或者音频编辑到序列中。

5. 将电影胶片图标从 Source Monitor 的底部拖动到 Program Monitor 中。你将在 Program Monitor 中看到一个熟悉的 Overwrite 图标。当你释放鼠标按钮时，只有剪辑的视频部分被添加到 Timeline 上的 Video 2 轨道上。

6. 从头开始播放序列。

时间的安排上还需要进行一些处理，但是序列已经具有了很好的节奏。你刚刚添加的剪辑将在剪辑 3D_SER1 之前播放，也就是剪辑 3A_3 的开始处，已经使时间安排发生了改变。由于 Adobe Premiere Pro 是非线性编辑系统，因此可以在后面对时间安排进行调整。你将在本书第 8 章 "高级编辑技巧" 部分学习如何调整时间安排。

将剪辑编辑到序列中时，为什么存在如此众多的方法？

这看上去似乎只是达到同一个目的的另一种方法而已，那么它的优势又是什么呢？很简单：这种方法能够增加屏幕的分辨率并能缩小各种按钮的尺寸，能够增加操作的针对性和准确性。

相对于键盘快捷键，如果你更喜欢使用鼠标进行编辑，那么可以将 Program Monitor 看成是一个用于将剪辑放置到 Timeline 上的方便的大拖放区。它能够使你通过使用轨道标头控件和播放头的位置（或者 In 点和 Out 点标记）准确地放置剪辑，同时还能够保证鼠标操作的流畅性。

6.3 控制分辨率

功能强大的 Mercury Playback Engine 能够使 Adobe Premiere Pro 播放多种类型的媒体、特效,并且大多数都能够做到实时播放。Mercury Playback Engine 能够借助计算机硬件来提升播放性能。这意味着计算机的 CPU 速度、RAM 的大小以及硬盘的速度都将会对播放性能产生影响。

如果你的系统在 Program Monitor 中播放序列视频的每一帧或者在 Source Monitor 中播放剪辑时存在一定困难,Adobe Premiere Pro 会降低播放分辨率以使播放变得更加容易。当你看到视频在播放时出现不流畅、停顿或者一直启动时,这表示由于 CPU 速度或者硬盘速度的限制,系统无法播放这些文件。

尽管降低分辨率意味着你无法看到画面中的每一个像素,但是却能够极大地提高播放性能,使创意工作变得更加轻松。此外,通常情况下,视频会具有比播放时更高的分辨率。这就意味着实际上,在以较低的分辨率进行播放时,你看不到其中的区别。

6.3.1　播放分辨率

我们来尝试一下以下操作:

1. 从 Double Identity bin 中打开剪辑 16_6B,剪辑将会以全质量的形式显示在 Source Monitor 中。在 Source Monitor 的右下方,你会看到 Select Playback Resolution(选择播放分辨率)菜单。

2. 在设置为完全分辨率从之后,播放一下剪辑以查看它的质量状况。

3. 将分辨率更改为 1/2,再次播放并与上次播放效果进行比较。
   现在,我们来进一步尝试一下。

4. 从 Lesson 04 文件夹中导入文件 RED Video.R3D,与 Double Identity 媒体相比,该剪辑具有更高的图像分辨率。

5. 在 Source Monitor 中打开剪辑 RED Video.R3D,将播放分辨率设置为 Full,尝试播放该剪辑。很多时候,你的计算机都无法在一帧不丢的情况下播放该剪辑。从一定程度上讲,这是因为这种类型的文件需要比大多数计算机更快的硬盘驱动。

6. 将播放分辨率降低到 1/8,再次播放剪辑。
   通常情况,这次会获得流畅的播放效果。你也可能发现 1/4 分辨率同样能够获得不错的效果。

Fl　注意:有时,无法在某序列设置中选择某种分辨率,这是因为它们是为那些具有非常高的分辨率的媒体(例如 4k 视频)保留的。

Fl　注意:Source Monitor 与 Program Monitor 中的播放分辨率控制完全相同。

6.3.2 暂停分辨率

你还可以使用 Source Monitor 和 Program Monitor 中的 Panel 菜单更改播放分辨率。

如果仔细查看该菜单，你会看到另一个与播放分辨率相关的
选项：Paused Resolution（暂停分辨率）。

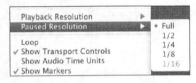

该菜单的工作方式与播放分辨率相同，但是你可能已经猜到
了，仅仅在视频处于暂停状态时你才能看到更改后的分辨率。

大部分编辑人员会将 Paused Resolution 设置为 Full（完全）。选择该选项时，你可以观看低分
辨率的视频，但是当暂停时，Adobe Premiere Pro 将以全分辨率显示视频。

如果你使用第三方特效，可能会发现这些特效无法像 Adobe Premiere Pro 那样充分利用系统硬
件。结果就是当你更改特效设置时，可能需要较长的时间对图片进行更新。这时，可以通过降低
暂停分辨率来提升速度。

6.4 使用标记

有时候，可能很难想起自己曾经在哪看到了某个非常有用的剪辑或者忘记了要对其进行处理。
这时候，如果能够对剪辑添加注释或者旗形标志就变得非常有用。

你需要使用标记功能。

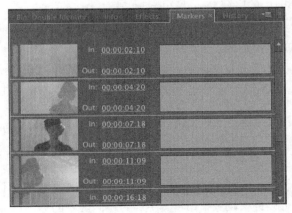

标记能够让你找到剪辑和序列中特定的时间并对其添加注释。这些临时的（基于时间的）标记能够极大地帮助你最剪辑进行组织并与同事分享自己的创作想法。

你可以使用标记作为个人的参考，也可以将其用于团队协作。标记可以使基于剪辑的，也可以是基于 Timeline 的。

当你对剪辑添加标记时，它将被包含到原始媒体文件的元数据中。这就意味着当你在另一个 Adobe Premiere Pro 项目中打开该剪辑时，将会看到同样的标记。

打开 Sequences bin 中的序列 Double Identity 02。

6.4.1　标记类型

可以使用的标记不只一种。

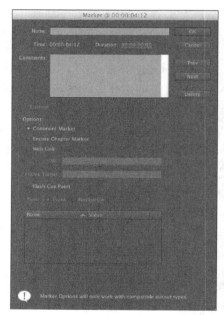

- 标记：通用标记，你可以分配名称、时长以及注释。
- Encore 章节标记：这是一种特殊标记类型，在制作 DVD 或者蓝光光盘时，Adobe Encore 能够将其转换为常规的章节标记。
- 网页链接：一种特殊的标记类型，支持例如 QuickTime 类型的视频格式，可以在视频播放时自动打开网页。当你要导出序列以创建受支持的格式时，网页链接标记将被包含到文件中。
- Flash 线索点：这是一种供 Adobe Flash 使用的标记。通过向 Adobe Premiere Pro 的 Timeline 上添加线索点，你可以在编辑序列的过程中进行 Flash 项目的准备工作。

序列标记

我们来添加一些标记。

1. 打开 Sequences bin 中的序列 Double Identity 02。
   大约在序列中的 4 秒钟处，你会听到导演告诉女演员转身。我们将在此处添加一个标记作为删除该段音频的提醒标记。
2. 将 Timeline 播放头放置在导演说话的时刻，大约在 00:00:03:22 处。
3. 单击 Timeline 上的 Add Marker（添加标记）按钮，或者右键单击 Timeline 时间标尺并选择 Add Marker。

> **Fl** 注意：你可以在 Timeline 时间标尺、Source Monitor 和 Program Monitor 上右键单击并选择添加标记。

Timeline 上将会添加一个绿色的标记，刚好位于播放头的上方。你可以将其作为一个简单的视觉提示，也可以进入设置菜单将其更改为不同类型的标记。

可以很快就完成这些步骤，但是首先让我们在 Markers（标记）面
板中查看一些该标记。

4. 打开 Markers 面板。默认情况下，它会被归组到 Project 面板中。如
   果你看不到该面板，可以进入 Window 菜单并选择 Markers。

> **Pr** 提示：要使当前的 Timeline 标记显示在 Markers 面板中，你可能需要先单击
> Timeline 面板使其处于活动状态。

Markers 面板中提供了一个按时间顺序显示的标记列表，序列标记和剪辑标记将显示在同一个
面板中，这决定于 Timeline 面板或者 Source Monitor 面板是否处于活动状态。

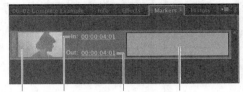

In 点缩览图　　标记 In 点　　标记 Out 点　　注释

5. 双击 Markers 面板中的标记缩览图。这将显示 Marker 面板。

6. 单击 Duration（时长）并输入 400。Adobe Premiere Pro 将会自动添加标点，将其变为
   00:00:04:00（4 秒钟）。

7. 在 Comments（注释）字段框内单击并输入注释，例如 Check the sound。然后单击 OK 按钮。

> **Pr** 提示：注意，Marker 菜单中的各个条目都有其自己的键盘快捷键。与使用鼠标
> 相比，通过快捷键使用标记通常更加快速。

> **Fl** 注意：标记现在 Timeline 上会有一个时长，如果你放大查看，会看到你所添加
> 的注释。它也会显示在 Markers 面板中。

剪辑标记

我们来看一下剪辑上的标记。

1. 在 Source Monitor 中打开位于 Further Media bin 中的剪辑 Seattle_Skyline.mov。

2. 播放剪辑，在播放过程中，按 M 键若干次添加标记。

> **Fl** 注意：可以使用按钮或者键盘快捷键添加标记。如果你使用的是键盘快捷键，
> 可以在播放的过程中添加标记，因此添加的标记可以轻松与音乐节奏相匹配。

3. 查看Markers面板。你添加的每一个标记都被列在其中。当具有标记的剪辑被添加到序列中，将会保留上面的标记。

> **Pr** 提示：你可以使用标记快速在剪辑和序列中进行导航操作。如果双击某个标记，你将会访问该标记的选项。如果单击，Adobe Premiere Pro 会将播放头移到该标记的位置上——这是一种快速定位播放位置的方法。

4. 通过单击确保 Source Monitor 处于活动状态。进入 Adobe Premiere Pro 的 Marker 菜单并选择 Clear All Markers（清除全部标记）。Adobe Premiere Pro 将删除 Source 面板中的剪辑的所有标记。

```
Clear Current Marker
Clear All Markers
```

> **Pr** 提示：要删除所有标记或者当前标记，还可以在 Source Monitor 或者 Timeline 上单击右键并选择 Clear All Markers。

交互式标记

添加交互式标记与添加常规标记一样简单。

1. 将播放头放置在 Timeline 中你想要添加标记的位置，单击 Add Marker 按钮或者按 M 键。Adobe Premiere Pro 会添加一个常规标记。
2. 在 Timeline 或者 Markers 面板中双击你已经添加的标记。
3. 将标记类型更改为 Flash Cue Point 并单击 Marker 面板底部的 + 按钮添加你想要的名称和数值细节。

使用Adobe Prelude添加标记

Adobe Prelude是包含在Creative Suite Production Premium中的一个日志记录和摄取应用程序。Prelude针对数量巨大的素材的管理提供了非常强大的工具，可以向序列中添加标记并与Adobe Premiere Pro完全兼容。

标记以元数据的形式被添加到剪辑中，与你在Adobe Premiere Pro中添加的标记一样，它们将与媒体一同转移到其他的应用程序中。

如果你使用Adobe Prelude向素材中添加标记，在查看剪辑时，这些标记将会总动出现在Adobe Premiere Pro中。由于Adobe Prelude添加的标记与Adobe Premiere Pro是兼容的，因此无需进行任何的转换。

事实上，你甚至可以将剪辑从Adobe Prelude复制并粘贴到Adobe Premiere Pro项目中，其中的标记也会一同自动被转移。

6.4.2 自动编辑到标记

在前面的章节中，你已经学习了如何将剪辑从 bin 中自动编辑到序列中。在那个工作路中，其中的一个选项是自动将剪辑添加到具有标记的序列中。让我们来看一下。

1. 打开 Sequences bin 中的序列 Sunset Montage。

   这是你先前已经处理过的一个序列，音乐已经位于 Timeline 上了，但是还没有添加剪辑。

2. 将 Timeline 播放头设置在起点处并播放序列；然后按 M 键添加初始标记。

3. 播放序列，当序列显示时按 M 键，你将在两秒处添加标记。

4. 将 Timeline 播放头设置在序列的起点。然后在 Sunset Images bin 中单击并选择所有剪辑。

5. 单击位于 bin 底部的 Automate To Sequence 按钮。选择与本示例中相一致的设置，并单击 OK 按钮。

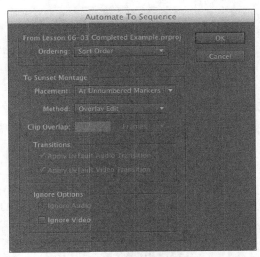

剪辑将会被添加到序列中，每个剪辑的第一帧将从播放头的位置开始与一个标记对齐。

如果有想要与图片合成在一起的音乐或者声音效果，这种方法能够快速创建蒙太奇镜头效果。

6.5 使用 Sync Lock（同步锁定）和 Track Lock（轨道锁定）

要锁定 Timeline 上的轨道，存在两种非常不同的方式：

切换同 切换轨
步锁定 道锁定

- 你可以同步锁定剪辑，这样当使用插入编辑方法添加剪辑时，所有内容都将在时间上保持在一起。

- 你可以锁定轨道以使其无法被更改。

6.5.1 使用 Sync Lock

同步不仅仅意味着速度上的同步！也可以将同步看成是两件事情在同一时间发生。素材中可能既有音乐，又有某些高潮动作，或者用于识别说话者的位于底部的字幕。如果这些在同一时间发生，也可以说成是同步。

打开 Sequences bin 中的原始 Double Identity 序列。

我们可以在这个序列中使用更多的足迹。现在，我们先处理素材的末尾，如果首先看到一些走动的画面可能会更有意义。

1. 在 Source Monitor 中打开剪辑 3C_2-2。在大约 00:00:06:00 处添加一个 In 点，再在大约 00:00:08:00 添加一个 Out 点。
2. 将剪辑添加在大约 00:00:06:22 处，即女演员刚刚转过头的时刻之后。
3. 关闭 Video 2 的 Sync Lock 选项并关闭轨道。检查一下 Timeline 配置使其与下面的示例中一致。

> **Fl** | 注意：Video 1 处于开启状态，而其他视频轨道是关闭的。

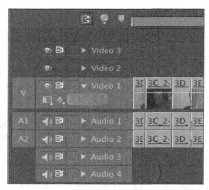

4. 注意 Video 2 轨道上的被裁切的剪辑，它刚好位于剪辑 3D_SER1 和 3A_3 裁切部分的上面。将源剪辑插入到序列中并再次查看一下剪辑 3C_2-2 的位置。

> **Fl** | 注意：要查看序列中的其他剪辑，可能需要执行缩放操作。

剪辑 3C_2-2 仍然处于自己的位置上，但是其他剪辑向右移动与新剪辑在同一位置。这是一个问题，因为裁切的剪辑现在与它关联的剪辑并没有在一起。

5. 按 Control + Z（Windows）键或者 Command + Z（Mac OS）键撤消操作，我们再来尝试一下 Sync Lock 开启时的情况。
6. 开启轨道 Video 2 的 Sync Lock，并再次执行插入编辑。

> **Fl** | 注意：覆写编辑不会更改序列的时长，因此不会受到 Sync Lock 的影响。

这一次，裁切的剪辑与其他剪辑一同在 Timeline 上移动，尽管我们没有对 Video 2 轨道执行任何编辑。这就是同步锁定的力量——它们能够使素材保持同步！

如果 Video 2 轨道处于开启状态，你不需要它的 Sync Lock 功能，这在你忘记时很有帮助。

6.5.2 使用 Track Lock

轨道锁定能够防止你对轨道进行更改。在想避免对序列进行任何种类的偶然更改或者工作时想固定某个轨道时，这是一种非常好的方法。

例如，在插入不同的视频剪辑时，你可以锁定音乐轨道。锁定音乐轨道之后，编辑时你不会有任何顾虑，因为它不会被进行任何更改。

单击 Toggle Track Lock 按钮可以锁定或者解除对轨道的锁定。

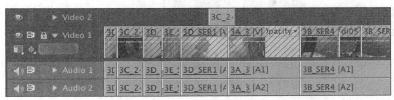

6.6 发现 Timeline 中的间隙

到目前为止，你已经向序列中添加了一些剪辑，从某些方面讲，非线性编辑的强大之处就在于你可以移动剪辑并且删除那些不想要的部分。

让我们再来学习一些与如何在 Timeline 上使用剪辑相关的知识。我们将继续使用序列 Double Identity。

6.6.1 选择剪辑

在使用 Adobe Premiere Pro 时，进行选择是一项重要的工作内容。根据你选择的面板，可以使用一些不同的菜单。你可能想先仔细在序列中选择一些剪辑，然后再对其进行应用并进行更改。

当使用具有视频和音频的剪辑时，对于每个剪辑，会有两个或者两个以上的片段。你将有一个视频片段以及至少一个音频片段。

当视频和音频剪辑片段由同一个原始摄像机录制时，它们会自动链接在一起。单击一个，其他片段会自动被选择。

当在 Timeline 上选择剪辑时，可以考虑以下两种方法：

- 使用 In 点和 Out 点在时间上进行选择。
- 通过选择剪辑片段进行选择。

6.6.2 选择单个剪辑或者一定范围的剪辑

要选择序列中的某个剪辑，最简单的方法就是直接单击。注意不要进行双击操作，因为这将在 Source Monitor 中打开该剪辑以便你可以调整其中的 In 点和 Out 点。

当进行选择时，你可能想使用默认的 Timeline 工具——Selection 工具（ ）。这个工具的键盘快捷键为 V 键。

在单击时，如果按住 Shift 键，你可以进行选择更多的剪辑，或者取消对剪辑的选择。

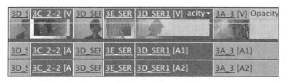

你也可以通过套索方式选择多个剪辑。首先单击 Timeline 上的某个空白区域，然后拖动鼠标创建一个选择框。任何位于选择框中的剪辑都将被选择。

6.6.3　选择一个轨道上的所有剪辑

如果你想选择某个轨道上的全部剪辑，存在一个专门针对此种操作的工具：Track Selection（轨道选择）工具（▣），它的键盘快捷键为 A 键。

现在就来尝试一下，选择 Track Select 工具并单击 Video 1 轨道上的任意剪辑。

该轨道上的每一个剪辑，从你最先选择的直到序列末尾，都将处于被选择状态。注意，这些剪辑的音频也会一同被选择，因为它们是相互链接的。

在使用 Track Select 工具时，如果按住 Shift 键，你将选择所有轨道上的剪辑，从你最先选择的一直到序列的末尾，如果想在序列中添加一个间隙来容纳更多的剪辑，这是一个非常有用的方法。

6.6.4　仅选择音频或者视频

很多时候，你向序列中添加一个剪辑之后意识到并不需要剪辑中的音频或者视频部分。如果要删除其中的一个，存在一种非常简单的方法来进行正确的选择。

使用 Selection 工具，按住 Alt（Windows）键或者 Option（Mac OS）键时，尝试单击某些剪辑片段。当使用 Alt（Windows）键或者 Option（Mac OS）键时，剪辑中视频和音频部分的链接将被忽略，你可以使用套索方法进行选择。

6.6.5　拆分剪辑

还有很多时候，你在添加完一个剪辑之后意识到需要将剪辑分成两个部分。也许你只需要剪辑的某个部分或者要将剪辑的某个部分裁切掉，或者你想将剪辑的开头和末尾分开以便为新剪辑腾出空间。

你可以使用以下三种方法拆分剪辑：

* 使用 Razor（剃刀）工具（▧）。键盘快捷键为 C。如果在单击 Razor 工具时按住 Shift 键，可以为每一个轨道上的剪辑添加编辑。
* 进入 Sequences（序列）菜单并选择 Add Edit（添加编辑）命令。这将会在任意开启的轨道上的剪辑播放头位置添加一个编辑。如果你选择 Add Edit to All Tracks（对所有轨道添加编辑）命令，这将对所有轨道上的剪辑添加编辑，如论轨道是否处于开启状态。
* 使用 Add Edit 的键盘快捷键。按 Control +K（Windows）组合键或者 Command + K（Mac OS）组合键对所选择的轨道添加编辑，或者按 Shift+ Control +K（Windows）组合键或者 Shift + Command +K（Mac OS）组合键对所有轨道添加编辑。

现在就使用本课中的剪辑尝试一下，但是需要确保执行撤消操作以便将新添加的剪辑片段删除。

6.6.6　链接和取消链接剪辑

可以轻松将彼此连接的视频和音频片段之间的链接关闭。只需先选择想要更改的某个或者某些剪辑，但后右件单击其中一个，选择 Unlink（取消链接）。你也可以使用 Clip 菜单完成此项操作。

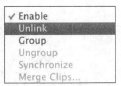

你可以通过再次选择剪辑和它的音频将二者连接起来，右键单击其中的片段，选择 Link（链接）即可。链接或者取消剪辑的链接不会造成任何损害——不会改变 Adobe Premiere Pro 播放剪辑的方式。它只会为你提供更多处理剪辑的灵活性。

6.7　移动剪辑

在向序列中添加新剪辑时，插入编辑和覆写编辑使用的是两种完全不同的方法。插入编辑会将现有剪辑移动到其他的位置，而覆写编辑会直接替换现有剪辑。这两种处理剪辑的不同方法又引申出了其他技巧，你可以使用这些技巧在 Timeline 上移动或者删除剪辑。

使用 Insert 模式移动剪辑时，需要确保已经开启了轨道的同步锁定功能，这样能够避免可能出现的任何对同步效果的破坏。

现在，我们来尝试一下这些技巧。

6.7.1　拖动剪辑

在 Timeline 面板的左上部，你会看到 Snap（▣）按钮。当该按钮处于开启状态时，剪辑片段的边缘将自动彼此对齐。这看上去很简单却非常有用，它能够帮助你精确地将剪辑片段放到正确的位置上。

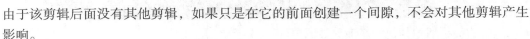

1. 单击 Timeline 上的最后一个剪辑 3A_3，将其稍稍向右进行拖放。

   由于该剪辑后面没有其他剪辑，如果只是在它的前面创建一个间隙，不会对其他剪辑产生影响。

2. 将剪辑向后拖放到它的原书位置。当 Snap 按钮开启时，如果慢慢移动剪辑，你会发现剪辑片段轻轻跳到它的位置上，这说明它被放置在了正确的位置上。

3. 将剪辑向左拖动使其位于 Timeline 上更早的位置。慢慢拖动剪辑直到它与前面剪辑的开端对齐。当你释放鼠标按钮时，该剪辑会替换掉先前的剪辑。

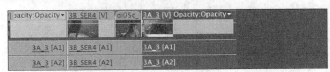

拖放剪辑时，默认的模式为 Overwrite。

4. 执行撤消操作以将剪辑重新保存到它的原始位置。

6.7.2 新安排序列中的剪辑

当你在 Timeline 上拖动剪辑时，如果按住 Control 键（Windows）或者 Command 键（Mac OS），Adobe Premiere Pro 将会使用 Insert 模式。

> **Pr** 提示：你可以放大 Timeline 以便更清楚地查看剪辑并使对剪辑的移动变得更加轻松。

我们的序列中的第三个剪辑显示女演员反应过来并且转身，接下来是跟踪者挥舞小刀的画面。如果这两个剪辑的位置互相调换一下，也许会获得更富戏剧性的效果，我们来尝试一下：

1. 在 Timeline 上将第四个剪辑 3E_SER3 拖放到第三个剪辑 3D_SER1 的左侧。开始拖动时，需要按住 Control 键（Windows）或者 Command 键（Mac OS），将剪辑放下时再释放按键。

> **Pr** 提示：当将剪辑拖放到位时，需要注意剪辑的末端应该与拖动之前一样边缘对齐。

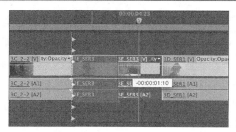

2. 播放结果，获得了你想要的编辑，但是在剪辑 3E_SER3 原来的位置出现了一个间隙。

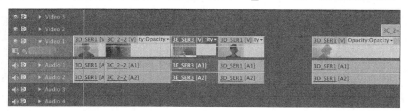

我们再使用其他的修饰键尝试一下。

3. 撤销对剪辑的保存使其回到原来的位置上。

4. 按住 Control+ Alt 组合键（Windows）或者 Command + Alt 组合键（Mac OS），在 Timeline 上将第四个剪辑 3E_SER3 拖放到第三个剪辑 3D_SER1 的前面。

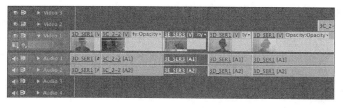

这一次，序列中没有出现间隙。播放编辑以查看结果。

6.7.3　使用剪辑板

你可以在 Timeline 上对剪辑进行复制和粘贴操作，这与在文字处理器上复制和粘贴文本相同。

1. 选择你想要复制的任意一个剪辑片段（或者几个片段），然后按 Control+ C（Windows）组合键或者 Command + C（Mac）组合键将它们添加到剪辑板中。
2. 将播放头放置在要粘贴剪辑的位置，按 Control +V 组合键（Windows）或者 Command + V 组合键（Mac OS）。

Adobe Premiere Pro 将根据你启用的额轨道将剪辑的副本添加到序列中。启用的轨道中最低的轨道将接收单个或者多个剪辑。

6.8　抽取和删除片段

现在，你已经了解了如何在序列中添加和移动剪辑，你还需要学习如何删除剪辑。这次仍然需要在 Insert 或者 Overwrite 模式下执行该操作。

要选择想删除的序列部分，存在两种方法。你可以使用 In 点和 Out 点并结合轨道的选择来执行此操作，或者选择剪辑片段。

6.8.1　提升

打开 Sequences bin 中的序列 Double Identity 03。

这个序列中有一些不需要的多余的剪辑。先前，你已经将 Double Identity 剪辑的标签颜色从默认的 Iris 改为 Forest。这些剪辑已经被存储为默认设置，因此可以很容易地在 Timeline 上看到它们。

提升编辑将删除所选择的序列部分并留下一个空白位置。这种编辑类型与覆写编辑类似，只是它是反向的操作而已。

你需要在 Timeline 上设置 In 点和 Out 点以选择想要删除的部分。要执行这种操作，可以对播放头进行定位并按 I 或者 O 键，也可以使用键盘快捷键。

1. 将播放头放置在剪辑 16B_B 的上方。
2. 确保 Video 1 轨道的标头处于开启状态，按 Shift+ / 组合键。

   Adobe Premiere Pro 将会自动添加与剪辑开头和结尾相匹配的 In 点和 Out 点。你将看到所选择的序列部分被高亮显示为蓝色。

   选择了所有的轨道之后，不需要进行任何其他操作就可以直接进行提升编辑了。
3. 单击位于 Program Monitor 底部的 Lift（提升）按钮（），或者按 ; 键。

Adobe Premiere Pro 将会删除你选择的序列部分并留下一个间隙。有些时候这并无大碍，但是在这里我们不想存在间隙。你可以在间隙内部右键单击并选择 Ripple Delete（波形删除），但是在这里尝试使用 Extract（抽取）编辑方法。

6.8.2　Extract（抽取）

抽取编辑将会删除所选择的序列部分，但是不会留下间隙。它与插入编辑类似，只不过是反向的操作而已。

1. 撤销上一个编辑。
2. 单击位于 Program Monitor 底部的 Extract 按钮（　），或者按 ` 键。

这一次，Adobe Premiere Pro 将会删除所选择序列部分并且不会留下任何间隙。

6.8.3　删除和波形删除

要通过选择片段来删除序列，存在两种方式：Delete（删除）和 Ripple Delete（波形删除）。

* 按 Delete 键删除所选择的单个或者多个剪辑并留下一个间隙，这与提升编辑类似。
* 按 Shift +Delete 组合键删除所选择的单个或者多个剪辑而不留下任何间隙。这与抽取编辑类似。如果你使用的是没有专用 Delete 键的 Mac 键盘，可以通过 Function 键将 Backspace 键转换为 Delete 键。

6.8.4　禁用剪辑

正如可以开启或者关闭轨道输出一样，你也可以对剪辑执行开启或者关闭操作。被禁用的剪辑仍然存在于序列中，但是它们不能被看见或者听到。

在处理复杂的多层序列时，如果你想看到背景图层，那么使用这个功能有选择地隐藏某一部分非常有用。

尝试在表现跟踪者阴影的画面上执行这种操作。

1. 在 Video 2 轨道上右键单击剪辑 3C_2-2，选择 Enable（启用）。

   这将取消对 Enable 选项的选择并使剪辑处于禁用状态。播放该序列部分，你将注意到该剪辑仍然存在但是却无法再看到它。
2. 再次右键单击剪辑，选择 Enable。这将再次启用该剪辑。

复习题

1. 把剪辑拖入 Program Monitor 时，应该使用什么修饰键（Control/Control，Shift 或者 Alt）来执行插入编辑（而不是覆写编辑）？
2. 如何只将剪辑的视频或者音频部分拖放到序列中？
3. 如何在 Source Monitor 或者 Program Monitor 中降低播放分辨率？
4. 如何对剪辑或者序列添加标记？
5. 抽取编辑和提升编辑之间的区别是什么？
6. Delete 和 Ripple Delete 功能之间的区别是什么？

复习题答案

1. 要执行插入编辑而不是覆写编辑，可以在将剪辑拖动到 Program Monitor 时按住 Control 键（Windows）或者 Command 键（Mac OS）。
2. 不能在 Source Monitor 中选择图片，而应该拖放电影胶片图标或者音频波形图标以仅选择剪辑中的视频或者音频部分。
3. 可以使用位于监视器底部的 Select Playback Resolution 菜单更改播放分辨率。
4. 要添加标记，可以单击监视器底部或者 Timeline 上的 Add Marker 按钮，也可以按 M 键或者使用 Marker 菜单进行添加。
5. 当使用 In 点和 Out 点抽取序列中的某个部分时，不会留下任何间隙。当使用提升方法时，会留下一个间隙。
6. 当删除剪辑时，会留下一个间隙，而在使用波形剪辑方法时不会留下任何间隙。

第7课 添加切换

课程概述

在本课中，你将学习以下内容：

- 理解切换；
- 理解编辑点和手柄；
- 添加视频切换；
- 修改切换；
- 微调切换；
- 同时对多个剪辑应用切换；
- 使用音频切换。

本课的学习大约需要 60 分钟。

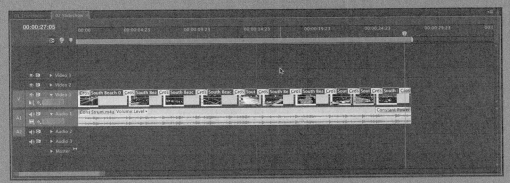

切换功能可以帮助你在两个视频或者音频剪辑之间创建
无缝的切换效果。视频切换通常意味着时间上或者空间上的
切换。而音频切换有助于避免那些能够使听众受到惊扰的唐
突的编辑。

7.1　开始

在本课中，你将学习如何在视频和音频剪辑之间使用切换。在进行视频编辑时，由于切换能够使整个项目获得更加流畅的效果，因此经常被用到。你将学习有选择地执行切换效果的最佳实践。

在本课中，我们将使用一个新的项目文件。

1. 启动 Adobe Premiere Pro CS6，并打开项目 Lesson 07.prproj。

   序列 01 Transition 应该已经处于打开的状态了。

2. 选择 Windows>Workspace>Effects 命令。

   这会将工作区更改为由 Adobe Premiere Pro 开发团队创建预设模式，这样能够使处理切换和特效变得更加容易。

3. 如果需要，单击 Effects 面板将其激活。

7.2　什么是切换？

Adobe Premiere Pro 提供了几种特效和动画以便帮助你将 Timeline 上相邻的剪辑连接起来。诸如溶解、卷页和旋转屏幕之类的切换，能够使观众自然地从一个场景过渡到下一个场景中。有时，还可以通关切换吸引观众的注意力以便让他们注意到故事中跳跃性的情节。

在项目中加入切换特效是需要技巧的。应用这种特效很容易，只要拖放即可。加入切换特效的技巧包括何时加入、长度、参数，如色框、动作以及特效的开始和结束位置。

大多数切换特效在 Effect Controls 面板中实现。除了每种切换特效独特的各种选项外，该面板还显示 A/B 时间线。这种功能使以下操作变得更容易：相对于编辑点移动切换特效、改变切换长度和将特效应用到没有足够头尾帧的剪辑。使用 Adobe Premiere Pro 还可以向一组剪辑应用切换。

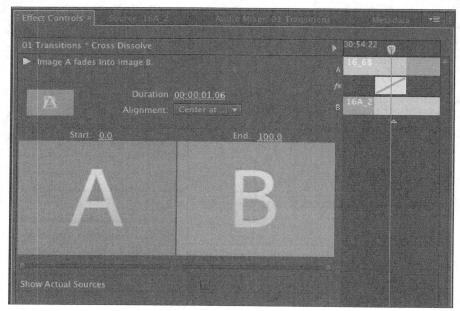

7.2.1 何时使用切换

当需要删除观看使序列显得突兀的干扰编辑时，使用切换是最有效的。例如，在某个视频中，你可能需要将场景从室内切换到室外，或者在时间上向前跳跃几个小时。动画的切换或者溶解能够帮助观众理解时间的流逝或者地点上显著的变化。

切换现在已经变成视频编辑中标准叙事方法的一部分。很多年来，观众已经习惯了观看以标准方式应用的切换效果，例如视频中一个场景到另一个场景的转换或者场景末尾的消退变暗效果。使用切换的关键因素是要有节制。

7.2.2 切换最佳实践

很多用户经常会过度地使用切换。一些人甚至将切换作为视频的核心并且认为切换能增加视觉上的兴趣点。当发现 Adobe Premiere Pro 提供的切换特效具有如此之多的功能时，你可能会对每一个编辑都应用特效，强烈建议你不要随意使用切换！

可以将切换比喻成调味品或者香料。在合适的时间少量地进行添加能够使食物更加美味。但是当添加过量时，它们就会将食物毁掉。强烈建议你有节制地使用切换。

在电视新闻节目中，大多只用硬切编辑。很少会看到切换特效。为什么？时间是一个因素。但是现在大多数电视台开始使用非线性编辑软件（NLE），如 Adobe Premiere Pro，而用 NLE 添加切换特效基本上不花什么时间。

> **Fl** 注意：切换能够为项目添加乐趣，尽管如此，过度使用切换特效会是视频显得有些不专业。当选择某种切换时，需要确保这种切换对项目来说是有意义的，而不是只是为了炫耀你所知道的众多编辑技巧。可以观看一些你喜欢的电影和电视节目以了解专业人员是如何使用切换的。

新闻节目中缺少切换特效的原因是它们会分散观众的注意力。如果电视新闻编辑用了某种切换特效，那一定是有特定的目的。编辑在新闻编辑机房中做的最多的工作就是消除不协调的地方，如严重的跳跃切换，并且使这些切换过程变得更平滑。

这并不是说切换特效在仔细策划的故事中就没有用处了，像电影 Star Wars 中就有很多独具风格的切换特效，如明显的慢划像。这些特效每个都有它们的目的。George Lucas 有意识地创作出对老电影和电视节目的怀旧效果。尤其是他们给观众发送了一个明确的信息："请注意！我们正在穿越时空。"

7.3 编辑点和手柄

要理解切换特效，需要理解的两个关键概念就是编辑点和手柄。编辑点就是 Timeline 上一个剪辑结束而另一个剪辑开始的位置上的点。由于 Adobe Premiere Pro 在剪辑的末尾和开始出都绘制了垂直的线（很像两块砖彼此相连的样子），因此你可以很容易地看到这些点。

手柄理解起来会更加复杂一些。在编辑的过程中，你会以那些不想在项目中使用的剪辑部分作为结束。你首次将剪辑编辑到 Timeline 中时，会设置 In 点和 Out 点以定义每一个剪辑。位于剪辑的 Media Start（媒体开端）时间和 In 点之间的手柄称为头（head）材料，而位于剪辑的 Out 点和 Media End（媒体末尾）时间之间的手柄称为尾（tail）材料。

如果你在剪辑的右上角或者左上角看到出现小三角形。这表示你已经到达了剪辑的末端，剪辑的开始和结尾之外没有任何其他帧。为了让切换特效更平滑，我们需要手柄，当剪辑具有手柄之后，其上角不再会显示出三角形。

A：媒体开端
B：手柄
C：In 点
D：Out 点
E：手柄
F：媒体末端

一个带手柄的视频剪辑。Timeline 上的鬼影区域模拟手柄区域并且通常是不可见的。

当应用切换时，会使用通常情况下不可见的剪辑中的某一部分。基本上来说，就是外向的剪辑与内向的剪辑交叠在一起以创建一个切换区域。例如，如果你在两个视频剪辑的中间应用一个两秒钟的 Cross Dissolve（交叉溶解）切换，需要在另个剪辑上具有一个两秒钟的手柄（还有一秒通常在 Timeline 面板中是不可见的）。

7.4 添加视频切换

Adobe Premiere Pro 中包含几种视频切换特效（以及三种音频切换特效）。你在 Adobe Premiere Pro 中会看到两类视频切换特效。那些最普遍使用的切换特效位于 Video Transitions（视频切换）组内。这些特效根据各自的风格被组织在 6 个目录中。你还可以在 Effects 面板的 Video Effects（视频特效）组中看到更多的切换特效。它们可以应用到整个剪辑上。也可以用于显示素材（通常是位于 In 点和 Out 点之间的素材）。第二个目录可以很好地对文本和图形进行叠加处理。

7.4.1　应用单面切换

最容易理解的切换是仅应用到单个剪辑上的切换。它是你想应用溶解（创建淡出或者变暗效果）特效的序列中的第一个或者最后一个剪辑。当你想要在叠加的图形（例如 lower-third 或者字幕）上应用淡出特效时，也可以使用单面切换。

我们现在就来尝试一下：

1. 使用已经打开的名为 01 Transitions 的序列。

   该序列中有 4 个插入的视频剪辑。这些剪辑中具有足够的可用于切换的手柄。

2. Effects 面板应该位于 Project 面板中。在 Effects 面板中，打开 Video Transitions > Dissolve
   bin，找到 Cross Dissolve 特效。

   你可以使用 Search 字段框通过输入名称来查找，也可以
   打开预设的文件夹。

3. 将特效拖动到第一个视频剪辑的开始处。你可以针对第
   一个剪辑将特效设置为仅到 Start At Cut。

   Start at Cut 图标将会显示，表示这是一个单面切换。

4. 将 Cross Dissolve 特效拖动到最后一个视频剪辑的末尾。

   你可以针对最后一个剪辑将特效设置为仅到 End At Cut。
   End at Cut 图标会清晰显示特效将会从剪辑末端的前面
   开始，当它在时间上到达剪辑的末端时结束。在这种情
   况下，它清楚地显示了 Cross Dissolve 切换将淡出剪辑
   而不会延长最后一个剪辑的时长。

5. 回放序列几次以回顾切换特效。

   你将在序列的开始处看到一个简单的变强效果，然后在序列的末尾看到淡出变暗的效果。
   这种方法经常被用在视频片段的开始和末尾处。

7.4.2　在两个剪辑之间应用切换

要在两个剪辑之间应用切换特效，开始时需要进行简单的拖放操作。我们来尝试在几个剪辑之间创建一个动画效果。出于探索的目的，我们会打破固有规则并尝试几个不同的选项。

1. 继续使用前面的名为 01 Transitions 的序列。

 要使你将要应用的切换更容易被看到，需要对 Timeline 执行放大操作。

2. 将播放头放置在 Timeline 上剪辑 1 和剪辑 2 之间的编辑点上，然后按等号（＝）标志三次放大以近距离观察。

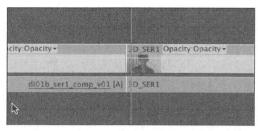

3. 将 Dissolve 目录中的 Dip to White 切换特效拖放到剪辑 1 和剪辑 2 之间的编辑点上。

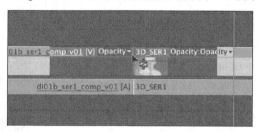

 我们继续探索可用的特效。

4. 将 Slide 目录中的 Push 切换特效拖放到剪辑 2 和剪辑 3 之间的编辑点上，确保切换处于选被选择状态。

 在 Effect Controls 面板中，将剪辑的方向从西改为东。

5. 将 3D Motion 目录中的 Flip Over 切换特效拖放到剪辑 3 和剪辑 4 之间的编辑点上。

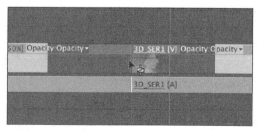

6. 从头到尾播放序列几次以查看效果。

 现在，你是否已经理解了为什么我们建议有节制地使用特效了？我们来替换一个已经存在的特效。

7. 将 Slide 目录中的 Split 切换特效拖放到剪辑 2 和剪辑 3 之间已经存在的特效上。

8. 在 Effects Controls 面板中，将 Border Width（边框宽度）设置为 7，Anti-aliasing Quality（消除锯齿品质）设置为 Medium（中等），以创建一个与 Wipe 边缘在一起的较窄的黑色边框。在制作线条动画时，消除锯齿方法能够减少潜在的闪烁现象。

FI 注意：当你将一个新的视频或者音频切换特效从 Effects 面板中拖动到一个已经存在的切换特效上时，它将替换已经存在的特效。它仍将保留上一个切换的对齐方式和时长。使用这种方式，可以轻松交换切换特效以进行尝试。

9. 观察播放的序列以查看切换特效的改变。

   默认情况下，每个特效具有 30 帧的时长。在此处的这个序列中，存在一个小问题。要编辑的材料是一个 24P 的序列，因此 30 帧的切换为 1.25 秒长。可以对默认的设置进行更改以使其与序列设置相匹配，打开 Preferences 的 General 选项卡并输入一个新的默认值即可。

10. 选择 Edit > Preferences >General（Windows）命令或者 Premiere Pro> Preferences > General (Mac OS) 命令。

11. 如果你想使切换默认为 1 秒钟，在 Video Transition Default Duration（视频切换默认时长）框中输入 24 并单击 OK 即可。

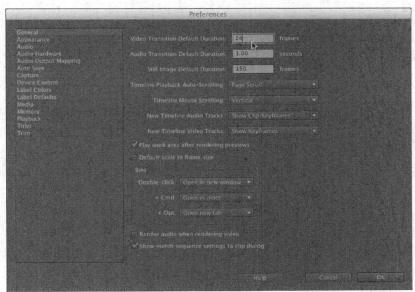

   已经应用的切换特效将与原来保持一致，但是任何在以后添加的切换都将具有新的时长。如果你使用的是 25、30 或者 60fps 的序列设置，需要确保更新这个值以满足你的特别需要。

需要记住的是由专业编辑人员创建的切换在时长上很少是全秒的。你将在本章的后面学习到更多有关自定义切换特效的知识。

7.4.3　同时对多个剪辑应用切换

到目前为止，我们向视频剪辑应用了切换特效。然而，你也可以向静态图像、图形、彩色蒙版以及音频应用切换特效，在接下来的章节中，我们将介绍这方面的内容。

编辑人员遇到的常见项目是照片合成。在两幅照片之间应用切换特效常常使这些照片合成效果看起来更好。向 100 幅图像一次应用一个切换不是一件轻松的工作，Adobe Premiere Pro 允许将默认切换（由你定义）添加到一组连续或者不连续的剪辑，从而简化该操作。

1. 在 Project 面板中，双击载入序列 02 Slideshow。

   这个序列中有几个按顺序编辑的图像。

2. 按空格键播放 Timeline。

   你将看到每个剪辑之间有一个硬切。

3. 按反斜杠键（\）缩小 Timeline 以显示整个序列。

4. 用 Selection 工具在所有剪辑周围绘制矩形框，以选择它们。

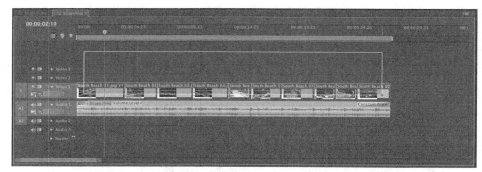

5. 选择 Sequences > Apply Default Transition to Selection（向选区应用默认切换特效）命令。

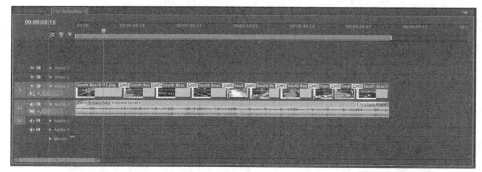

这将会在所有当前选择的剪辑之间应用默认的切换。标准切换一个持续一秒钟的 Cross Dissolve 特效。你可以通过在 Effects 面板中对特效进行右键单击并选择 Set Selected as Default Transition 来更改默认选项。

序列显示更改

　　向序列添加切换特效时，一条红色水平短线会显示在该切换特效的上方。红色线指出序列的这部分必须经过渲染才能将它输出到磁带或创建最终的项目文件。

　　渲染是在导出项目时自动进行的，但我们可以选择只渲染序列中被选择一部分，使这部分序列在速度较慢的计算机上能比较流畅地显示。要实现该操作，首先把查看区域条手柄拖动到红色渲染线的末端（它们会自动与这些点对齐）。你也可以使用Sequences > Apply Video Transition（应用视频切换）命令或者Sequences >Apply Audio Transition（应用音频切换）命令。

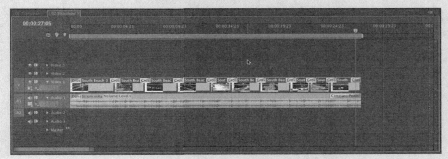

　　按Enter键（Windows）或者Return键（Mac OS）开始渲染。

　　Adobe Premiere Pro会为这段创建视频剪辑（它会在Preview Files文件夹里生成一个名称难以辨认的文件），并将红色渲染线变为绿色。

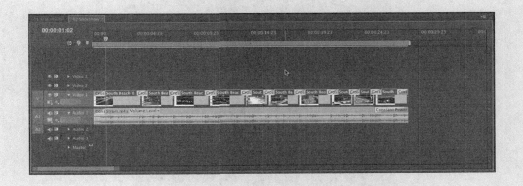

6.　对序列的开头和结尾添加一个 Cross Dissolve 特效。

7.　播放 Timeline，注意 Cross Dissolve 切换在图像之间所产生的不同效果。

> **注意**：如果你使用的是具有音频和视频链接的剪辑，可以只选择视频或者音频部分。只需使用 Selection 工具，按下 Alt 键并拖动（Windows）或者按 Option 键并拖动（Mac OS）操作就可以只选择你想要处理的音频或者视频。然后选择 Sequences > Apply Default Transition to Selection 命令。该命令只适用于双面切换特效。

7.5 使用 A/B 模式微调切换

Effect Controls 面板的 A/B 编辑模式将单个视频轨道分割成两个子轨道。通常在单轨上是两个连续相邻的剪辑现在显示为独立子轨道上的单独剪辑，让我们可以选择在它们之间应用切换特效，处理它们的头、尾帧（或手柄），以及修改其他切换特效元素。

7.5.1 在 Effect Controls 面板内更改参数

所有 Adobe Premiere Pro 中的切换特效都可以进行自定义操作。有些特效具有很少的自定义属性（例如时长和起始点）。而其他的特效提供了更多与方向、色彩、边框等相关的选项。Effects Controls 面板的主要优势就是你可以看到从其中进出的素材。这使调整特效的位置或者设置裁剪源素材变得更加容易。

我们现在来修改一个切换特效。

1. 切换回到序列 01 Transitions。

2. 双击你在剪辑 1 和剪辑 2 之间添加的 Dip to White 切换。

   这时将会打开已经载入了切换的 Effects Controls 面板。

3. 如果需要，选择 Show Actual Sources 选项以查看实际剪辑中的帧。

   现在，可以更容易判断你对切换的源剪辑所做的更改效果了。

4. 单击对齐菜单并将特效切换为 Start to Cut。

   切换图标将显示一个新的位置。

5. 单击 Play the Transition（播放切换）按钮以在面板中播放切换。
6. 单击时长字段框并为一个时长为 1.5 秒的特效输入 1:12。

播放切换以查看所做的更改。我们将对下一个特效进行自定义操作。

7. 单击 Timeline 上剪辑 2 和剪辑 3 之间的切换。
8. 在 Effects Controls 面板中，将指针悬浮在切换矩形中心的编辑线上。

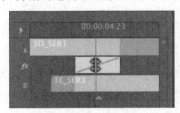

这是两个剪辑之间的编辑点，出现的指针为 Rolling Edit（滚动编辑）工具。该工具可以让你改变特效的位置。

注意：你可能需要扩展 Effects Controls 面板的宽度以使 Show/Hide Timeline View（显示 / 隐藏 Timeline 视图）按钮变得可见。同时 Effects Controls Timeline 可能也是可见的。在 Effects Controls 面板中单击 Show/Hide Timeline View 按钮可以将其开启或者关闭。

9. 将 Rolling Edit 工具向左右拖动，注意左边剪辑的正在改变的 Out 点与右边剪辑的正在更改的 In 点在 Program Monitor 面板中是如何显示的。这也称为裁剪（trimming），你将在本书第 8 章 "高级编辑技巧" 中了解更多有关裁剪的内容。

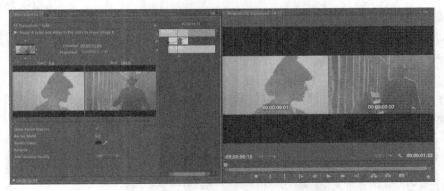

10. 将指针略微向编辑线的左侧或者右侧移动，注意它将变为 Slide（滑动）工具。

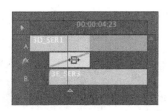

使用 Slide 工具能够更改切换的起点和终点，同时不会改变切换的总长度（默认时长为 1 秒）。新的起点和终点将显示在 Program Monitor 中，但是与使用 Rolling Edit 工具不同，使用 Slide 工具移动切换矩形不会改变两个剪辑之间的编辑点。

11. 使用 Slide 工具将切换矩形向左右拖动。

12. 继续体验其他特效相关的控制。

7.5.2 头尾帧不足（或缺少）情况的处理

如果你尝试在一个没有足够帧作为手柄的剪辑上扩展切换特效，切换虽然会显示但是上面会出现对角线警告条。这意味着 Adobe Premiere Pro 正在使用冻结帧扩展剪辑的时长，而这通常是我们不想看到的情况。

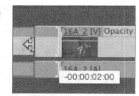

你可以通过调整切换的时长和位置来解决这个问题。

1. 在 Project 面板中，双击序列 03 Handles。

2. 在序列中找到第一个编辑。

    注意：Timeline 上的两个剪辑没有"头和尾"。因为剪辑的角上出现了小三角形图标；三角形图标代表着剪辑的终点。

3. 使用 Ripple Edit 工具，将第一个剪辑的右边缘向左拖动。拖动大约 2:00 以缩短第一个剪辑，然后释放。

    编辑点后面的剪辑将会填充存在的间隙。注意，剪辑末尾的小三角形图标不再是可见的了。

4. 将 Cross Dissolve 特效拖动到两个剪辑之间的编辑点上。

    你可以只将切换拖动到编辑点的起始处，因为手柄的数量不足以在不使用冻结帧的情况下在剪辑中创建溶解特效。

5. 使用标准的 Selection 工具，单击切换已将其载入到 Effects Controls 面板中。你可能需要执行放大操作以便更容易地选择切换。

6. 将特效的时长设置为 2：00。

7. 将切换的对齐方式改为 Center at Cut。

在 Effects Controls 面板中，注意切换矩形上有平行的对角线，这表示缺少头帧。

8. 将播放头慢慢拖动穿过整个切换特效，并观看它的工作方式：
   - 在切换的前半部分（编辑点的上方），剪辑 B 是一个冻结帧，而剪辑 A 继续播放。
   - 在编辑点上，剪辑 A 和剪辑 B 开始播放。

9. 要解决这个问题，存在以下几种方法：
   - 你可以更改特效的时长或者对齐方式。
   - 你可以使用 Rolling 编辑工具对重新定义切换的位置。
   - 你可以使用 Ripple 编辑工具缩短剪辑。

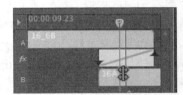 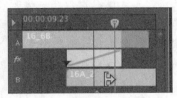

你将在本书下一章中学习到更多关于 Ripple Edit 和 Rolling Edit 的内容。

> **FI** | 注意：使用 Rolling Edit 工具可以进行左右移动，但是不会改变序列的整体长度。

7.6 添加音频切换

使用音频切换能够删除不想要的音频片段或者唐突的编辑部分，因而提高序列的音轨效果。在音频剪辑的末尾（或者音频剪辑之间）使用交叉消隐切换能够快速创建音淡入、淡出或者音频剪辑之间的变换效果。

7.6.1　创建交叉消隐

由于所有的音频都是不相同的，你可以选择三种类型的交叉消隐。要获得专业的音频合成效果，理解这些类型之间存在的细微差别是非常重要的。

- Constant Gain：正如其名称所示的那样，Constant Gain 通过在剪辑之间使用持续的音频增益（音量）来实现音频切换。一些人认为这种切换很有用，但是它会在外出的剪辑淡出和进来的剪辑淡入时创建出非常突然的音频切换效果。当你不想要在两个剪辑之间进行过多的混合而是要直接切换时，Constant Gain 是最佳选择。

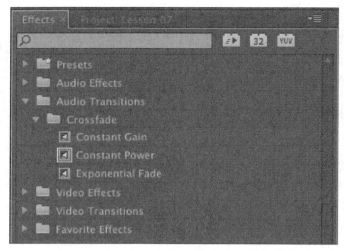

- Constant Power：Adobe Premiere Pro 中默认使用的音频切换特效，它能够在两个音频剪辑之间创建出平滑渐变的切换效果。Constant Power 的工作方式与视频溶解类似。应用时，向外的视频会先慢慢淡出，然后越靠近剪辑的结尾，淡出的速度越快。而向内的剪辑的行为方式正好相反。内向剪辑在开始时声音活迅速增加，在切换的末尾会逐渐减速。当你想要混合多个剪辑时，交叉消隐在大部分情况下都是非常有用的。

- Exponential Fade：该特效与 Constant Power '交叉消隐' 类似。Exponential Fade 能够在剪辑之间创建非常平滑的淡入淡出效果。它使用对数曲线淡出和淡入音频。这能够使各个音频剪辑自然地混合在一起。一些人更喜欢在执行单面滑动切换时使用 Exponential Fade 切换（例如节目的开始或者结尾处，剪辑从静音到引入声音）。

7.6.2 应用音频切换

要对序列应用音频交叉消隐，存在几种方法。当然，你可以直接对切换进行拖放操作。但是可以使用一些能够加快操作过程的快捷方式。我们来看一下三种可用的方法。

1. 双击载入序列 04 Audio。

   该序列在 Timeline 上有几个不同的音频剪辑。

2. 在 Effects 面板的 Audio Transitions bin 中，打开 Crossfade bin。

3. 将 Exponential Fade 切换拖动到第一个音频剪辑的起点。

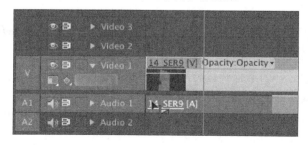

4. 移动到序列的结尾。

5. 在 Timeline 上右键单击最终编辑点并选择 Apply Default Transitions（应用默认切换）。

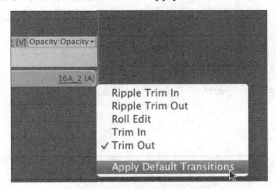

Adobe Premiere Pro 将添加一个新的视频和音频切换。要只添加音频切换，可以在执行右键单击时按住 Alt 键（Windows）或者 Option（Mac OS）键。

Constant Power 切换将被添加到音频剪辑的末尾，进而在音频结束时创建平滑的混合效果。

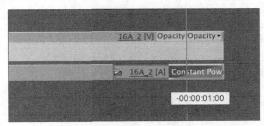

6. 拖动音频切换的长度使其变得更长或者更短，当播放 Timeline 时听听它的效果。

7. 要进一步美化项目，可以在序列的起点和末尾添加 Video Cross Dissolve 切换，方法是将播放头移动到起点附近并按下 Control+ D（Windows）键或者 Command + D（Mac OS）键添加默认的视频切换。

   对剪辑的末尾重复相同的操作。这将在剪辑的开始和末尾创建淡入效果。现在，我们来添加一系列较短的音频溶解特效使背景声音变得更加平滑。

> **FI** 注意：要改变切换的时长，另一种方法是在 Timeline 上拖动切换的边缘。使用标准的 Selection 工具向左和向右拖动切换的右侧边缘可以调整它的长度。

8. 使用 Selection 工具，按住 Alt（Windows）键或者 Option（Mac OS）键并选择轨道 Audio 1 上的所有音频剪辑。Alt（Windows）键或者 Option（Mac OS）键允许你暂时断开音频剪辑和视频剪辑之间的链接以对切换进行隔离。

9. 选择 Sequences> Apply Default Transitions to Selection（对所选剪辑应用默认切换）命令。

注意：剪辑的选择不必是连续进行的，你可以按住 Shift 并单击剪辑以便只在 Timeline 上选择剪辑的一部分。

10. 在时间线上播放并对你所做的更改进行评价。

提示：要对所选音频轨道上播放头附近的编辑点添加默认的音频切换，键盘快捷键是 Shift+ Command（Mac OS）或者 Shift + Ctrl +D（Windows）。这是在音频轨道上添加淡入淡出的一个非常快速的方法。

复习题

1. 如何向多段剪辑应用默认切换特效?
2. 如何按名称查找切换特效?
3. 如何用一个切换特效取代另一个切换特效?
4. 请解释改变切换特效时长的三种方法。
5. 使用什么方法可以轻松地在剪辑的开始或结束使音频消隐?

复习题答案

1. 选中 Timeline 上的剪辑并选择 Sequence > Apply Default Transition to Selection 命令。
2. 首先在 Effects 面板的 Contains 文本框中输入切换特效的名称。输入后,Adobe Premiere Pro 会显示所有名称中包含所输入字母组合的特效和切换(音频和视频)。输入字符越多,搜索的范围就越小。
3. 将替换切换特效拖拖放到要被替换的特效上,新的特效将会自动替换旧特效。
4. 拖动 Timeline 中切换特效矩形的边缘,在 Effect Controls 面板 A/B 时间线上进行同样操作,或在 Effect Controls 面板改变 Duration 的值。
5. 使音频淡入或淡出的一种简单方法是在剪辑的开始或结束处应用音频交叉消隐切换特效。

第 **8** 课　高级编辑技巧

课程概述

在本课中，你将学习以下内容：

- 执行四点编辑；
- 在 Timeline 上更改剪辑的速度或者时长；
- 使用新剪辑替换 Timeline 上的剪辑；
- 永久替换项目中的素材；
- 创建嵌套序列；
- 在媒体上执行基本裁剪以改进编辑效果；
- 执行滑行和滑动编辑改善剪辑的位置和内容；
- 使用键盘快捷键动态裁剪媒体。

本课的学习大约需要 90 分钟。

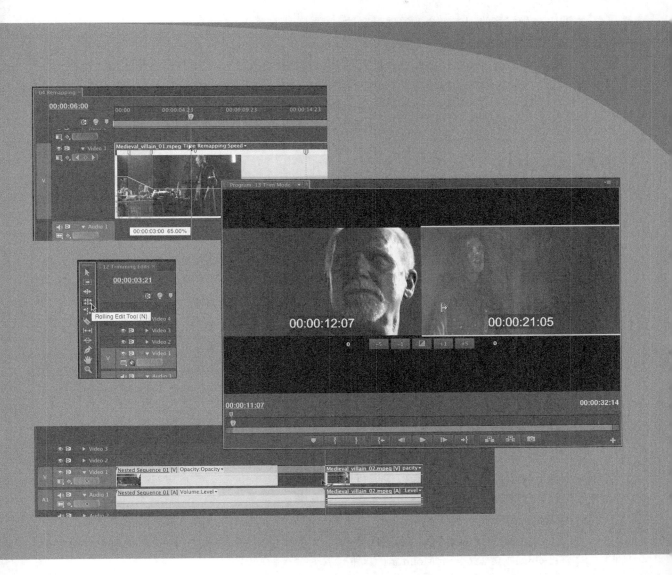

　　掌握 Adobe Premiere Pro CS6 中的基本编辑命令相对比较容易。但是一些高级的技巧需要你花些时间进行学习。这些技巧可以加速编辑进程并提供一些专业的效果，这些效果会让你的付出物有所值。

8.1 开始

在本课中，我们将使用几个较短的序列探索一下 Adobe Premiere Pro CS6 中的高级编辑概念。此处的目标是介绍一些将在高级编辑中用到的技巧。要达到这个目标，我们将使用几个较短的序列来对相关概念进行描述。

本课中，我们将使用一个全新的项目文件。

1. 启动 Adobe Premiere Pro，并打开项目 Lesson 08.prproj。

   序列 01 Four Point 应该已经处于打开状态，如果没有打开，请现在打开该序列。

2. 选择 Window > Workspace > Editing 命令。

   这会将工作区改为由 Adobe Premiere Pro 开发团队创建的预设模式。使我们能够更容易地使用切换和特效。

8.2 四点编辑

在前面的课程中，我们已经使用过三点编辑的标准技巧。我们使用三个 In 点和 Out 点（分散于 Source Monitor 面板和 Program Monitor 或者 Timeline 面板中）来描述编辑的源、时长和位置。

那么使用四点编辑时会产生什么结果呢？

简单地说，答案就是你需要面对一个不得不解决的不一致的问题。也就是你在 Program Monitor 中设置的时长与在 Program Monitor 或者 Timeline 面板中选择的时长不相同。此时，Adobe Premiere Pro 会针对这种不一致向你发出警告，并且请求你执行一个重要的决定。

> **Pr** 提示：由于设置的点较多，因此四点编辑通常会导致错误的出现。当你想要定义源剪辑中的某个部分被使用，以及为素材定义不同的时长以便填充 Timeline 时，可以使用四点编辑。这时，你可以使用 Change Clip Speed（更改剪辑速度）选项（也称为 Fit to Fill[适合填充]）。

8.2.1 四点编辑的编辑选项

如果你已经定义了一个四点编辑，Adobe Premiere Pro 会打开 Fit Clip（适合剪辑）对话框以警告你存在的问题。你需要从 5 个选项中进行选择以便解决冲突问题。你可以忽略四点编辑中的一点或者更改剪辑的速度。

- Change Clip Speed (Fit to Fill)：这是其中的第一个选项，该选项假设你故意设置了 4 个点。Adobe Premiere Pro 会保留源剪辑的 In 点和 Out 点，但是会调整它的速度以便与你在 Timeline 或者 Program Monitor 面板中设置的时长相匹配。

- Ignore Source In Point（忽略源剪辑入点）：如果你选择了该选项，源剪辑的 In 点将会被忽略并且将由 Adobe Premiere Pro 动态决定，能够有效地将编辑转换回三点编辑。新的时长将与 Timeline 或者 Program Monitor 面板中设置的时长相匹配。只有在源剪辑比序列中设置的范围更长时，才可以使用该选项。

- Ignore Source Out Point（忽略源剪辑出点）：当你选择该选项时，源剪辑的 Out 点将被忽略并且将由 Adobe Premiere Pro 动态决定，更改为三点编辑。新的时长将与 Timeline 或者 Program Monitor 面板中设置的时长相匹配。同样，只有在源剪辑比序列中设置的范围更长时，才可以使用该选项。

- Ignore Sequence In Point（忽略序列入点）：该选项将告知 Adobe Premiere Pro 忽略你在序列中设置的 In 点并仅使用序列 Out 点执行三点编辑。如果剪辑比序列中定义的更短，你可以将不想要的视频从想要覆盖的剪辑中放到序列中原始 In 点的后侧。

- Ignore Sequence Out Point（忽略序列出点）：该选项与上一个选项类似，它将忽略你在序列中设置的 Out 点并执行三点编辑。

8.2.2 执行四点编辑

我们来具体执行一个四点编辑。本练习的目标是更改剪辑的时长以便与目标序列中设置的时长相匹配。

1. 如果还没有载入，请在 Project 面板中找到序列 01 Four Point 并载入该序列。

   该序列中包含一个基本的编辑，我们想要切入一个新的剪辑。该剪辑具有与我们需要的不同的时长。

2. 滚动序列并找到已经设置了 In 点和 Out 点的部分。你会在 Timeline 上看到一个高亮显示的范围。

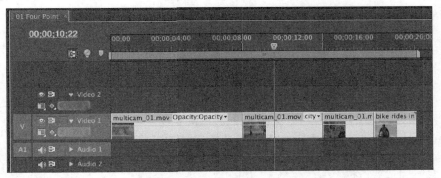

3. 找到 Clips to Load bin，将剪辑 multicam_02.mov 载入到 Source Monitor 面板中。

   剪辑中已经被设置了一个范围。

4. 单击 Timeline 面板中的轨道标头。确保视频和音频位于轨道 V1 上。

5. 单击 Overwrite 按钮创建编辑。

将会出现 Fit Clip 对话框。

6. 在 Fit Clip 对话框中，选择 Change Clip Speed（Fit to Fill）选项，单击 OK。

编辑将在 Timeline 中进行。你将在正在编辑的剪辑中看到数值，这表示速度正在被更改。

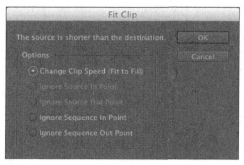

7. 观看序列并查看你所编辑的特效以及速度的改变。

8.3 重新安排剪辑时间

在前面的练习中，你已经使用了由 Adobe Premiere Pro 提供的用于改变剪辑速度的一个方法。改变剪辑的速度是由很多原因决定的，包括技术上的需要和艺术层面的影响。慢动作是一个在视频制作中经常使用的特效。它能够有效地为视频添加戏剧性，并给与观众更多的时间去理解和体会视频中的某个时刻。在本课中，你将了解静态速度更改、时间重映射功能以及其他一些能够改变剪辑时间的工具。

8.3.1 更改剪辑的速度 / 时长

虽然慢动作是改变时间最常使用的方式，但加速剪辑也是一种有用的特效。Speed/Duration 命令能够以两种非常不同的方式改变剪辑的时间。你可以精确改变剪辑的时长使其具有某个特定时间长度。你也可以改变播放的百分比数值（例如 50% 能够使剪辑的速度变得更慢）。

我们来探索一下这个技巧

1. 在 Project 面板中，载入序列 02 Speed/Duration。
2. 右键单击剪辑 Medieval_Hero_01 并从关联菜单中选择 Speed/Duration 命令。也可以在 Timeline 上选择剪辑并选择 Clip> Speed/Duration 命令。
3. 你现在已经有了几个用于控制剪辑播放的选项，考虑一下这些选项。

• 让 Duration 和 Speed 关联在一起（它们之间会有一个锁链图标）。然后你可以输入一个新的时长或者速度。在一个字段框中输入数据会对另一个字段框产生影响。

• 单击 Gang（关联）按钮使其显示为断开。然后你可以为剪辑输入一个新的速度并且不会更改它的时长（如果剪辑不够长，将会插入空帧）。

- 断开剪辑之间的关联之后，你还可以在不改变速度的前提下更改时长。被缩短的剪辑将在 Timeline 上留下一个间隙。如果在 Timeline 上该剪辑的后面紧接着还有其他剪辑，那么延长该剪辑也不会产生任何影响，因为剪辑不会默认进行波纹操作。在这种情况下，选择 Ripple Edit，Shifting Trailing Clips（波纹编辑，移动后续剪辑）选项。
- 要向后播放剪辑，可以选择 Reverse Speed（反向速度）选项。你将在 Timeline 面板的速度值的旁边看到一个负号。
- 如果剪辑中具有音频，可以考虑选择 Maintain Audio Pitch（保持音频音调）复选框。这将在速度或者时长改变时仍然保留剪辑当前的音调。不选择该选项时，将会提升或者减慢音频的速度。它允许你更改剪辑的速度，但是会按一定比例应用一定数量的音调矫正，以便使整体音调尽可能地与原始音调相一致。如果速度改变并不是很大，该选项可以获得很好的效果；较大的重新采样将会导致不自然的结果。

4. 将 Speed 更改为 50%，单击 OK 按钮。

   在 Timeline 上播放剪辑。按 Enter（Windows）键或者 Return（Mac OS）键渲染剪辑以获得平滑的播放效果。注意，剪辑现在为 12 秒长，这是因为将剪辑的速度降低了 50%，使它的时长是原来的两倍。

5. 选择 Edit>Undo 命令，或者按 Control +Z 组合键（Windows）或者 Command +Z 组合键（Mac OS）。

6. 在剪辑处于选择状态时，按 Control +R 组合键（Windows）或者 Command + R 组合键（Mac OS）可以打开 Clip Speed/Duration 对话框。

> **Fl** | **注意**：如果剪辑具有音频，Clip Speed/Duration 对话框中将显示一个选项，名为 Maintain Audio Pitch（保持音频音调）。选择这个选项后，无论剪辑以何种速度播放，都可以保持音频原来的音调不变。在我们对剪辑做小的速度调整，而又想保持音频的音调时，这很有用处。

7. 单击链接图标（它表示 Speed 和 Duration 链接在一起），这样该图标显示取消设置间的链接（如图中所示）。然后，将 Speed 修改为 50%。

> **Fl** | **注意**：剪辑将以 50% 的速度播放，但最后 6 秒自动被裁剪，目的是保持剪辑为其原来的时长。

8. 单击 OK，然后播放该剪辑。

注意：剪辑将以 50% 的速度播放，但最后 6 秒自动被裁剪，目的是保持剪辑为其原来的时长。

有时候，我们需要反转时间，这可以在同一个 Clip Speed/Duration 对话框内实现。

9. 打开 Clip Speed/Duration 对话框。

10. 保持 Speed 为 50% 不变，但这次还要选择 Reverse Speed（反向速度）选项，之后单击 OK。

11. 播放该剪辑，注意它以 50% 的慢动作反向播放。

8.3.2 使用 Rate Stretch 工具改变速度和时长

Pr 提示：Adobe Premiere Pro 能够同时改变多个剪辑的速度。只需选择多个剪辑并选择 Clip > Speed Duration 命令即可。在更改多个剪辑的速度时，务必要注意 Ripple Edit, Shifting Trailing Clips 这个选项，当速度被改变之后，该选项会自动关闭或者扩展所有被选择的剪辑的间隙。

有时我们需要查找长度刚好能够填充 Timeline 上间隙的剪辑。有时可能找到理想的剪辑，即长度刚好合适，但大多时候，我们找到的剪辑可能会稍长或稍短一点。这种情况下，Rate Stretch 工具就派上用场了。

1. 在 Project 面板中，载入序列 03 Rate Stretch。

   这个练习中所遇到的情况很常见。时间线与音乐同步，剪辑包含我们想要的内容，但剪辑时长太短。可以在 Clip Speed/Duration 对话框中用猜测法尝试插入合适的 Speed（速度）百分值，或者可以使用 Rate Stretch 工具将剪辑拖动到需要的长度。

2. 选择 Tools 面板内的 Rate Stretch 工具。

3. 把 Rate Stretch 工具移动到第一段剪辑的右边缘上，拖动它，使其与第二段剪辑相接为止。

 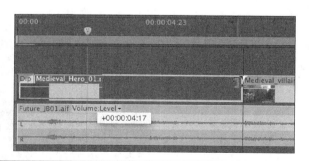

Pr 提示：如果你改变主意，随时可以使用 Rate Stretch 工具将剪辑拉伸回到原来的状态，也可以使用 Speed/Duration 命令在速度框中输入 100% 保存自然的动作。

Fl 注意：第一段剪辑的速度发生了改变，以填充我们拉伸它所产生的空间。

4. 将 Rate Stretch 工具移动到第二段剪辑的右边缘上，拖动它，直到其与第三段剪辑相接为止。

5. 将 Rate Stretch 工具移动到第三段剪辑的右边缘上，拖动它，直到其与音频结束点相匹配为止。

6. 在 Timeline 播放，观看 Rate Stretch 工具所产生的速度变化。

8.3.3　使用时间重映射更改速度和时长

时间重映射通过使用关键帧来改变剪辑的速度。这意味着同一段剪辑可以一部分是慢动作，而另一部分是快动作。除了这种灵活性之外，变速时间重映射能够从一种速度平滑过渡到另一种速度，无论是由快变慢，还是从正向运动变为反向运动。这非常有趣。

1. 在 Project 面板中，载入序列 04 Remapping。

   该序列中只有一个需要进行修改的剪辑。我们将添加时间调整以改变剪辑的长度。

2. 将 Selection 工具定位到音频和视频轨道之间，调整 Video 1 轨道的高度。向下拖动以完整地查看视频轨道。

增加轨道高度能够使在 Timeline 面板中向右调整剪辑关键帧变得更加容易。

3. 右键单击该剪辑，并在剪辑菜单中选择 Show Clip Keyframes（显示剪辑关键帧）> Time Remapping（时间重映射）> Speed 命令。

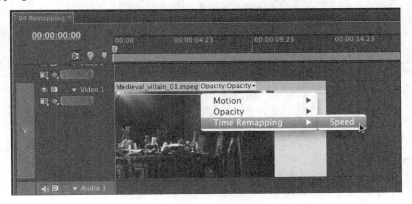

选择该选项之后，一条黄色线将横穿剪辑，它表示速度。

4. 在 Timeline 中将当前时间指示器拖动到歹徒转身、开始在房间走动这个时间点上（大约为00:00:01:00）。

5. 按住 Ctrl 键（Windows）或者 Command 键（Mac OS）。

鼠标指针将变为小十字形。

6. 单击黄线，创建关键帧，在该剪辑的顶部可以看到这个关键帧。

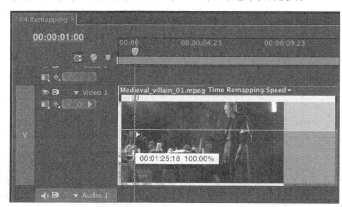

我们还没有改变速度，只是添加了控制关键帧。

7. 使用同样的技巧，在 00:00:06:00 处（就在歹徒恰好指着墙时）添加另一个速度关键帧。

Fl | **注意**：添加两个速度关键帧后，该剪辑现在分为 3 个"速度部分"。我们将在关键帧之间设置不同的速度。

8. 保持第一部分（剪辑的开始和第一个关键帧之间）的设置不变（Speed 设置为 100%）。

9. 将 Selection 工具定位到第一、二个关键帧之间的黄色线上，向下拖动到 30%。

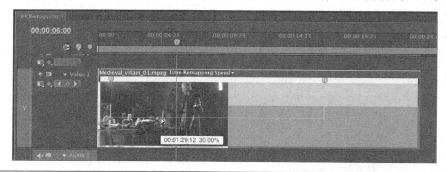

Fl | *注意：剪辑长度现在被拉伸，以适应这部分速度的改变。*

10. 在 Work Area 中选择 Sequence > Render Effects（渲染特效）命令对剪辑进行渲染以获得最平滑的播放效果。

11. 播放剪辑。注意速度从 100% 变为 30%，之后在结束时又变回 100%。请渲染该剪辑。

在剪辑上设置变速修改可以产生非常生动的效果。在前一节中，我们将一种速度立即改变为另一种速度。要创建更精细的速度变化，可以使用速度关键帧过渡，平滑地从一种速度过渡为另一种速度。

Fl 注意：如果在设置速度关键帧时遇到问题，则请打开 04 Remapping 的序列，以查看完成后的效果。

12. 将第一个速度关键帧的右半部分向右拖，创建速度过渡。

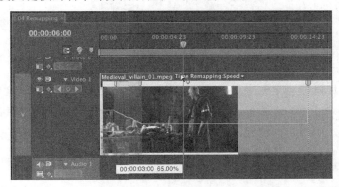

Fl 注意：可能需要调整 Video 1 轨的高度，其调整方法是：将 Selection 工具放置在 Video 1 标签上，然后向上拖动该轨道的边缘。这能够让你更好地对关键帧进行控制。

注意：黄色线现在向下斜，而不是突然从 100% 变到 30%。

13. 同样，拖动第二个速度关键帧的左半部分，创建速度过渡。

Pr 提示：你可以拖动蓝色的贝塞尔手柄改进映射，以进一步平滑过渡。

14. 渲染并播放该剪辑，以观察其效果。

Fl 注意：要删除时间重映射特效，需要先选择剪辑，然后查看 Effect Controls 面板。单击 Time Remapping 特效旁边的折叠三角将其打开。单击单词 Speed 旁边的 Toggle animation（切换动画）按钮（秒表）。这会将其设置为关闭状态。会出现一个警告对话框。单击 OK 按钮可将整个特效删除。

改变时间产生的下游影响

将多个剪辑汇集到项目之后，你可能决定要改变 Timeline 开始处的速度。重要的是要理解剪辑速度的改变对"下游"剪辑部分的影响。

速度的改变可能导致以下问题：

* 由于播放速度提高了，剪辑变得更短，因此会产生不想要的间隙。

- 由于使用 Ripple Edit 选项，会导致整个序列时长不必要的更改。
- 速度上的改变可能导致潜在的音频问题。

当改变速度或者时长时，一定要注意查看对整个序列的影响。你可能需要放大 Timeline面板以一次性查看完整的序列或者片段。另一种方法是将剪辑编辑到一个新的序列中并在那里对其进行调整。然后再将剪辑复制并粘贴到原来的序列中。

8.4 替换剪辑和素材

在编辑过程中，你可能经常想使用一个剪辑来替换另一个剪辑。可能是全局替换，例如使用一个更新的文件替换某个版本的动画 logo。你也可能想要使用某个 bin 中的剪辑替换 Timeline 上的剪辑。根据不同的任务，你可以使用几种用于替换剪辑和媒体的方法。

8.4.1 拖入替换剪辑

要替换剪辑，其中一种方法就是直接将新剪辑拖动到你想替换的剪辑上面。我们从 Replace Clip 功能开始。

1. 在 Project 面板中，载入序列 05 Replace Clip。
2. 播放 Timeline。

   注意：同一个剪辑作为画中画（PIP）被播放两次。该剪辑有一些运动特效，使它旋转到屏幕上，之后又旋转出去。在本书的下一课中我们将学习如何创建这些效果。

   你想用一个名为 multicam_03.mov 的新剪辑替换 Video 2 轨道上的第一段 PIP 剪辑（bike low shot.mov），但不想重新创建所有效果和时序。这种情况很适合使用 Replace Clip 功能。

3. 在 Clips to Load bin 中找到 multicam_03.mov 剪辑，把它拖到第一段 bike low shot.mov 剪辑上。

   不要放下它。注意，它比 Timeline 上的剪辑长。

4. 按 Alt 键（Windows）或 Option 键（Mac OS）。

   注意：替换剪辑现在变为与它要替换的剪辑长度完全相同。释放鼠标按钮，完成 Replace Clip 功能。

提示：如果想要调整剪辑中用于第一个 PIP 的部分，可以使用 Slip 工具滑动其中的内容。你将在本章后面学习如何使用 Slip 工具。

5. 在时间线上播放。注意，第一个 PIP 剪辑具有相同的效果，只是使用的是新的素材而已。第二个 PIP 剪辑保持不变。

8.4.2 执行替换编辑

如果希望对替换进行更多的控制，可以使用 Replace Edit 命令。该命令可以使你精确选择对替换编辑的采样。

1. 在 Project 面板中，载入序列 06 Replace Edit。

   序列表现的是一个盛大的活动，但是其中一个剪辑有一点枯燥，因此我们将其替换出去。但是在这种情况下，需要对在替换时使用剪辑的哪个部分进行更多的控制。这个过程被称为替换编辑（replace edit）。

2. 将播放头放置在序列中大约 00;00;05;00 处，为编辑提供一个同步点。

3. 在 Timeline 上单击剪辑 multicam_01.mov，使其成为替换目标。

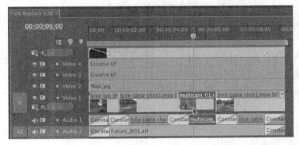

4. 从 Clips to Load bin 中，将名为 bike rides into frames.mov 的替换剪辑载入到 Source Monitor 面板中。

5. 拖动播放头，选择一个比较好的用于替换的动作片段。

在大约 00;00;02;25 处使用一些更为动感的骑车剪辑。

6. 确保 Timeline 处于激活状态，然后选择 Clip > Replace With Clip（使用剪辑替换）>From Source Monitor，Match Frame（从 Source Monitor 中选择并与帧匹配）命令。

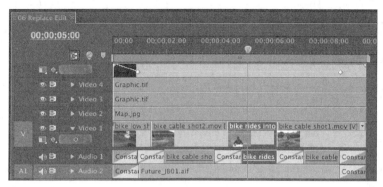

7. 观看刚刚编辑的序列，查看编辑结果。

你会看到 Source Monitor 和 Program Monitor 面板中播放头上的帧处于同步状态，决定替换剪辑中的哪个部分将用在替换编辑中，而原始剪辑长度负责设置时长。

8.4.3 使用 Replace Footage（替换素材）功能

Adobe Premiere Pro 的 Replace Footage 功能能够替换 Project 面板内的素材。这在需要替换一个或多个序列内多次反复出现的剪辑时非常有用。在使用 Replace Footage 时，项目内所有序列中使用的原始剪辑都被修改为你替换的剪辑实例。

1. 在 Project 面板中，载入序列 07 Replace Footage。

2. 仔细观看序列的播放。

在这里，我们将替换一个包含数据错误的图形。没有理由保留之前的图形。实际上，将其从项目中删除能够防止对其误用，以及避免产生不想要的可能导致损失的错误。

3. 在 Clip to Load bin 中，在 Project 面板选择 Graphic.tif。

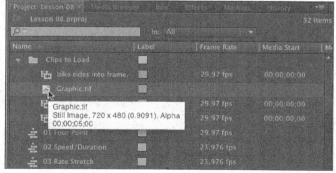

4. 选择 Clip> Replace Footage 命令。

5. 导航到 Lessons 08 文件夹，选择 Graphic_Fix.tif 文件，并单击 Select（Windows）键或 Open

（Mac OS）键。

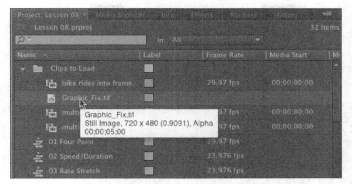

6. 在 Timeline 上播放，注意，序列和项目中不正确的图形已经被更新了。

FI | 注意：Replace Footage 命令无法撤销。如果想切换回原始剪辑，可以再次选择
Clip > Replace Footage 命令导航到原始文件并重新链接。

8.5 嵌套序列

嵌套序列是序列中的序列。可以通过以下方式把项目分成几个更容易管理的块：在一个序列中创建项目片段，然后把这个序列以及其所有剪辑、图形、图层、多个视 / 音频轨道和特效拖到另一个序列中。这样它看起来和操作起来就像是单个视 / 音频剪辑。

嵌套序列具有以下几种潜在用途。

* 通过单独创建复杂序列来简化编辑工作。这有助于避免冲突，防止因移动远离当前工作区轨道上的剪辑而造成误操作。

* 允许你对一组剪辑应用运动特效（你将在本书的下一课中了解更多与此相关的内容）。

- 允许你重复使用序列，使其作为多个序列中的源。
- 组织作品，采用的是与在 Project 面板中创建子文件夹的相同方法。
- 允许你将一组复杂的剪辑转换为一个单独的项目。

8.5.1　添加嵌套序列

使用嵌套的一个原因是对已经编辑好的序列重复使用。在这里，我们将一个已经编辑的开放字母添加到一个已经编辑好的序列中。

1. 在 Project 面板中，载入序列 08 Bike Race。

   这个序列中包含一个已经编辑了的自行车比赛，并且已经使用多摄像机编辑技巧（将在本书第 10 课介绍）进行了处理。

2. 在序列的开始处设置一个 In 点。
3. 确保轨道 V1 是 Timeline 面板中载入的序列的目标。
4. 在 Project 面板中，找到序列 08A Race Open。
5. 单击序列将其选中（不要打开序列）。
6. 将序列 08A Race Open 拖动到 Program Monitor 上。

   这时会出现一个工具提示，让你选择想要执行的编辑类型。

> **Pr** 提示：创建嵌套序列最快速的方法是将序列从 Project 面板上直接拖动到活动序列的轨道上（一个或者多个）。你也可以将序列作为源载入到 Program Monitor 中并使用标准的 Insert 和 Overwrite 命令。

7. 按住 Control（Windows）键或者 Command（Mac OS）键。

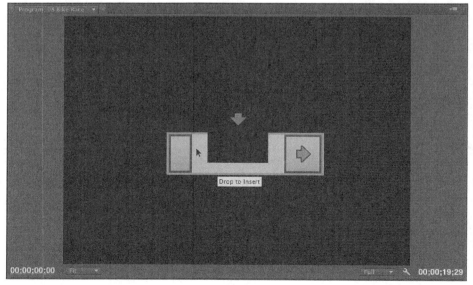

8. 释放键盘键执行插入编辑并将图形添加到序列中。

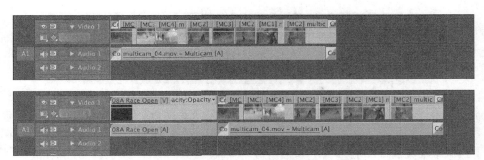

9. 播放序列 08 Bike Race。

   你将会看到，即使 08 Bike Race 使用了多个视频和音频轨道，但是它是作为单个剪辑添加的。

> **FI** | 注意：不能将序列嵌套到自身当中，除非给嵌套的序列起一个新的名称。

8.5.2 嵌套序列中的剪辑

在前面的练习中，我们已经将整个序列嵌入到另一个序列中，也可以选择一组剪辑，把它们嵌入到序列内，不必是序列中的所有剪辑。将一组复杂的剪辑折叠到单个序列内很有用处。

1. 在 Project 面板中，载入序列 09 Collapse。

   我们将在 Medieval_wide_01 和 Medieval_villain_02 剪辑之间的编辑点创建 Cube Spin 切换特效。因为还有另外两段剪辑合成到 Medieval_wide_01 剪辑上方，所以要插入正确影响前三段剪辑的 Cube Spin 切换特效是有难度的。但是，如果把第一段折叠到单个嵌套剪辑中，就不困难了。

2. 按住 Shift 键并单击构成第一段的三段剪辑，选择它们：movie_logo.psd、Title 01 和 Medieval_wide_01。

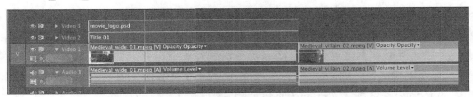

3. 右键单击所选中的剪辑，并选择 Nest（嵌套）命令。

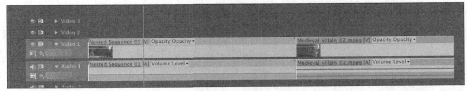

   三段剪辑折叠到单个嵌套剪辑。请播放该剪辑，观察包含这三段剪辑的嵌套剪辑。

4. 在 Effects 面板中，单击打开 Video Transitions 文件夹，然后打开 3D Motion 子文件夹。

5. 将 Cube Spin 切换特效拖放到两段剪辑之间的编辑点上。

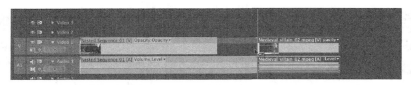

6. 播放序列，查看你对其施加的影响。

   如果需要，可以渲染 Work Area 以获得更平滑的播放效果。

> **Pr** 提示：如果需要对嵌套序列进行更改，可以双击嵌套序列打开该序列。

8.6 常规裁剪

你可以使用几种方法来调整剪辑的长度。这个过程一般被称为裁剪（trimming）。当你进行裁剪时，可以使编辑变得更长或者更短。一些裁剪类型只对单个剪辑产生影响，而其他一些裁剪类型则会调整关联剪辑之间的关系。

8.6.1　在 Source Monitor 中裁剪

要裁剪某个剪辑，最容易的方法就是使用 Source Monitor。如果你将序列中的某个剪辑从序列中载入到 Source Monitor 中，可以轻松对它的 In 点和 Out 点进行调整。将剪辑载入到 Source Monitor 中之后，可以使用以下两种基本方法对剪辑进行裁剪。

- 创建新的 In 点和 Out 点：如果你想要裁剪剪辑，可以更新它的 In 点和 Out 点。在 Timeline 上双击载入剪辑。剪辑被载入之后，只需按 I 键或者按 O 键设置 In 点和 Out 点即可。你也可以使用位于 Source Monitor 左下方的 Mark In 和 Mark Out 按钮。如果剪辑在 Timeline 上存在关联媒体，会使所选剪辑变短。裁剪之后将在一端留下间隙。

- 拖动 In 点和 Out 点：如果不想为载入的剪辑创建新的 In 点和 Out 点，可以通过拖动的方式改变 In 点和 Out 点。将光标放置在 Source Monitor 中迷你 Timeline 上的 In 点和 Out 点上，光标将变成红黑色的图标，这表示可以执行波纹编辑。你可以向左或者向右拖动以改变 In 点或者 Out 点。存在间隙和扩展编辑时，关联媒体会被应用相同的限制。如果按住 Alt（Windows）键或者 Option（Mac OS）键，可以只拖动剪辑的视频或者音频。

8.6.2　在序列中裁剪

另一种对媒体进行裁剪的方法是直接在 Timeline 面板中进行裁剪。当你编辑序列时，希望找到想要调整的剪辑。使单个剪辑变得更长或者更短非常容易（这称为常规裁剪 [regular trim]）。

> **Fl** 注意：在其他的应用程序中，常规裁剪也被称为单面裁剪或者覆写裁剪。

1. 在 Project 面板中，载入序列 10 Regular Trim。

2. 播放序列。

   第二个演员的对话已经被裁切掉，需要对剪辑进行扩展。
3. 选择 Selection 工具（V）。
4. 将指针放置在序列中最后一个剪辑的 Out 点上。

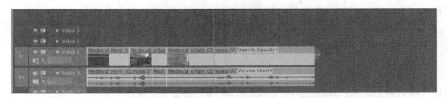

   指针将变为带方向箭头的 Trim In（裁剪入点）（头侧）或者 Trim Out（裁剪出点）（尾侧）工具。
   将鼠标放置在剪辑的边缘可以将其变为裁剪 Out 点（向左打开）或者 In 点（向右打开）。
5. 单击并拖动边缘以在序列中裁剪剪辑的 Out 点。

   这时，会出现一个时间码工具，显示对剪辑的裁剪量。拖动边缘到 9:00。

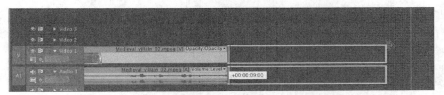

> **Fl** 注意：如果缩短剪辑，会在相连剪辑之间留下间隙。你将在本课后面学习如何
> 使用 Ripple Edit（波纹编辑）工具自动删除间隙或者移动后面的剪辑，以避免
> 进行覆写操作。

6. 释放鼠标按执行编辑。

8.7　高级裁剪

到目前为止，你学习到的裁剪方法都存在各自的局限。如果剪辑周围存在其他剪辑，缩短剪辑会在 Timeline 上留下不想要的间隙，也不能对剪辑执行延长操作。幸运的是，Adobe Premiere Pro 提供了几种其他的裁剪选择。

8.7.1　波纹编辑

避免产生间隙的一种方法是使用 Ripple Edit 工具，它是 Tools 面板内众多工具中的一个。

用 Ripple Edit 工具裁切剪辑的方法与在 Trim 模式下使用 Selection 工具一样。二者之间的区别是：Ripple Edit 工具不会在序列上留下间隙，Program Monitor 中的显示会更清晰地表达出编辑的效果。

使用 Ripple Edit 工具延长或缩短剪辑时，该操作会在整个序列中产生波纹。也就是说，编辑点后的所有剪辑都会往左移动填补间隙，或往右移动以便形成更长的剪辑。

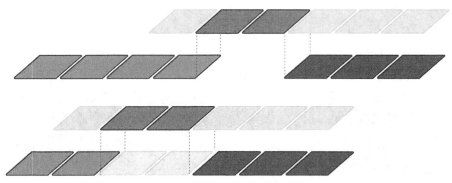

在本图中，绿色的剪辑被缩短了 2 秒、波纹编辑改变了项目的总长度。

1. 在 Project 面板中，载入序列 11 Ripple Edit。

2. 单击 Ripple Edit 工具（或按键盘上的 B 键）。

3. 将 Ripple Edit 工具悬停在第三段剪辑（Medieval_
   wide_01.mpeg）的左边缘上，直至它变成一个向右的
   大方括号为止。

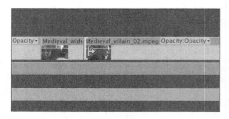

   存在太多的硬切，我们将删除其中一些。

> **Fl** 注意：执行波纹编辑时，可以锁定其他轨道上的项目以避免对其同步操作。在
> 对序列使用波纹编辑时，务必要谨慎使用同步锁定。

4. 向右拖动，使时间码读数达到 +00:00:02:15。
   注意：请注意，在使用 Ripple Edit 工具时，Program Monitor 左边显示第一个剪辑的最后一帧，
   右边显示第二个剪辑的第一帧。观察 Program Monitor 左半部分上移动的编辑位置。

5. 释放鼠标按钮，完成编辑。该剪辑剩余部分往左移动填满间隙，其右边的剪辑随其移动。
   请播放这部分序列，查看编辑效果是否平滑。我们还需要继续裁剪剪辑的尾部，因为它的
   时长要恰好为 1 秒。

6. 使用 Ripple Edit 工具抓住该剪辑右侧向左拖动，使其时长读数达到 -00:00:03:00。注意在
   释放鼠标按键时，右侧（后面）的剪辑是如何填补间隙的。

> **Pr** 提示：如果使用的是标准的 Selection 工具，按住 Command 键（Mac OS）或
> 者 Control 键（Windows）可以暂时切换到 Ripple Eidt 工具。

8.7.2 滚动编辑

使用 Ripple Edit 会改变项目的总体长度。这是因为某个剪辑变长或者变短，而序列中的其他剪
辑需要调整以填补产生的间隙（或者删除多余的部分）。还存在一种可以改变编辑位置的方法。

使用滚动编辑时，项目的总体长度不会改变。相反，滚动编辑发生在两个剪辑之间的编辑点上，
它会缩短其中一个剪辑并相应延长另一个剪辑。这种方法会同时编辑两个相邻的剪辑。滚动编辑
会裁剪相邻的 In 点和 Out 点，同时调整相同数量的帧。

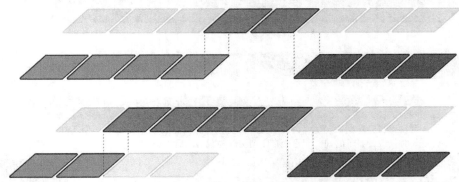

在第一个和第二个剪辑之间应用了滚动编辑。外向的剪辑缩短两秒钟，而内向的剪辑延长两秒钟。序列的整体时长没有发生改变。

1. 在 Project 面板中，载入序列 12 Trimming Edits。

   Timeline 上已经有个三个剪辑并具有足够的头帧和尾帧以供你进行编辑。

2. 在 Tools（工具）面板中选择 Rolling Edit Toll（N）（滚动编辑工具）命令。

3. 拖动 Clip A 和 Clip B（Timeline 上的前两个剪辑）之间的编辑点。，使用 Program Monitor 对屏幕进行拆分以获得更加匹配的编辑效果。

   尝试将编辑点向右滚动到 00;20（20 帧）。可以使用 Program Monitor 时间码或者 Timeline 上的弹出时间码（如图所示）找到该编辑。

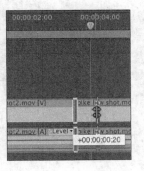

8.7.3 滑动编辑

滑动编辑是一种特殊的裁剪方法。它并不常用但是可以节省时间。使用 Slide Edit（滑动编辑）工具时，滑动剪辑的时长保持不变，而左边剪辑的 Out 点和右边剪辑的 In 点将以相同数量的帧进行改变。基本上讲，在 Timeline 上向前或者向后滑动剪辑会改变相邻剪辑的内容。剪辑的 In 点和 Out 点保持不变。序列的长度也不会发生改变。

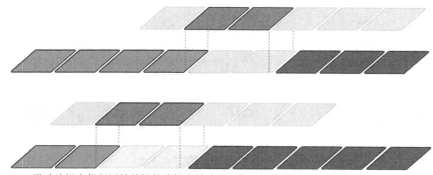

滑动编辑会保留原始剪辑的编辑点并改变相邻剪辑的 In 点和 Out 点。中间的剪辑不会更改时长或者显示的帧，而是会在序列中向前或者向后移动

1. 继续使用序列 12 Trimming Edits。
2. 选择 Slide 工具（U）。
3. 将 Slide 工具放置在中间剪辑上。
4. 向左或者向右拖动第二个剪辑。
5. 执行滑动编辑时注意观察 Program Monitor。

   顶部的两幅图像是 Clip B 的入点和出点，它们都没有改变。两幅较大的图像分别是相邻剪辑 Clip A 和 Clip C 的出点和入点。这些编辑点会随着你在那些相邻剪辑上滑动被选择的剪辑而改变。

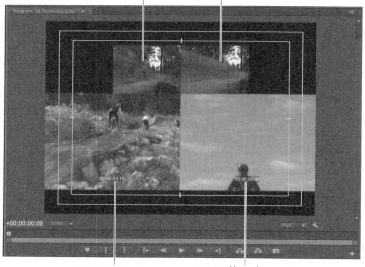

Clip B 的 In 点（未改变）　　Clip B 的 Out 点（未改变）

Clip A 的 Out 点　　Clip C 的 In 点

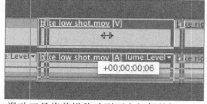

滑动工具将剪辑移动到两个相邻剪辑上方

8.7.4 滑行编辑

滑行编辑理解起来有一点难，可以将其简单理解成使剪辑滑行就位。当执行滑行编辑时，将更

改剪辑的可见部分。滑行编辑以相同的帧数向前或者向后更改剪辑的 In 点和 Out 点。使用 Slip 工具可以改变剪辑的开始帧和结尾帧，同时不会改变剪辑的时长，也不会对相邻剪辑产生任何影响。将改变剪辑的可见部分，序列的长度不会发生改变。

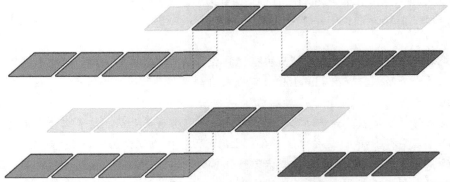

滑行编辑将更改所选剪辑的 In 点和 Out 点，同时保留相邻剪辑的编辑点。剪辑显示的帧将会发生改变

1. 继续使用序列 12 Trimming Edits。
2. 选择 Slip 工具（Y）。
3. 向左右拖动 Clip B（中间的剪辑 bike low shot.mov）。
4. 执行滑行编辑时注意观察 Program Monitor。

    顶部的两幅图像是 Clip A 和 Clip C 的入点和出点，它们都没有改变。两幅较大的图像分别是相邻剪辑 Clip B 的出点和入点。这些编辑点会随着你将 Clip B 滑行到 Clip A 和 Clip C 下方而发生改变。

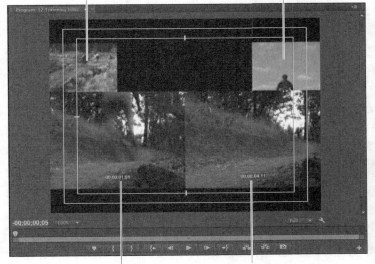

Clip A 的 Out 点（未改变）　　　　Clip C 的 In 点（未改变）

Clip B 的 In 点　　　　Clip B 的 Out 点

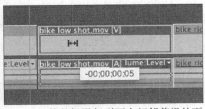

Slip 工具使剪辑滑行到两个相邻剪辑的下方。

8.8 在 Program Monitor 面板中裁剪

如果你希望在进行裁剪时获得较多的视觉反馈，那么可以使用 Program Monitor 面板中的 Trim 模式。这种方法允许你在进行处理的同时看到所裁剪的外向和内向的帧。

在 Program Monitor 面板中，你可以执行三种类型的裁剪。你已经在本课的前面学习了这三种方法。

- 常规裁剪：这是一种基本的裁剪类型，它会移动所选剪辑的边缘。这种裁剪类型只裁剪编辑点的一个面。它会在 Timeline 上向前或者向后移动所选的编辑点，但是不会改变任何其他的剪辑。

- 滚动裁剪：滚动裁剪会移动剪辑的末尾以及相邻剪辑的开头。这可以使我们对编辑点进行更改（需要有手柄）。这种方法不会产生间隙，序列的时长也不会发生改变。

- 波纹裁剪：如果你需要只延伸或者缩短编辑的一侧，那么可以使用波纹裁剪。这种方法将在时间上向前或者向后移动所选的编辑点缘边。编辑点后面的剪辑将会发生改变。

> **Fl** **注意**：在上一个版本的 Adobe Premiere Pro 中，可以通过选择 Windows > Trim Monitor 命令找到 Trim Monitor（裁剪监视器）面板。这是一个遗留功能，它无法精确地选择编辑点。在新版本中，这个功能已经被全新的 Trim 模式所取代，Trim 模式位于 Program Monitor 中。

8.8.1 使用 Program Monitor 中的 Trim 模式

使用 Trim 模式时，Program Monitor 会切换到一些按钮和控件上以提供更多的裁剪功能。要使用 Trim 模式，首先要将其激活。可以通过选择两个剪辑之间的编辑点来达到这一目的。存在以下三种方法。

- 使用选择或者裁剪工具，在 Timeline 上双击某个编辑点。

- 按 T 键移动到最近的编辑点并在 Program Monitor 面板的 Trim 模式下将其打开。

- 使用 Ripple 或者 Roll 工具，单击或者拖动创建矩形选择区域。围绕一个或者多个编辑点进行拖动对其进行选择并在 Program Monitor 的 Trim 模式下打开。

当被激活时，Trim 模式会显示两个视频剪辑。第一个框中显示的外向的剪辑（也称为 A 侧）帧。第二个框中显示的内向的剪辑（也称为 B 侧）帧。在这些帧的下方有 5 个按钮和两个指示器。

1. Out Shift（出点改变）计数器：显示 A 侧中 Out 点更改的帧数量。

2. Trim Backward Many（向后裁剪许多）：单击该选项时，会将所选择的裁切向左移动多个帧。移动的数量由 Preferences 中的 Trim Preferences（裁剪首选项）上的 Large Trim Offset（大范围裁剪补偿）决定。键盘快捷键为 Alt + Shift + 左箭头组合键（Windows）或者 Option + Shift + 左箭头组合键（Mac OS）。

3. Trim Backward（向后裁剪）：该选项会一次只处理所选裁剪的一帧并将其向左移动。键盘快捷键为 Alt + 左箭头（Windows）或者 Option + 左箭头（Mac OS）。

4. Apply Default Transitions to Selection（多所选对象应用默认切换）：该选项将对其编辑点处于选择状态的视频和音频轨道应用默认的切换特效（通常为溶解特效）。

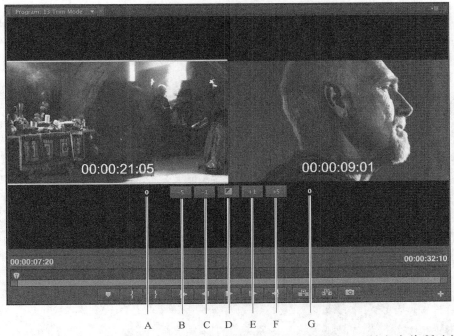

A　B　C　D　E　F　G

5. Trim Forward（向前裁剪）：该选项与 Trim Backward 相同，只是它会将所选择的编辑点向前移动（向右）。键盘快捷键为 Alt + 右箭头（Windows）或者 Option + 右箭头（Mac OS）。

6. Trim Forward Many（向前裁剪许多）：该选项与 Trim Backward Many 相同，只是它会向前移动多个帧。键盘快捷键为 Alt + Shift + 右箭头组合键（Windows）或者 Option + Shift + 右箭头组合键（Mac OS）。

7. In Shift（入点改变）计数器：显示 B 侧中 In 点更改的帧数量。

8.8.2　选择 Program Monitor 中的裁剪方法

现在，你已经了解了三种可以执行的裁剪方法（常规、滚动和波纹裁剪）。你可以在 Timeline 面板中对每一种方法进行尝试。大多数时候，使用 Trim 模式能够使处理过程变得更加简单，因为它提供了丰富的视觉回馈。

1. 在 Project 面板中，载入序列 13 Trim Mode。

2. 使用 Selection 工具，在 Timeline 上的剪辑 3 和剪辑 4 之间的编辑点上双击鼠标（此处存在一个标记以帮助你找到编辑点）。

3. 在 Program Monitor 中，慢慢拖动光标使其穿过 A 和 B 剪辑。

当你从左向右进行拖动时，会看到工具依次更新为 Trim Out（左侧）、Roll（中间）或者 Trim In

（右侧）。

4. 在两个剪辑之间拖动时，将执行滚动编辑。

右侧时间显示的读数应该为 00:00:09:16。

Fl | 注意：单击 A 或者 B 侧可以在被裁剪的方向之间进行切换。单击中间将切换到滚动编辑。

5. 按向下箭头键进入到下一个编辑。
6. 将裁剪方法更改为波纹编辑。

要更改裁剪方法，最容易的方式就是按键盘快捷键 Control + T（Windows）或者 Command + T（Mac OS）组合键在 Trim 模式中循环。按 combo 键一次可以循环到下一个快捷方式上。5 个选项会一直循环。当 Trim 工具显示为一个黄色滚轮时，说明你选择的是波纹编辑。

Pr | 提示：可以右键单击编辑点并从弹出菜单中选择裁剪类型。

7. 将内向的剪辑向右拖动 4 个帧以缩短编辑。

时间显示应该为 00:00:21:05。剪辑的其余部分将填充间隙，剪辑现在应该已经回到同步状态了。

Fl　注意：默认情况下所使用的裁剪类型看起来似乎是随机的，但其实不是。初始设置是由用于选择编辑的工具类型所决定的。如果你单击 Selection 工具，Adobe Premiere Pro 会选择常规的 Trim In 或者 Trim Out。如果使用 Ripple 工具单击，则会选择 Ripple In 或者 Ripple Out 工具。在以上两种情况下，循环滚轮将选择滚动裁剪类型。可以使用水平的蓝色高亮来确定使用哪种裁剪类型。

修饰键

存在许多可以定义裁剪选择的修饰键。

- 按住 Alt 键（Windows）或者 Option 键（Mac OS）并单击以暂时解除音频和视频之间的链接。这会使只选择剪辑中的音频或者视频部分变得更加容易。
- 按住 Shift 键选择多个编辑点。可以同时裁剪多个轨道，甚至是多个剪辑。
- 结合以上两种快捷方式可以执行更高级的裁剪选择。

8.8.3　动态裁剪

裁剪时通常需要找到合适的编辑节奏，而在序列实时播放时更容易达到这个目的。Adobe Premiere Pro 可以使你在序列实时播放时通过使用键盘快捷键或者按钮来更新剪辑。

1. 继续使用序列 13 Trim Mode。

2. 按向下箭头键两次移动到下一个编辑点。将裁剪类型设置为滚动。你可以使用快捷组合键 Control + T（Windows）或者 Control+ T（Mac OS）（原书似乎错误，应该是 Command +T，译者注）循环裁剪模式。

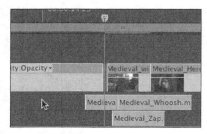

在编辑点之间进行切换时，仍然可以处于 Trim 模式。而使用向上箭头键可以切换到上一个编辑模式中。

3. 按空格键循环播放。

序列开始播放。在播放之前和之后，你可以看到几秒钟的剪辑循环。这能够帮助你感觉一下要编辑的内容。

> **FI** 注意：要设置开始之前和开始之后的时间，可以打开 Preferences 并选择 Playback 目录。你可以以秒为单位设置时长，大多数编辑人员发现使用 2 到 5 秒的时长最有用。

4. 尝试使用你已经掌握的方法对裁剪进行调整。

Trim 模式视图下方的 Trim Forward 和 Trim Backward 按钮能够获得很好的效果，也可以在

剪辑播放时对其进行编辑。与此同时,我们来尝试使用键盘快捷键获得更多的动态控制。用于控制播放的 J、K、L 播放键也可以用来控制裁剪。

5. 按 Stop 停止播放循环。
6. 按 L 键向右进行裁剪。
   按一次即可实现实时裁剪。可以多按几次提高裁剪的速度。
7. 按 K 键停止裁剪。

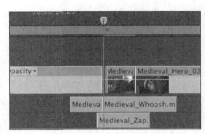

我们来向前进行一些裁剪。

8. 按住 K 键并按 J 键会以慢动作形式向左导像。
9. 释放两个键可停止裁剪。
10. 要退出 Trim 模式,可以单击 Program Monitor 的传输控制区域的按钮(播放 / 后退按钮),或者在 Timeline 面板上进行拖动操作。

8.8.4 使用键盘进行裁剪

下表中列出了剪辑时最常使用的键盘快捷键。

表 8.1　在 Timeline 中剪辑

MAC	WINDOWS
向后裁剪: Option + 左箭头	向后裁剪: Alt + 左箭头
向后裁剪许多: Option + Shift + 左箭头	向后裁剪许多: Alt + Shift + 左箭头
向前裁剪: Option + 右箭头	向前裁剪: Alt + 右箭头
向前裁剪许多: Option + Shift+ 右箭头	向前裁剪许多: Alt + Shift+ 右箭头

MAC	WINDOWS
将所选剪辑部分向左滑动 5 帧： Option + Shift+ ,（逗号）	将所选剪辑部分向左滑动 5 帧： Alt + Shift+ ,（逗号）
将所选剪辑部分向左滑动 1 帧： Option +,（逗号）	将所选剪辑部分向左滑动 1 帧： Alt +,（逗号）
将所选剪辑部分向右滑动 5 帧： Option + Shift+ .（实心句号）	将所选剪辑部分向右滑动 5 帧： Alt + Shift+ .（实心句号）
将所选剪辑部分向右滑动 1 帧： Option + .（实心句号）	将所选剪辑部分向右滑动 1 帧： Alt + .（实心句号）
将所选剪辑部分向左滑行 5 帧： Command+ Option + Shift+ 左箭头	将所选剪辑部分向左滑行 5 帧： Control+ Alt + Shift+ 左箭头
将所选剪辑部分向左滑行 1 帧： Command+ Option + 左箭头	将所选剪辑部分向左滑行 1 帧： Control+ Alt + 左箭头
将所选剪辑部分向右滑行 5 帧： Command+ Option + Shift+ 右箭头	将所选剪辑部分向右滑行 5 帧： Control+ Alt + Shift+ 右箭头
将所选剪辑部分向右滑行 1 帧： Command+ Option + 右箭头	将所选剪辑部分向右滑行 1 帧： Control+ Alt + 右箭头

复习题

1. 将剪辑的速度修改为 50% 对剪辑长度有什么影响？
2. 什么工具用于拉伸剪辑时间以填充间隙？
3. 可以在时间线上直接进行时间重映射修改吗？
4. 如何创建从慢动作到正常速度平滑过渡？
5. 滑动编辑和滑行编辑之间的基本区别是什么？
6. Replace Clip 和 Replace Footage 之间的区别是什么？

复习题答案

1. 降低剪辑的速度导致剪辑变长，除非在 Clip Speed/Duration 对话框内解除 Speed 和 Duration 参数之间的链接，或者剪辑受另一段剪辑所限制。
2. Rate Stretch 工具常在需要填充小段时间时使用。
3. 时间重映射最好在 Timeline 上实现；因为它影响时间，所以最好（也最容易）在 Timeline 序列上使用和观察它。
4. 添加速度关键帧，拖动关键帧的一半拆分它，在两种速度之间创建过渡。
5. 将剪辑滑动到相邻剪辑上面时，会保留所选剪辑原始的 In 点和 Out 点。将剪辑滑行到相邻剪辑的下方时，会改变所选剪辑的 In 点和 Out 点。
6. Replace Clip 会使用 Project 面板中的新剪辑替换 Timeline 上单个的目标剪辑。Replace Footage 会使用一个新的源剪辑替换 Project 面板中的剪辑。项目序列中的任何剪辑实例都将被替换。在这两种情况下，被置换剪辑的特效都将被保留下来。

第 **9** 课　创建剪辑的运动特效

课程概述

在本课中，你将学习以下内容：

- 调整剪辑的 Motion（运动）特效；
- 更改剪辑尺寸，添加旋转效果；
- 调整锚点以定义旋转；
- 使用关键帧插值；
- 使用阴影和斜面边缘增强运动效果。

本课的学习大约需要 50 分钟。

　　Motion 固定特效可以为整个剪辑添加运动效果。可以用于在帧范围内定义视频剪辑的尺寸并对其进行重新定位。你可以使用关键帧创建对象的位置动画，通过控制各值之间的插值增强动画效果。

9.1 开始

你经常可以在视频中看到各种各样的运动特效。也许会看到视频剪辑飞到其他图像上，或剪辑在屏幕上旋转，开始是一个小点，然后逐渐扩展到全屏大小，或者视频剪辑逐渐变小并最后被其他剪辑所取代。在 Adobe Premiere Pro CS6 中，你也可以通过使用 Motion 固定特效或者几个基于特效的运动设置来创建这样（或者更多）的特效。

可以使用 Motion 特效在视频帧内定位、旋转或缩放剪辑。这些调整可以通过以下方法直接在 Program Monitor 中实现：拖动修改其位置，或拖动和旋转其手柄，来改变其尺寸、形状或方向。

也可以在 Effect Controls 面板中调整 Motion 参数，用关键帧和 Bezier 控制对剪辑做动画处理。关键帧可以将对象定义在时间上的某个具体点上。如果使用两个（或者更多）的关键帧，那么可以在各个帧之间引入动画。

9.2 调整 Motion 特效

每次将剪辑添加到 Adobe Premiere Pro 的 Timeline 上时，Motion（运动）特效都会自动应用固定特效。你可以使用 Effect Controls 面板来控制该特效。你会在这个面板中看到一些 Motion 特效属性（只需单击 Motion 特效名称旁边的小三角形即可）。

你可以使用 Motion 特效调整剪辑的位置、比例以及旋转效果。进而可以对屏幕上的帧进行调整。接下来我们来探索一下该特效是如何对剪辑进行重新定位的。

1. 打开 Lesson 09 文件夹中的 Lesson-09.prporj。
2. 选择 Windows>Workspace>Effects 命令，切换到 Effects 工作区。
3. 找到序列 01 Floating。该序列应该已经被载入了，如果没有，双击载入该序列。

   确保调整 Program Monitor 的尺寸以便可以看到整个动作过程。

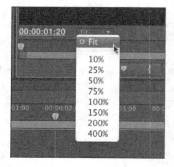

4. 打开 Program Monitor 内的 Select Zoom Level（选择缩放级别）菜单，将缩放级别设置为 Fit（适合）。

   这有助于观察和使用 Motion 特效的边界框。
5. 播放 Timeline 内的这段剪辑。

   该剪辑的 Position（位置）、Scale（缩放）和 Rotation（旋转）属性已经被修改了。也使用了关键帧和插值。

9.2.1 理解 Motion 设置

自动应用 Motion 特效时，剪辑不会默认进行动画。它会以 100% 的原始尺寸显示在 Program Monitor 的中央。尽管如此，你可以选择调整以下属性：

- Position（位置）：该属性用于设置剪辑在 x 轴和 y 轴上的位置（基于它的锚点）。坐标是基于左上角的像素位置计算出来的。

- Scale（缩放。Scale Height，缩放高度，当取消选择 Uniform Scale（统一缩放）时才可用）：默认情况下，剪辑会被设置为完全尺寸（100%）。要缩小剪辑，可以将数值减小到 0。但是你可以将尺寸增大到 600%，这时图像将会变得像素化并且很柔和。
- Scale Width（缩放宽度）：需要取消选择 Uniform Scale，才能使用 Scale Width。这样可以独立地改变剪辑的宽度和高度。
- Rotation（旋转）：可以将图像沿 Z 轴进行旋转。这将会产生平旋效果（就像从上方俯视一个旋转的物体或者旋转木马一样）。我们可以输入旋转的度数和数值，例如 450° 或 1x90。正数代表顺时针方向，负数代表逆时针方向。两个方向上允许旋转的最大数值都是 90，也就是说在正负两个最大范围内可以将剪辑旋转 180°。

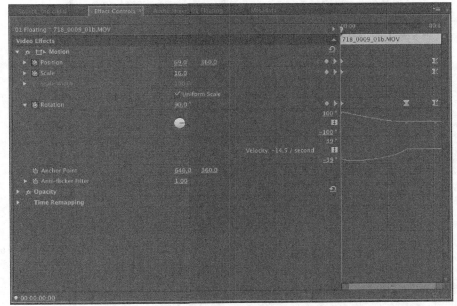

- Anchor Point（锚点）：默认情况下，Anchor Point 是剪辑的中心。但是可以对其进行更改使对象围绕任意点进行缩放或者旋转。

  可以将剪辑的旋转中心设置为屏幕上的任意点，包括剪辑的一角，或者是剪辑外的点，如绳子末端的球。

  移动锚点时，必须重新定义剪辑的位置以便对出现的偏移进行更正。

- Anti-flicker Filter（消除闪烁滤镜）：这个功能对具有丰富高频细节（如很细的线、锐利的边缘、平行线（波纹问题）或旋转）的图像特别有用。这些细节会导致在运动时出现闪烁现象。默认设置（0.00）不添加模糊，对闪烁没有任何影响。要添加一些模糊，消除闪烁，将参数改为 1.00。

我们来近距离观察一下动画的剪辑。

1. 继续使用序列 01 Floating。
2. 单击 Timeline 上唯一的剪辑，确保其处于被选中状态。

3. 在与 Source Monitor 相同的框中，找到 Effect Controls 选项卡并单击使其变得可见。

4. 单击 Effect Controls 面板中单击 Motion 的展开小三角形，显示出其参数。

5. 单击 Show/Hide Timeline View（显示 / 隐藏时间线视图），显示或者隐藏使用中的关键帧。

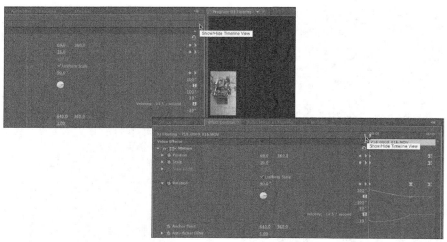

6. 单击 Go to Previous Keyframe（移动到上一个关键这帧）或者 Go to Next Keyframe（移动到下一个关键帧）箭头可以在应用到剪辑上的关键帧之间跳跃。

> FI | 注意：使用鼠标精确选择关键帧非常困难。使用上一个 / 下一个关键帧按钮可以防止添加不需要的关键帧。

现在，你已经了解了如何查看动画。我们预设一个剪辑，在本章的后面我们将从零开始创建动画。

7. 单击 Position 的 Toggle Animation（切换动画）关键帧记录器图标，关闭其关键帧。

8. 当提示该操作将删除所有关键帧时，请单击 OK 按钮。

9. 对 Scale 和 Rotation 属性重复步骤 7 和步骤 8。

10. 单击 Reset 按钮（位于 Effect Controls 面板内 Motion 的右边）。
    这些操作将把 Motion 恢复其到默认设置。

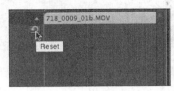

9.2.2 检查 Motion 属性

Position、Scale 和 Rotation 属性都具有空间属性，这意味着任何你所做的更改都可以轻松被看见，因为对象的尺寸和位置将会发生改变。这些属性可以通过输入数值，可变文本或者使用 Transform（变换）控制进行调整。

要检查某些 Motion 设置，请执行以下步骤：

1. 在 Project 面板中双击序列 02 Motion 将其载入。

2. 在 Program Monitor 中打开 Select Zoom Level 菜单，确保缩放级别被设置为 25%（或者使缩放量达到可以看到框架周围的区域）。
   这样，当你拖动剪辑时，更容易看到边界框。

3. 在剪辑中随意拖动播放头，你可以在 Program Monitor 中看到视频。

4. 在 Timeline 上单击剪辑使其处于被选中状态并且在 Effect Controls 中是可见的。
   如果需要，单击小三角打开 Motion 属性。

5. 在 Effect Control 面板中单击 Transform 按钮（位于 Motion 旁边）。

在 Program 面板中的剪辑周围会出现一个带十字准线和手柄的边界框。

> **Fl** 注意：部分特效中提供了 Transform 按钮，可以使用该按钮直接进行操控。请务必体验一下 Corner Pin（角定位）、Crop（裁切）、Garbage Matte（垃圾蒙版）和 Twirl（旋转）选项。

6. 单击 Program Monitor 中剪辑边界框的任意位置，四处拖动剪辑。

注意：Effect Controls 面板中的 Position 数值是如何更改的。

7. 拖动剪辑使剪辑的中心位于屏幕的左上角，注意观察 Effect Controls 面板中的 Position 数值应该是 0,0（或者近似值，由剪辑中心所在的位置决定）。

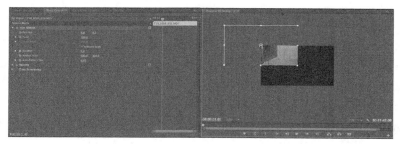

屏幕的右下角应该是 1280,720——项目中使用的 720p 序列设置的帧尺寸。

8. 单击 Reset 按钮将剪辑重新存储在其默认的位置。

9. 单击并拖动 Rotation 属性的金色文本。向左或者向右拖动旋转对象。

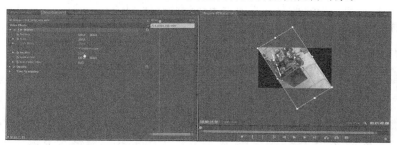

10. 单击 Reset 按钮将剪辑重新存储在其默认的位置。

> **Fl** 注意：Adobe Premiere Pro 针对屏幕位置使用的是一个颠倒的 x,y 坐标系统。该坐标系统基于 Windows 中所使用的方法。屏幕的左上角是 0,0。所有 x 和 y 值，位于该点左侧和上方的为负值，位于右侧和下方的为正值。

9.3 更改剪辑的位置、尺寸和旋转

剪辑仅仅使用了 Motion 特效的一小部分功能。Motion 最有用的功能是缩放和旋转剪辑。在这个示例中，我们将为一张 DVD 创建一个简单的幕后花絮。

1. 在 Project 面板中双击序列 03 Montage 将其载入。

   该序列中包含几个轨道，其中一些轨道现在还不可用，我们将在本章后面使用这些轨道。

2. 将播放头移动到序列的起点。

3. 打开 Program Monitor 中的 Select Zoom Level 菜单，确保将缩放级别设置为 Fit。

4. 选择位于轨道 Video 3 上的第一个剪辑。

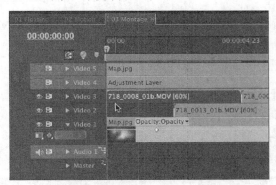

   剪辑的控件载入到了 Effects Control 面板中。

5. 在 Effect Controls 面板中，单击 Position 的 "Toggle animation（切换动画）" 按钮激活 Position 属性的关键帧功能。

6. 为 x 轴输入数值 -640 作为起始位置。

   剪辑将向左移动。

7. 将播放头拖动到剪辑的末尾（00:00:4:23）。你可以在 Timeline 面板或者 Effect Controls 面板中执行该操作。

8. 为 x 轴输入一个新的位置数值。使用 1920 将剪辑推向屏幕的右侧边缘。

9. 播放序列并查看剪辑的移动效果。

   剪辑会从屏幕左侧悬浮到屏幕的右侧。你会看到较低轨道上的一个剪辑会突然弹出来。我们将创建该图层以及其他图层的动画。

9.3.1 重复使用 Motion 设置

对一个剪辑应用了关键帧和特效之后，可以对其他剪辑重复使用这些关键帧和特效以节省时间。在其他剪辑上重复使用特效很容易，就像复制和粘贴操作那样。在这个示例中，我们将对项目中的其他剪辑应用相同的从左到右的浮动动画。

要重复使用特效，存在几种方法，我们现在来尝试其中的一种。

1. 在 Timeline 面板中，选择想要创建动画的剪辑。应该选择的是 Video 3 上的第一个剪辑。
2. 选择 Edit>Copy 命令。

   剪辑的属性现在已经在计算机的剪辑板上了。

> **FI** 注意：作为选择 Timeline 上的剪辑的替换方法，可以在 Effect Controls 面板中选择一个或者多个特效。只需选择你想复制的第一个特效，然后按住 Shift 键并单击可选择更多的特效。

3. 使用 Selection 工具（V），从左向右拖动 Video 2 和 Video 3 轨道上的其他 5 个剪辑将其激活。

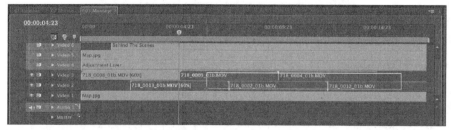

4. 对存储在计算机剪辑板上的特效和关键帧选择 Edit>Paste Attribute（粘贴属性）命令。
5. 播放序列查看当前的工作成果。

9.3.2 添加旋转和改变锚点

有时需要在屏幕上移动各个项目，甚至可以通过控制两个不同的属性来创建项目的动画效果。Rotation 属性可以使项目绕 z 轴旋转。默认情况下，它将围绕对象的中央进行旋转，即它的锚点。但是我们可以移动这个点来创建新的特效。

现在，我们来为剪辑添加一些旋转特效。

1. 开启 Video 6 的可视图标，其中包含一个名为 Behind the Scenes 的字幕。

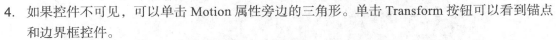

2. 将播放头移动到字幕的开始处（00:00:01:13）。

3. 在 Timeline 上选择该字幕。
   它的控件将会出现在 Effect Controls 面板中。

4. 如果控件不可见，可以单击 Motion 属性旁边的三角形。单击 Transform 按钮可以看到锚点和边界框控件。
   现在，我们仅调整 Rotation 属性，查看它的特效。

5. 在 Rotation 字段框中输入数值 90.0°。
   字幕将在屏幕的中央进行旋转。

6. 选择 Edit>Undo 命令，这样可以对动画重新进行定义。

7. 使用方法可擦洗文本（scrubbable text），调整锚点使十字准线位于第一个单词中的字母 B 的上方。

   文本也会在屏幕上移动。使用 155.0 和 170.0 左右的数值可以获得不错的效果。

8. 在 Program Monitor 中，单击字幕并将其拖动到屏幕的中央。可以使用边界框作为参考以帮助你对项目进行定位。
   同样，使用数值 155.0 和 170.0 可以使项目居中。

9. 单击 Rotation 属性的时间记录器按钮切换动画。

10. 在剪辑的开始处，为 90.0 度添加一个关键帧。

11. 将播放头移动到 6:00 处并添加第二个关键帧。

12. 将旋转设置为 0.0。

13. 播放序列查看动画效果。

9.3.3　更改尺寸

要改变 Adobe Premiere Pro 序列中项目的尺寸，你会发现存在几种方法。默认情况下，添加到序列中的项目是 100% 的原始尺寸。但是，可以手动对其进行调整，或者让 Adobe Premiere Pro 来完成。

以下是三种可供选择的方法。

- 在 Effect Controls 面板中使用 Motion 特效的 Scale 属性。
- 右键单击（Windows）或者 Control+ 单击（Mac OS）某个项目并选择 Scale To Frame Size（按尺寸缩放）命令（如果剪辑的帧尺寸与序列不同）。
- 使用全局首选项自动进行缩放。选择 Edit > Preferences>General（Windows）命令或者 Premiere Pro > Preferences > General（Mac OS）命令。然后选择 Default Scale To Frame Size（默认按帧尺寸缩放）选项并单击 OK 按钮。

为了获得最大的灵活性，仅使用第一种方法就可以获得所需要的缩放效果，同时不会导致质量的丢失。我们来试一下这种方法。

1. 在 Timeline 上选择剪辑 Behind The Scene，将播放头移动到剪辑的起始处。
2. 单击 Scale 属性的时间记录器按钮切换动画。
3. 输入数值 0%，项目在开始时非常小。

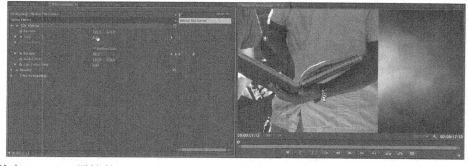

4. 单击 Rotation 属性的 Go to Next Keyframe 箭头。

   这能够精确移动播放头，我们可以对动画执行同步操作。

5. 为 Scale 属性输入数值 100%。

"Toggle animation"属性被启用之后，Adobe Premiere Pro 会自动添加一个新的关键帧。

6. 开启 Video 4 轨道。

这是一个对所有素材应用全局特效的调整图层。在这个示例中，应用了 Black（黑）和 White（白）特效删除每个剪辑中的饱和度。本书第 13 章"添加视频特效"中将会详细介绍调整图层。

7. 开启 Video 5 轨道。

这是一个设置为 Overlay（叠加）混合模式的着色纹理图层。混合模式能够使你将多个图层中的内容混合到一起。本书第 15 章"探索合成技巧"中将会介绍更多有关模式的内容。

8. 播放序列，查看动画效果。

9.4 使用关键帧插值

在本章中，我们已经使用关键帧定义动画了。术语"关键帧（keyframe）"是由传统动画创作中衍生出来的。在传统动画创作中，首席艺术家绘制动画中关键的帧（或者称为主要动作），然后助理动画师负责创建关键帧之间的帧（这个过程通常称为"补间动画 [tweening]"）。使用 Adobe Premiere Pro 创建动画时，你自己就是首席动画师，计算机负责完成其他的工作，它会在你设计的关键帧之间插入数值。

9.4.1 关键帧插值方法

尽管我们已经使用关键帧创建了动画，但是这只是对它强大的功能做了一个简单的了解。在使用关键帧的功能时，最有用的是使用它们的插值方法。简单说，就是如何从 A 点移动到 B 点。可以将其想象成运动员从起跑线上迅速起跑并在穿过终点线后逐渐减速的情形。

时间插值与空间插值

有些属性和特效会提供时间插值个空间插值方法以便在关键帧之间实现切换。所有属性都具有时间控制（与时间相关的）。有些属性还会提供空间插值（与空间或者移动相关）。下面是对每种方法的基本描述：

- 时间插值：时间插值用于处理时间上的改变。它可以决定对象穿过运动路径时的速度。例如，可以使用 Ease（缓入缓出）或者 Bezier（贝塞尔）关键帧加速或者减速运动路径。
- 空间插值：空间插值通常用于处理对象形状上的变化。它可以控制运动路径的形状。例如，可以使带尖角的对象在关键帧之间进行跳跃运动，或者使圆角对象进行缓坡运动。

Adobe Premiere Pro 具有 5 种可控制插值过程的方法。使用不同的方法可以创建不同的动画效果。右键单击关键帧就可以轻松访问每种可用的插值方法。你会看到列出的 5 个选项（有些特效同时提供空间和时间目录）。

可以通过形状来识别关键帧（从左至右）：Linear（线性）、Bezier（贝塞尔）、Auto Bezier（自动贝塞尔）、Continuous Bezier（连续贝塞尔）和 Hold（保持）插值。

- Linear 插值：这是默认关键帧插值方法。它会在关键帧之间创建一致的变化速率。由于软件会计算中间值或者每个关键帧，而 Timeline 上其他使用的帧会被忽略，因此这种方法看上去有一点机械。使用线性插值时，第一个关键帧会迅速改变并以相同的速度过渡到下一个关键帧。在第二个关键帧上，变化速率会立即切换到它与第三个关键帧之间的速率。

- Bezier 插值：如果想获得对关键帧插值最大的控制，可以选择 Bezier 插值方法。该选项提供手动控制，因此可以在关键帧两侧调整数值图形的形状或者运动路径。如果对一个图层上的所有关键帧使用 Bezier 插值，可以在各个关键帧之间创建平滑的切换效果。

- Auto Bezier 插值：该选项能够在关键帧中创建平滑的变化速率并且当你改变数值时会自动执行更新。对于定义位置的空间关键帧来说，该选项能够获得最佳的效果，同时，也可以对其他的数值使用这个选项。

- Continuous Bezier 插值：该选项与 Auto Bezier 选项类似，但是它同时还提供相同的手动控制。运动或者数值路径具有平滑的切换效果，但是你可以使用控制手柄调整关键帧两侧的 Bezier 曲线的形状。

- Hold 插值：这是一个附加的插值方法，它只能用于时间属性（基于时间的属性）。这种风格的关键帧允许关键帧一直保持它的值而不进行逐渐切换。如果你想要创建断开的移动或者使对象突然消失不见，这种方法很有用。使用这种方法时，第一个关键帧的数值将会一直保持，直到下一个保持关键帧被计算进来为止，然后数值会立即发生改变。

9.4.2　为运动添加缓入缓出特效

要使剪辑的运动给人一种很缓慢的感觉，一个快速的方法就是使用 Ease（缓入缓出）预设。例如，你可以创建速度不断上升的特效。通过右键单击关键帧，可以选择 Ease In（缓入）或者 Ease Out（缓出）选项。Ease In 选项用于接近关键帧，而 Ease Out 用于离开关键帧位置。

1. 继续使用前面的序列，或者双击以在 Project 面板中载入 04 Montage Complete。
2. 选择轨道 Video 6 上的剪辑 Behind The Scenes。
3. 在 Effect Control 面板中，找到 Rotation 和 Scale 属性。
4. 单击 Scale 和 Rotation 属性旁边的显示三角显示控制手柄和速率图形。

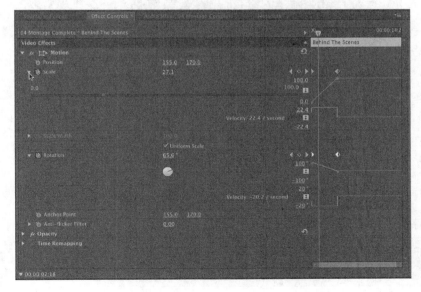

这些操作能够使查看关键帧插值的效果变得更加容易。直线意味着速度或者加速度没有发生改变。

5. 右键单击第一个 Scale 关键帧并选择 Ease Out，因为我们正离开关键帧以便开始执行动画。

6. 对 Rotation 属性的第一个关键帧重复以上步骤。使用 Ease Out 方法。

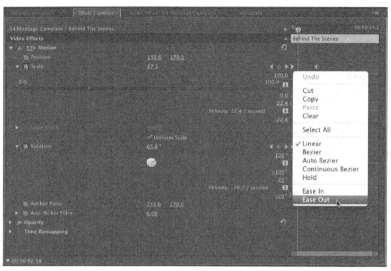

7. 仔细观察速率图形并查看逐渐发生的变化。

8. 对于下两个关键帧，右键单击并为 Scale 和 Rotation 选择 Ease In 方法。

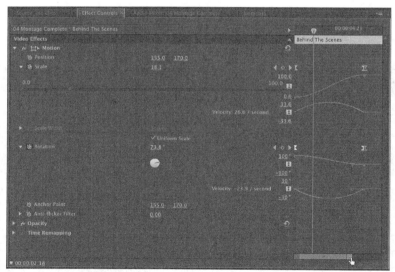

9. 播放序列，查看动画效果。

> **Pr** | 提示：如果想创建缓慢的运动（例如火箭升空），可以尝试使用 Ease。右键单击关键帧，选择 Ease In 或者 Ease Out（分别针对接近关键帧和离开关键帧）。

10. 体验一下在 Effect Controls 面板中拖动 Bezier 手柄，查看速度上的效果。

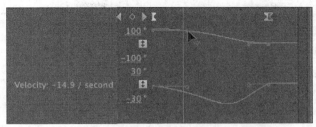

你创建的曲线越陡峭，说明动画中的移动或者速度增加得越快。体验之后，如果不喜欢这些更改，可以选择 Edit> Undo 选项。

9.5 使用其他运动相关的特效

Adobe Premiere Pro 还提供了其他很多用于控制运动的特效。Motion 特效时最为直观，但是你有时候也想进一步增强这种特效。在这种情况下，可以使用倾斜的边缘或者投射阴影效果。此外，Transform（变换）和 Basic 3D（基本三维）特效也能够获得更多对对象的控制（包括三维旋转）。

9.5.1 添加投影

投影通过在对象后面添加较小的阴影来创建透视效果。这种方法通常用于创建各个元素之间的距离感。要添加投影，请执行以下步骤：

1. 继续使用前面的序列，或者双击在 Project 面板中载入 05 Enhance。
2. 在 Program Monitor 中打开 Select Zoom Level 菜单，将缩放级别更改为 Fit。
3. 选择轨道 Video 6 上的剪辑 Behind The Scenes。
4. 在 Effects 面板中，选择 Video Effects（视频特效）> Perspective（透视）命令，将 Drop Shadow（投影）特效拖动到顶层剪辑上。

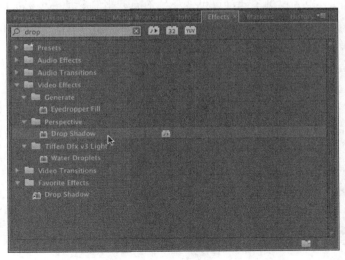

5. 在 Effect Controls 面板中，单击 Motion 特效旁边的三角形以便看到 Drop Shadow 选项。
6. 按照下面的步骤体验一下 Effect Controls 面板中的 Drop Shadow 参数：
   - 将 Distance（距离）修改为 15 以便使阴影离剪辑更远一些。
   - 将 Direction（方向）值拖动到 320°，查看阴影角度的变化。
   - 将 Opacity（不透明度）修改为 85%，使阴影变暗。
   - 将 Softness（柔和度）设置为 25，使投影边缘变柔和。通常，Distance 参数越大，应用的 Softness 值也应该越大。

> **Fl** 注意：如果你想使阴影远离任何可以感知的光源，可以将倾斜边缘的灯光方向设置为 320°。要使阴影远离某个具体的光源，可以从光源方向上增加或者减少 180° 以便获得正确的阴影投射方向。

7. 播放序列，查看动画效果。

9.5.2 添加斜面

另一种能够增强剪辑边缘效果的方法是添加斜面。这种类型的特效对于画中画特效或者文本非常有用。Adobe Premiere Pro 提供了两种可供选择的斜面。当对象是一个标准的视频剪辑时，Bevel Edges（斜面边缘）特效很有用。而对于文本或者 Logo 来说，Bevel Alpha 能够获得较好的效果，因为它能够在应用倾斜的边缘之前对复杂的透明区域进行探测。

我们进一步增强风格。

1. 继续使用前面的序列 05 Enhance。
2. 选择轨道 Video 6 上的剪辑 Behind The Scenes。
3. 选择 Video Effects> Perspective 命令，将 Bevel Alpha 特效拖动到顶层剪辑上。
   文本的边缘将会出现略微的倾斜。
4. 将 Edge Thickness（边缘厚度）增加到 10，使边缘效果更加明显。
5. 将 Light Intensity（光照强度）增加到 0.8，增加边缘特效的亮度。
   特效看上去很好，但是现在它同时被应用到了文本和投影上。这是因为该特效在 Effect Controls 面板中位于投影的下方（堆栈顺序问题）。

| FI | 注意：相对于 Bevel Alpha 来说，Bevel Edges 生成的边缘会更锐利一些。对于矩形剪辑来说，这两种特效都能够获得很好的效果，但是 Bevel Alpha 更加适合用于文本和 Logo 上。 |

6. 将特效拖动到 Drop Shadow 的上方以改变渲染顺序。

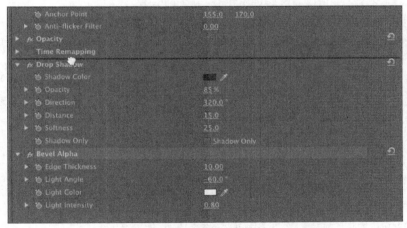

7. 将 Edge Thickness（边缘厚度）的量减少到 8。

8. 检查斜面上细微的差别。

注意：当对剪辑应用多个特效时，如果没有获得自己想要的外观，可以四处拖动以改变顺序并查看是否能够生成自己想要的结果。

9. 播放序列，查看动画效果。

9.5.3 变换

Transform（变换）是一个可以替代 Motion 操作的特效。这两种特效提供相同的控制。Transform 和 Motion 之间存在三个主要区别。Transform 能够在对其他标准特效进行渲染之前，先对任何与剪辑的锚点、位置、缩放或者不透明度有关的更改进行处理。这意味着一些元素（如投影和斜面）将会有不同的行为方式。Transform 特效还会添加倾斜和倾斜轴属性以创建可视的剪辑角变换效果。最后，Transform 特效并不是 Mercury Engine 加速特效，因此需要更长的处理时间，也不能提供很多实时播放性能。

我们现在通过检查一个预构建的序列来比较一些这两种特效。

1. 在 Project 面板中，找到序列 06 Motion and Transform 并双击载入。

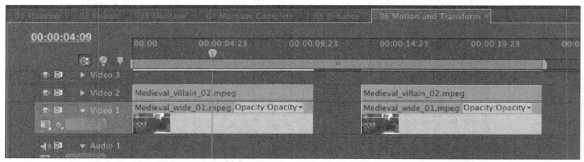

2. 播放序列并观看几次。

   两组视频中，画中画从左向右移动时，都会在背景剪辑上旋转两周。请仔细观察阴影与每对剪辑的关系。

   • 在左侧的剪辑中，阴影跟随 PIP 的底边，因此在旋转时阴影出现在剪辑的所有四个侧面，这显然不逼真，因为光源产生阴影，而光源没有移动。

   • 在右侧的剪辑中，阴影保持在 PIP 的右下角，这显得很逼真。

3. 单击左侧那组剪辑中位于顶部的剪辑，查看 Effect Controls 面板中应用的特效：Motion 固定特效和 Drop Shadow 特效。

4. 现在对右侧那对剪辑进行同样操作，你将看到 Transform 特效产生运动效果，Drop Shadow特效又产生出阴影。

   从两组屏幕的比较可以看出，Transform 特效具有许多和 Motion 固定特效功能相同的参数，但同时增加了 Skew（倾斜）、Skew Axis（倾斜轴点）和 Shutter Angle（快门角度）参数。正如刚才所看到的，Transform 特效与 Drop Shadow 特效的配合将比采用 Motion 固定特效效果更逼真。

5. 观察两组剪辑上方的渲染条，如果你的系统具有与 Mercury Engine 兼容的图形卡，则会发现左侧的渲染条是黄色的，而右侧的渲染条是红的。

这表明 Motion 特效支持 GPU 加速功能，这将使预览和渲染更加高效。而 Transform 特效不支持该功能。

9.5.4　Basic 3D

另一个可以创建移动效果的选项是 Basic 3D 特效，该特效可以在三维空间中操控剪辑。基本上讲，你可以绕水平和垂直方向的轴旋转图像，也可以使图像向前或者向后移动。你还会发现一个能够启用镜面高光（specular highlight）的选项，可以创建光线从旋转的表面反射的效果。

我们来使用一个预构建的序列体验探索一下这个特效。

1. 在 Project 面板中，找到序列 07 Basic 3D 并双击载入。
2. 拖动序列的播放头，快速查看其中的内容。

跟随运动的光线被称为镜面高光，镜面高光总是从上方和后面投射到观赏者的左侧。因为光线来自于上方，因此只有当图像向后倾斜捕捉到反射光时，你才能看到该特效。镜面高光能够增强三维特效的真实感。

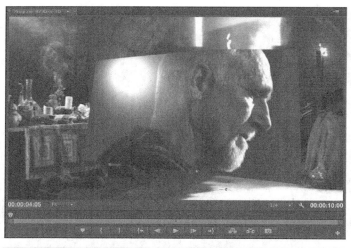

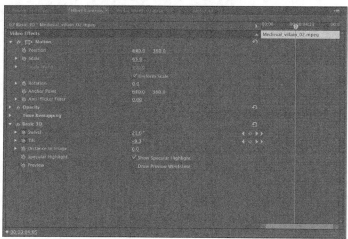

存在以下 4 个可以增强 Basic 3D 特效的主要属性：

- Swivel（旋转）：该属性用于控制围绕垂直的 y 轴上的旋转。如果旋转超过 90°，图像的后面将会被渲染，成为图像前面的镜像图像。
- Tilt（倾斜）：该属性用于控制围绕水平的 x 轴上的旋转。如果旋转超过 90°，图像的后面将是可见的。
- Distance to Image（图像距离）：该属性可以使图像沿 z 轴移动并模拟深度效果。距离值变得越大，图像移动的距离就越远。
- Specular Highlight（镜面高光）：该属性会添加从旋转的图像表面反射的亮光，就好像来自上方的光照在表面上一样。可以开启或者关闭该选项。

FI | 注意：Basic 3D 不仅能够提供 GPU 加速，还能够在两个方向上旋转和倾斜。

3. 体验各种可用的创建特效的选项，修改任意关键帧以查看所产生的变化。

复习题

1. 哪个 Motion 参数可以移动剪辑？

2. 如果想让剪辑满屏显示几秒钟后旋转消失，如何使 Motion 特效的 Rotation 功能从剪辑内启动，而不是在起始处启动？

3. 如何使对象开始慢慢旋转，再慢慢停止旋转？

4. 如果想要为一个剪辑添加投影，除了 Motion 固定特效外，为什么还需要使用其他运动相关的特效？

复习题答案

1. Motion 参数允许你为剪辑设置一个新的位置。使用关键帧时，会创建该特效的动画。

2. 将播放头定位到想要旋转开始的地方，单击 Add/Remove Keyframe 按钮。然后移动到想要旋转结束的地方，并修改 Rotation 参数，此时就会出现另一个关键帧。

3. 使用 Ease Out 和 Ease In 参数改变关键帧插值，让它们开始慢慢旋转，而不是突然旋转。

4. Motion 固定特效是应用到剪辑的最后一个特效。Motion 使在它之前应用的所有特效（包括 Drop Shadow）生效，将它们和剪辑作为一个整体进行旋转。要在旋转的对象上创建逼真的投影效果，请使用 Transform 或 Basic 3D 特效，然后在 Effect Controls 面板中将 Drop Shadow 放置在这些特效之一的下方。

第10课 多摄像机编辑

课程概述

在本课中，你将学习以下内容：

- 使用同步点同步剪辑；
- 向序列中添加剪辑；
- 创建多摄像机目标序列；
- 在多摄像机之间切换；
- 记录多摄像机编辑；
- 完成多摄像机编辑项目。

本课的学习大约需要 45 分钟。

多摄像机编辑的过程以同步多个摄像机角度开始。可以使用时间码或者普通的同步点（例如影音对号板合闭或者击掌的时刻）来完成这种操作。剪辑同步之后，可以使用 Adobe Premiere Pro CS6 在多个角度上进行无缝裁切。

10.1 开始

在本章中，你将学习如何将同一时间拍摄的多角度素材编辑到一起。由于剪辑是在同一个时间拍摄的，Adobe Premiere Pro 能够实现从一个角度到另一个角度的无缝裁切。在编辑素材，甚至是由多个摄像机捕捉的素材时，Adobe Premiere Pro 的多摄像机编辑功能能够极大地节省时间。

在本章中，我们将使用一个新的素材。

1. 启动 Adobe Premiere Pro，打开项目 Lesson 10.prprroj。如果 Adobe Premiere Pro 无法找到该课程文件，请参考本书开头的"重新链接课程文件"部分，其中介绍了两种可以重新链接文件的方法。

   该项目有一个空的序列以及 4 个关于自行车比赛的摄像机角度素材。

2. 选择 Window> Workspace > Editing 命令。

   这会将工作区更改为由 Adobe Premiere Pro 开发团队预设的模式，可以使编辑工作更加简单。

3. 选择 Window> Workspace > Reset Current Workspace 命令以确保用户界面处于默认设置状态。单击 Yes 按钮应用更改。

何时使用多摄像机编辑？

随着高端摄像机价格的不断下滑，多摄像机编辑现在变得越来越普遍。很多情况下都可能用到多摄像机拍摄和编辑。

- 视觉和特效：由于很多特效的拍摄需要很高的成本，所以经常会从多个角度进行拍摄。使用多摄像机拍摄可以降低成本，同时在编辑时获得更大的灵活性。

- 动作场景：在拍摄包含多个动作的场景时，制作人员通常会使用多个摄像机进行拍摄。这样可以减少特技或者危险动作的拍摄次数。

- 不可重复的事件：有些事件，例如婚礼或者体育赛事，特别需要从多个角度进行拍摄，这样能够确保摄影师捕捉到事件中全部的关键元素。

- 音乐和戏剧表演：如果你观看过有关音乐会的视频，就会习惯其中使用的多个摄像机角度拍摄的方式。相同的编辑风格还能够提高戏剧表演的节奏感。

- 脱口秀类型：在采访类的视频中，经常需要在采访者和被采访者之间进行切换，有时还需要同时展现这两者。使用多摄像机编辑不仅能够增加视频的趣味性，还可以节省编辑所需的时间。

10.2 多摄像机编辑过程

多摄像机编辑有一个非常标准化的工作流程。基本上来讲，鉴于这个过程本省所具有的复杂性，你需要执行固有的步骤。将素材载入到 Adobe Premiere Pro 时，需要完成以下 6 个步骤：

1. 载入素材：要编辑素材，需要将其载入到 Adobe Premiere Pro 中。理想情况下，摄像机会与帧频率和帧尺寸十分匹配，但是你可以根据需要进行调整。

2. 确定同步点：该步骤的目的是使多个角度保持同步运行，这样就可以在它们之间进行无缝切换。你需要找到一个在时间上存在于所有角度的点进行同步，或者使用匹配的时间码。

3. 创建多摄像机源序列：各个角度必须被添加到一个特殊的序列类型上，这个序列类型称为多摄像机源序列（multicamera source sequence）。基本上说，它就是一个包含多个视频角度的特殊的剪辑。

4. 创建多摄像机目标序列：多摄像机源序列需要被添加到一个新的序列中以便进行编辑。这个新的序列就是多摄像机目标序列（multicamera target sequence）。

5. 记录多摄像机编辑：Multi-Camera Monitor（多摄像机监视器）是一个特殊的面板，它允许你在摄像机角度之间进行切换。

6. 调整和细化编辑：编辑基本成形之后，可以使用标准的编辑和裁剪命令对序列进行细化操作。

10.3 创建多摄像机序列

多年以来，Adobe Premiere Pro 一直提供对多摄像机编辑的支持，在 CS6 中，这一功能得到了进一步的改进。在以前的版本中，编辑人员只能使用 4 个摄像机角度；Adobe 公司在 Adobe Premiere Pro CS6 中去掉了这一限制。现在，编辑人员可以使用更多的摄像机角度；唯一的限制因素就是播放所选剪辑的计算能力。如果你的计算机和硬盘驱动运行足够迅速，那么可以实时播放多个视频。

> **Fl** | 注意：在本章中，由于本书的 DVD-ROM 的空间和可下载文件的限制，所以我们将使用 4 个摄像机角度。

10.3.1 确定同步点

要同步素材的多个角度，需要确定以何种方式构建多摄像机序列。在同步序列时，可以从以下 4 种方法中选择一种。选择哪一种方法由个人的喜好以及素材的拍摄方式所决定。

- 时间码：很多专业摄像机可以在多个摄像机之间同步时间码。可以将多个摄像机连接到一个通用的同步源上，也可以仔细配置摄像机并同步记录过程。很多时候，小时位置上的数字用于代表摄像机编号，例如，摄像机 1 将会在 1:00:00:00 上开始，而摄像机 2 则在 2:00:00:00 上开始。使用时间码同步时，可以忽略小时位置上的数字。

- In 点：如果有通用的起始点，可以在想要使用的所有剪辑上设置一个 In 点。如果所有摄像机都在关键动作开始之前移动，那么这种方法非常有效。

- Out 点：这种方法与使用 In 点进行同步类似，只不过使用的是通用的 Out 点而已。当所有摄像机捕捉关键动作的结尾（例如运动员穿过终点线）但摄像机在不同的时间开始记录时，使用 Out 点同步方法可以获得非常理想的效果。

- 剪辑标记：In 点和 Out 点有时候可能会不小心从剪辑中删除。而在剪辑上添加标记则是一种更为可靠的方法。可以使用标记识别通用的同步点。相比之下，标记更不容易从剪辑中删除。

在同一场自行车比赛中，如果使用 4 台摄像机拍摄了 4 个剪辑，而且每台摄像机都是从不同的时间开始记录的，那么第一个任务就是找到 4 个剪辑在时间上的某个相同点，这样它们才可以被同步。

1. 在 Project 面板中，单击文件夹 Multicam Media 旁边的三角形将其打开。

2. 双击剪辑 MULTICAM_01.mov 将其载入到 Source Monitor 面板中。

3. 将 Source Monitor 播放头移动到第一位女士击掌的位置（大约在 00:00:01:03 处）。

该剪辑中没有音频，因此使用画面上的击掌作为参考。

4. 右键单击 Source Monitor，并选择 Add Marker（添加标记）。

这将在 Source Monitor 播放头上添加一个较小的标记。

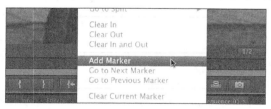 

注意：所有这 4 个多摄像机剪辑都是在同一时间录制的，因此可以使用剪辑开始时的击掌画面作为同步参考。由于这 4 个剪辑是从不同的角度拍摄的，因此需要仔细观察剪辑以找到双手接触时的那一帧。

5. 重复以上操作为其他三个剪辑添加同样的标记。

也可以按 M 键或者单击 Add Marker 按钮添加标记。

10.3.2 向多摄像机源序列中添加剪辑

当确定了想要使用的剪辑以及它们通用的同步点之后，就可以创建多摄像机源序列了。这是一个专门用于多摄像机编辑的特别的序列。相对于早期的 Premiere Pro 版本，这个一过程已经发生了很大的变化并且更加用于创建。

1. 选择 Multicam Media 中所有的主剪辑。

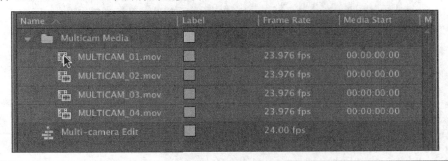

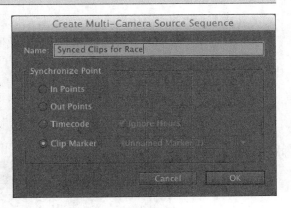

提示：选择角度时，你在文件夹中点击的第一个剪辑将变成多摄像机源序列中使用的音频轨道（即使当角度改变时仍然如此）。另一种方法就是将某个特定的音频放在另一个轨道上并对其进行同步。第三种选择是使用 Audio Follows Video（视频跟随音频），该选项位于 Multi-Camera Monitor（多摄像机监视器）子菜单中（位于面板的右上角），使用该选项可以将音频变化与视频同步。

2. 右键单击其中一个剪辑打开关联菜单，选择 Create multi-camera source sequences（创建多摄像机源序列）命令。

也可以选择 Clip> Create multi-camera source sequences 命令。这时会出现一个新的对话框，询问你以何种方式创建多摄像机源序列。

3. 选择 Clip Marker（剪辑标记）方法。

由于每个剪辑中只有一个标记，因此可以使用默认的选项，即 Unnamed Marker 1。

4. 将序列命名为 Synced Clips for Race。

5. 单击 OK 按钮。

Adobe Premiere Pro 会在文件夹中添加一个新的多摄像机源序列。

6. 双击该多摄像机源序列将其载入到 Source Monitor 面板中。

7. 拖动剪辑的播放头，查看多个角度。

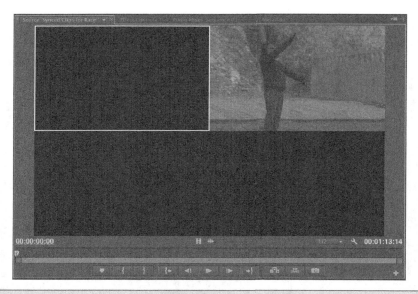

注意：Adobe Premiere Pro 会自动调整多摄像机网格以适应角度的数量。例如，如果剪辑的数量时 4，那么网格为 2×2，如果剪辑的数量时 5 到 9，那么网格为 3×3，如果剪辑的数量时 16，则网格为 4×4，依此类推。

有些角度在开始时显示为黑色，这是因为摄像机开始记录的时间是不同的。剪辑会显示在网格中以便同时显示所有的角度。

10.3.3 创建多摄像机目标序列

创建了多摄像机源序列之后，需要将其放置到其他的序列中。基本上讲，这与普通序列里的剪辑类似，但是这里的剪辑在编辑时可以选择多个素材角度。

要创建用于编辑的序列，可以选择两种方法。第一种方法是右键单击多摄像机源序列并选择 New Sequence from Clip。第二种方法是与现有序列保持一致。

1. 找到序列 Multi-camera Edit。

该序列应该已经处于打开状态，如果没有打开，可以双击以便在 Timeline 面板中打开。

2. 将新创建的多摄像机源序列拖动到 Timeline 上。

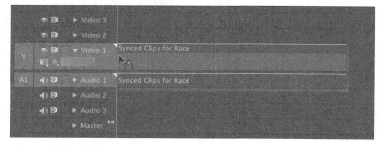

这时将打开一个新的对话框，并显示该剪辑与序列设置不匹配的警告。当你将第一个剪辑

拖动到一个新的序列并且二者不具有匹配的帧
尺寸或者帧速率时，会默认打开该对话框。

3. 单击 Change to make the two items match（进行
更改以使两个项目匹配）按钮。

使用轨道瞄准

　　将剪辑从Source Monitor中拖动到Timeline上时，你可以将剪辑直接拖动到相
应轨道上。如果使用Source Monitor的Insert（插入）或者Overlay（叠加）按钮向
Timeline上添加剪辑，需要瞄准所选的轨道并告知Adobe Premiere Pro你想将剪辑放
置到哪个（或者哪些）轨道上。

　　要瞄准想要在上面放置剪辑的轨道，需要执行两个步骤。首先，高亮显示（通
过选择的方式）想要放置剪辑的轨道；然后将源轨道指示器拖动到目标轨道上以便
瞄准该轨道。在瞄准单个视频或者音频轨道时，这种方法听上去似乎很繁琐，但是
却非常有用，对于具有多个音频轨道的剪辑来说更是如此。

10.4　切换多个摄像机

　　当构建了合适的多摄像机源序列并将其添加到多摄像机目标序列中之后，就可以准备进行编辑
了。可以使用 Multi-Camera Monitor 以实时的方式来执行这项任务。你可以通过鼠标点击或者使用
键盘快捷键在不同的角度之间进行切换。

10.4.1　启动录制

　　多摄像机角度编辑实际上可以理解为重新录制（recording）。在 Multi-Camera Monitor 中，素
材会实时播放。当选择想要编辑时，结果会被捕捉到计算机的内存中。当停止播放时，编辑会应
用到打开的序列中。

1. 选择 window > Multi-Camera Monitor 命令，打开 Multi-Camera Monitor.
2. 为了更加易于查看，可以将窗口尺寸最大化。可以通过拖动面板的四角的方式，或者单击
　 顶部的最大化按钮来实现这一目的。
3. 播放素材并熟悉其中的内容。按空格键可以查看实时播放的所有 4 个角度。

4. 完成之后，按向上箭头键回到剪辑的起点。

5. 熟悉一下可用的键盘快捷键。

   按 1 键可以选择 Camera 1，按 2 键可以选择 Camera 2，依此类推。默认情况下，位于前面的 9 个角度将被指定到 1-9 键上。

6. 准备录制时，单击红色的 Record（录制）按钮开始录制。也可以按快捷键 0 键开始录制。

7. 按空格键开始播放剪辑。

8. 根据个人喜好在多个摄像机角度之间进行切换。在进行录制时，可以使用键盘快捷键 1-4 键在相对应的角度上进行切换。

9. 录制结束时，录制指示灯将会自动关闭。

   你也可以在任何时间单击 Stop 按钮，然后按 0（零）键关闭录制。停止录制时，录制的编辑将会应用到多摄像机目标序列中。序列现在具有多个硬切编辑，每个剪辑的标签都会以 [MC#] 作为开始。数字代表该编辑所使用的视频轨道。

10. 单击 Maximize（最大化）按钮使 Trim Monitor 面板返回到正常的尺寸。

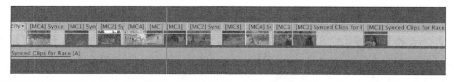

> **Fl** | 注意：编辑完成之后，可以随时在 Multi-Camera Monitor 或者 Timeline 上进行更改。

11. 播放序列并查看编辑结果。

10.4.2 重新录制多摄像机编辑

第一次录制多摄像机编辑时，你可能会丢失一些编辑。也许会对某个角度裁切得太早（或者太晚）。你也可以自己决定选择哪个角度。

1. 将播放头移动到 Timeline 面板的起点。

2. 按 Multi-Camera Monitor 中的 Play 按钮开始播放。

   Multi-Camera Monitor 中的角度将会切换到与 Timeline 中的编辑相匹配。

3. 当播放头到达你想要更改的点时，切换到活动摄像机。

   你可以按键盘快捷键中的一个（本例中为 1-4 键），或者在 Multi-Camera Monitor 中单击想要的摄像机预览。

4. 完成编辑之后，按空格键停止播放。

   Multi-Camera Monitor 将会自动停止录制。

10.5　完成多摄像机编辑

当在 Multi-Camera Monitor 中完成多摄像机编辑之后，可以对其进行细化处理，进而完成最终编辑。所产生的序列与你创建的其他序列相同。因此可以对其执行你到目前为止学到的任意编辑或者裁减技巧。同时，也可以使用其他一些专用选项。

10.5.1　在 Multi-Camera Monitor 中切换角度

如果你对编辑的裁剪结果比较满意，但是不喜欢所选择的角度，可以随时选择其他的角度。一种方法就是在 Multi-Camera Monitor 中更改编辑。

1. 选择 Window> Multi-Camera Monitor 命令，打开 Multi-Camera Monitor。
2. 单击 Go To Previous(Next)Edit Point 或者使用上一页键或者下一页键在编辑点之间进行导航。

Timeline 中的播放头将不会进行移动。

3. 单击不同的摄像机以对相对应的编辑进行更改。

4. 完成时，关闭 Multi-Camera Monitor。

10.5.2　在 Timeline 中更改角度

如果你已经熟悉了摄像机的角度，甚至可以在不打开 Multi-Camera Monitor 的情况下在各个角度上进行切换。要在 Timeline 中更改多摄像机编辑，可以执行以下几个步骤。

1. 在想要进行更改的剪辑上移动播放头，查看剪辑。
2. 在 Timeline 面板中右键单击想要更改的剪辑。
3. 从关联菜单中选择 Multi-Camera，并选择想要使用的摄像机角度。

10.6　多摄像机编辑提示

多摄像机源编辑技巧的掌握需要花费一定的时间。这是一个比较复杂的编辑类型（尤其是摄像机角度的数量比较大时）。下面列出的是在使用 Adobe Premiere Pro 进行多摄像机编辑时一些有用的提示。

- 可以使用任意 Timeline 编辑工具改变多摄像机序列的编辑点。
- 可以用 Multi-Camera Monitor 从任一点回放多摄像机序列，以再次编辑项目。
- 如果视频中没有好的视觉线索来同步多段剪辑，则请在音频轨道内寻找掌声或大的杂音。在音频波形内查找多段剪辑共有的波峰常常更容易同步视频。
- 默认情况下，音频将录制到多摄像机角度 1 上，这是你在文件夹中选择的第一个剪辑；然后可以按 Control 键并单击（Windows）或者按 Command 键并单击（Mac OS）以选择更多的角度。你可以转到 Multi-camera 子菜单（位于面板的右上角），选择 "Audio Follows Video（音频跟随视频）"，改变默认设置。现在，音频将会随着所选的摄像机角度而改变。

Fl 　| 　注意：此处的多摄像机素材示例中不包含任何音频。

使用Multiple Audio Tracks（多音频轨道）

如果想要使音频随着每个摄像机角度进行切换，请执行以下步骤：

1. 在Project面板中双击多摄像机源序列将其打开。
2. 单击所有先要激活的音频轨道旁边的可视性图标。
3. 关闭多摄像机源序列。
4. 将多摄像机源序列编辑到一个序列中，或者选择一个已经处于使用中的序列。
5. 在Timeline面板中按Alt键并单击（Windows）或者按Option键并单击（Mac）仅选择音频轨道。
6. 选择Clip> Multi-Camera > Enable命令。
7. 打开Multi-Camera Monitor面板。
8. 单击Multi-Camera Monitor面板右上角的子菜单按钮，选择Audio Follows Video选项。
9. 使用你在本章中学习的技巧进行编辑。

复习题

1. 描述 4 种为多摄像机剪辑设置同步点的方法。
2. 说出两种实现多摄像机源序列和多摄像机目标序列匹配设置的方法。
3. 说出两种在 Multi-Camera Monitor 中切换角度的方法。
4. 关闭了 Multi-Camera Monitor 之后如何修改角度？

复习题答案

1. 4 种方法分别为 In 点、Out 点、时间码和标记。
2. 可以右键单击多摄像机源序列并选择 New Sequence from Clip，或者将所摄像机源序列拖动到一个空的序列中，使其与现有设置自动保持一致。
3. 要切换角度，可以单击以便在监视器中预览角度，或者为每个角度使用对应的键盘快捷键（1-9）。
4. 可以使用 Timeline 中的任何标准裁剪工具调整角度的编辑点。如果想要更改角度，可以在 Timeline 中右键单击，从关联菜单中选择 Multi-Camera 并选择想要使用的角度。

第11课 编辑和混合音频

课程概述

　　在本课中，你将学习以下内容：

- 使用 Audio 工作区；
- 理解音频特性；
- 调整剪辑音量；
- 调整序列的音频等级；
- 使用 Audio Mixer。

本课的学习大约需要 50 分钟。

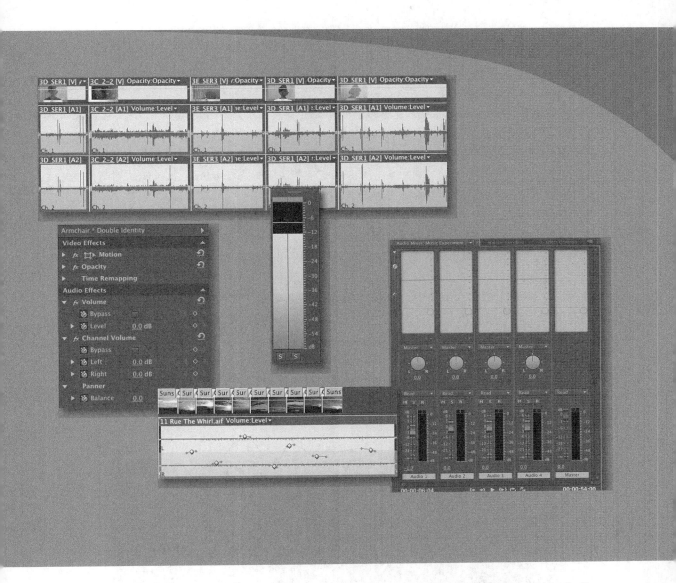

到现在为止，我们讨论的基本都是视觉处理相关的内容。毫无疑问，图像非常重要，但是专业的编辑人员通常认为声音与屏幕上的图像具有同等重要的位置，有时甚至比图像更加重要！

在本章中，你将学习如何使用 Adobe Premiere Pro CS6 提供的强大的工具来处理音频混合。不管你相信与否，好的声音有时候能够使图像看上去更好。

11.1 开始

由摄像机录制的声音很少好到可以直接作为最终的输出声音来使用。在 Adobe Premiere Pro 中处理声音时，你可能需要执行以下几个任务。

- 告知 Adobe Premiere Pro 如何使用与摄像机使用的不同方法来解释所记录的音频通道。例如，可以将立体声解释为单独的单声道音轨。
- 清除背景声音。无论是系统自身的杂音还是外界声音（比如空调的声音），都可以使用相关工具对音频进行调整。
- 使用 EQ 特效调整剪辑中不同音频频率（不同的音调）的音量。
- 调整文件夹中剪辑或者序列中某一部分的音量等级。你在 Timeline 上所做的调整会随着时间的变化而不同，进而创建出完整的声音混合效果。
- 添加音乐。
- 添加现场效果，例如爆炸、关门声或者大气中的环境音。

想象一下，在看恐怖电影时，将声音关闭会怎么样。如果没有令人感到不安的声音，恐怖时刻之前的画面就如同喜剧一样。

音乐可以对我们的感官功能产生影响，也能够直接影响我们的情绪。事实上，无论是否愿意，我们的身体都会对声音做出一定的反应。例如，我们的心率会受到音乐节奏的影响。节奏感强的音乐会加速我们的心率，而节奏感弱的音乐这回减小我们的心率。这非常神奇！

在本章中，你首先会学习如何使用 Adobe Premiere Pro 中的音频工具，然后学些如何对剪辑和序列进行调整。你还将会学习使用 Audio Mixer 在序列播放的过程中对轨道音量进行更改。

11.2 设置音频处理界面

在 Adobe Premiere Pro 中，可以通过 Window 菜单访问大部分的界面。通过进入相关菜单并进行选择，可以打开每一个用于进行音频处理的工具。但是还存在一个更为快速的方法。

1. 打开 Lesson 11.prproj。如果 Adobe Premiere Pro 无法找到课程文件，可以参考本书前面的"重新链接课程文件"部分，其中介绍了两种搜索和重新链接文件的方法。

2. 选择 Window > Workspace > Audio 命令。

3. 选择 Window> Workspace > Reset Current Workspace 命令。

4. 在 Reset Workspace 对话框中单击 Yes 按钮。

11.2.1 Audio 工作区

接下来，你将了解 Audio 工作区中的大部分组件。一个明显的区别是 Audio Mixer 会显示在 Source Monitor 所在的位置。Source Monitor 仍然在该窗口中；只是隐藏起来而已，它与 Audio Mixer 被归组在同一个窗口中。

你将会注意到音量表也不见了。这是因为 Audio Mixer 拥有自己的音量表。

Audio Mixer 是 Adobe Premiere Pro 界面中的一个特殊组成部分。目前为止，我们使用过的特效和控件都是与序列中的剪辑相关的，而 Audio Mixer 会对整个轨道进行更改。可以将使用 Effect Controls 面板与 Audio Mixer 所做的调整合并在一起。

Audio 工作区的另一个不同之处在于可以重新安排现有面板的位置，以便我们可以更多地关注声音部分。

11.2.2 主轨道输出

当创建序列时，我们通过选择音频 Master（主）设置来确定它所生成的音频通道的数量。如果序列是一个媒体文件，那么它通常会有以下几种音频通道：

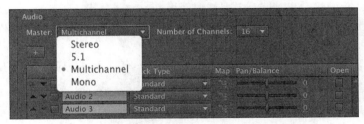

- Stereo（立体声）：输出两个音频通道：Left（左）和 Right（右）。
- 5.1：输出 6 个音频通道：Middle（中）、Front-Left（左前）、Front-Right（右前）、Rear-Left（左后）、Rear-Right（右后）以及 Low Frequency Effects（低频特效，LFE）。
- Multichannel（多通道）：输出 1 到 6 个音频通道（可选择）。
- Mono（单声道）：输出一个音频通道。

创建序列之后，无法对音频 Master 设置进行更改。这意味着，除了多通道序列之外，无法对序列将要输出的通道数量进行更改。

可以在任何时候添加或者删除轨道，但是音频 Master 设置是不变的。如果要更改音频 Master 设置，可以将剪辑从一个序列中复制并粘贴到另一个具有不同设置的序列上。

什么是音频通道？

　　你可能会认为左（Left）和右（Right）两种音频通道具有很大的区别，但实际上它们都是专用于Left和Right的单声道音频通道。在进行声音录制时，标准的配置就是具有Audio Channel 1 Left和Audio Channel 2 Right。

　　之所以Audio Channel 1是Left通道，这是因为以下几个原因：

- 它是使用指向左侧的麦克风录制的。
- 它在 Adobe Premiere Pro 中解释为 Left。
- 它被输出到位于左侧的扬声器中。

　　无论以上哪一种因素，都无法改变它是单声道通道这一事实。

　　如果你对由指向右侧的麦克风录制的音频（Audio Channel 2）执行相同的操作，可以获得立体声音频效果，但是它们仍然只是两个单声道音频通道。

11.2.3　音量表

要使用音量表，请执行以下步骤：

1. 选择 Window > Audio Meters 命令。

   在默认的 Audio 工作区中，音量表的尺寸很小，在使用时需要将它的尺寸变得更大。

2. 略微拖动面板的左侧边缘使其加宽以便可以看到位于面板底部的按钮。在本章的学习中，我们将一直在屏幕上保持该面板。

音量表的基本功能是为你显示序列的整体混合输出音量。当序列播放时，你会看到音量表动态进行改变以反应音量的变化。

关于音频等级

　　音频表的单位是分贝，表示为dB。分贝单位有一点不同寻常，最高的音量用0表示，较低的音量由绝对值更大的负数来表示，直到负无穷大。

　　如果要录制的声音很小，可能会淹没在背景的杂音中。背景杂音可能是环境音，比如空调运行的声音，也可能是系统噪音，比如声音播放时你在扬声器中听到的滋滋声。

　　当在Adobe Premiere Pro中增加音频的整体音量时，背景杂音也会随之增大。当降低整体音量时，背景噪音会随之变小。因此，在录制音频时，最好使用比需要的音频等级更高的音频等级，这样稍后可以移除（或者移除大部分）背景杂音。

　　根据音频硬件的不同，可能会获得不同的信号噪音比，这个值代表你希望听到的声音（信号）与不希望听到的声音（系统噪音）之间的比值。信号噪音比通常用SNR来表示，单位为dB。

右键单击音量表，可以选择不同的显示比例，默认的范围从 0dB-60dB。

你也可以在静态和动态峰值之间进行选择：当音频等级中出现波峰时，看一下音量表，然后声音会马上消失。使用静态峰值时，最高的峰值具有标志并且会一直保持在音量表中。因此可以在播放时看到最大的音频等级。可以单击音量表重新设置峰值。使用动态峰值时，峰值等级将会自动进行更新。

11.2.4 查看采样

我们来看一个采样。

1. 在 Source Monitor 里的 Music 文件夹中，打开音乐剪辑 11 Rue The Whirl.aif。Adobe Premiere Pro 将会立即显示音乐文件夹中两个音频通道的波形。

   在 Source Monitor 和 Program Monitor 的底部，有一个可以显示剪辑全部时长的时间标尺。

2. 单击 Source Monitor 面板菜单，并选择 Time Ruler Numbers（时间标尺数值）将它们激活。这个时间标尺显示时间标尺上的时间码指示器。尝试使用导航器放大时间标尺。当最大化时，会显示为一个独立的窗口。

3. 再次单击 Source Monitor 面板菜单，并选择 Show Audio Time Units（显示音频时间单位）。这一次，你将看到时间标尺上的单独的采样。尝试放大一点——现在可以放大到独立的音频采样，此处的示例中为 1/44100 每秒。

4. 在 Timeline 面板的面板菜单中，可以找到相同的用于查看音频采样的选项。现在，使用面板菜单切换到 Source Monitor 中的 Time Ruler Numbers 选项。

> **Fl** 注意：音频采样率表示每秒钟对要录制的声音源的采样次数。专业音频的采样率通常为 48000 次每秒。

11.2.5 显示音频波形

当在 Source Monitor 中打开仅有音频（没有视频）的剪辑时，Adobe Premiere Pro 会自动切换并显示音频波形。

当使用 Source Monitor 或者 Program Monitor 中的波形显示选项时，你将看到每个通道都有一个额外的导航器缩放控件，这些控件的工作方式与面板底部的导航器缩放控件类似。可以重新设置竖直的导航器的以便使波形变得更大或者更小，当音频非常安静时，这个功能非常有用。

使用面板 Settings 菜单，可以为任何具有音频的剪辑选择显示音频波形。Source Monitor 和 Program Monitor 中具有相同的选项。

1. 在 Source 面板中，打开 Double Identity 文件夹中的剪辑 16_6B。

2. 单击 Settings 菜单按钮（ 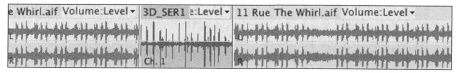 ）并选择 Audio Waveform（音频波形）选项。

3. 再次单击 Settings 菜单按钮并选择 Composite Video（合成视频）命令再次查看视频。
   也可以在 Timeline 上开启或者关闭剪辑片段的波形显示。

> **Fl** | **注意**：如果想要找到某些具体的对话并且不需要考虑视频，那么这个选项非常有用。

4. 单击 Expand-Collapse Track（展开 / 折叠轨道）三角切换到 Timeline 上的波形显示。

11.2.6 标准音频轨道

Adobe Premiere Pro 中引入了一种全新的音频轨道类型。在之前的版本中，需要对具有单声道音频的剪辑使用单声道轨道，为具有立体声音频的剪辑使用立体声轨道，在新的版本中，根据个人喜好，仍然可以选择使用这种方式。

全新的 Standard（标准）音频轨道类型可以同时容纳单声道音频剪辑和立体声音频剪辑。Effect Controls 面板和 Audio Mixer 上的控制可以同时处理这两种类型的媒体。

当处理既有单声道音频又有立体声音频的剪辑时，使用新的 Standard 轨道类型比传统的单声道和立体声轨道互相分离的类型更加方便。

Standard音频轨道显示音乐剪辑的立体声波形和某些对话的单声道波形。

11.2.7 监视音频

当在 Source 面板或者序列中监视音频时，可以选择你想听到的音频通道。

首先，我们看一下如何在 Source Monitor 中监视不同的音频通道：

1. 在 Source Monitor 中打开音乐剪辑 11 Rue The Whirl.aif。

2. 播放剪辑并且在播放时尝试单击音量表底部的每一个 Solo 按钮。

每个 Solo 按钮可以让你只收听所选通道中的音频。在处理由不同麦克风录制的具有不同轨道的声音时，这个功能非常有用。专业人员在录制位置声音时通常使用这种方法。

音量表上的 Solo 按钮也可以用在序列上。你可以使用音量表只处理输出音频通道，或者使用每个轨道上的 Toggle Track Output（切换轨道输出）按钮。

可以尝试在序列 Double Identity 和 Sunset Montage 上使用这些控制。你将会注意到关闭 Double Identity 上的一个轨道不会产生很大的影响。这是因为所有剪辑已经被解释为（在文件夹中）具有两个单声道音频，可以有效创建两个音频的单声道"副本"。要了解更多有关解释剪辑的信息，参见本书第 4 章"组织媒体"中的内容。

11.3 检查音频特性

当在 Source Monitor 中打开剪辑并查看波形时，可以看到所显示的每一个通道。波形越高，该通道上的音频的音量就越大。

只存在三种能够改变你所听到的音频的方式。我们结合电视机的扬声器来对这三种因素进行讨论。

- 频率（frequency）：扬声器移动的速度。扬声器表面每秒撞击空气的次数用赫兹（Hz）来表示。人类的听力范围大约为 20Hz-20000Hz。很多因素，包括年龄因素，可以改变人类的听力范围。
- 振幅（amplitude）：扬声器移动的距离。移动的距离越大，声音就越大，因为这能够产生高压声波，可以将更多的能量带入到你的耳朵中。
- 相位（phase）：扬声器表面向外和向内移动的精确时间。如果两个扬声器同步向外和向内移动，那么它们就是在"相位内"。如果两个扬声器不同步，则是"相位外"，后者可能会导致声音复制问题。一个扬声器减少空气压力，而另一个扬声器在同一时间试着增加空气压力。这可能导致你无法听到某个部分的声音。

我们使用扬声器表面这个简单的示例来说明声音的生成方式，当然，这一规则同样适用于其他一切声源。

什么是音频特性？

想象一下，当扬声器表面振动时，它会对空气进行撞击，进而产生高压和低压的声波，声波在空气中移动，直到到达我们的耳朵为止。很大程度上讲，这与水面上扩散的涟漪非常相似。

当压力声波撞击我们的耳朵时，会产生很小的移动，这种移动会转换成电子能量并进入我们的大脑，然后被解释为声音。这是一个非常细微的过程，因为我们有两只耳朵，我们的大脑会经过复杂的工作过程平衡这两个声音信息，最终生成我们获得的听觉效果。

很多时候，我们接受声音的方法都是主动的，而不是被动的。也就是说，我们的大脑会持续过滤它认为无关紧要的声音而使我们的注意力集中到重要的内容上。例如，你可能有过这样的体验，在一个很多人交谈的房间中，你并不会觉得房间里其他人的声音很乱，只有远处有人呼唤你的名字，你才会意识到房间里的噪音其实很大。你可能意识不到自己的大脑其实一直在收听房间内的其他交谈，只是因为你的注意力一只放在收听身边的人的声音而已。

这属于心理声学的研究范围，在本书中，虽然我们要关注的是声音机制的问题，而不是心理学问题，但是这是一个很值得进一步了解的议题。

电子记录设备中不存在这样的现象，这也是我们为什么要使用耳机收听声音以便获得最佳录制效果的一个原因。在录制声音时，常见的做法是完全舍弃背景声最佳录制效果的一个原因。在录制声音时，常见的做法是完全舍弃背景声音，然后在后期制作过程中再添加合适的背景声音以及大气声音，但同时不能使其淹没对话的声音。

11.4 调整音量

要在 Adobe Premiere Pro 中调整剪辑的音量，存在几种方法，并且这些方法都是无损的，也就是说不会对原始文件进行任何更改。

11.4.1 在 Effect Controls 面板中调节音量

我们已经使用了 Effect Control 面板对序列中剪辑的尺寸和位置进行了调整。也可以使用该面板对音量进行调整。

1. 从 Sequence 文件夹中打开 Armchair 序列。

   这是一个非常简单的序列，其中只有一个剪辑。但是该剪辑已经两次被添加到序列中。一个版本被设置为 Stereo（文件夹中），另一个版本被设置为 Mono。

2. 选择第一个剪辑，并进入到 Effect Controls 面板（必须选择一个剪辑才可以在 Effect Control 面板中查看它的控制）。

3. 展开 Effect Controls 面板中的 Volume（音量）、Channel Volume（通道音量）和 Panner（声像）控制。下面介绍的是这些控制的用途：

   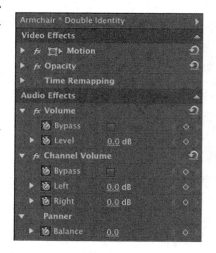

   - Volume：调整所选剪辑中的所有音频通道的合成音量。

   - Channel Volume：可以调整所选剪辑中单个通道的音频等级。

   - Panner：对所选剪辑进行整体的立体声左 / 右平衡控制。

Fl 注意：单个通道上的音量调整与整体音量叠加的关系，也就是说可能会导致音量的突然升高或者出现不想要的音频变形问题。

注意，所有控制的计时器图标会自动开启。这意味着任何所作的更改都将会自动添加一个关键帧。

尽管如此，如果只对音频级别添加一个关键帧，那么会自动调整整个剪辑的音频级别。

4. 尝试减低剪辑的音量级别。注意观察 Timeline 上出现的黄色的橡皮筋线条。

Adobe Premiere Pro 会添加一个关键帧，橡皮筋线条会向下移动以显示被降低的音量。

5. 将 Timeline 播放头放置在想要添加关键帧的位置（也可以只进行一个更改）。

6. 单击并拖动橙色的数字以便在 Effect Controls 面板中设置音量级别。

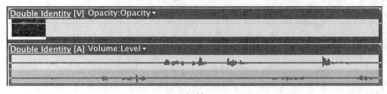

之前

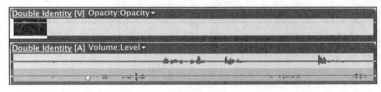

之后

7. 现在，选择序列中第二个版本的 Double Identity 剪辑。

你将会看到在 Effect Controls 面板中具有相似的控制，但是却没有 Channel Volume（通道音量）选项。这是因为每个通道现在都是其本身的剪辑段，因此每个通道的音量控制都是独立的。

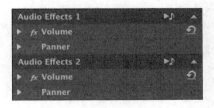

11.5 调整音频增益

大多数音乐文件在录制时都会尽可能的使用最大的信号以便使信号和背景杂音之间的区别最大化。而对于大部分视频序列来说，这个声音有些过大。为了解决这个问题，需要调整剪辑的音频增益。

1. 在 Source Monitor 中打开 Music 文件夹中的剪辑 11 Rue The Whirl.aif。

2. 在文件夹中右键单击该剪辑，并选择 Audio Gain（音频增益）命令。

这里，我们需要关注的是 Audio Gain 面板中的以下两个选项：

- Set Gain to（设置增益为）：使用该选项对剪辑进行具体音量的调整。
- Adjust Gain by（增益调整）：使用该选项可以指定剪辑音频的调整增量。例如，如果应用 -3dB，这会将 Set Gain to 的数量调整到 -3dB。当再次进入该菜单并再次应用 -3dB 调整时，Set Gain to 的数量将会变为 -6dB，依此类推。

3. 将增益设置为 -20dB，并单击 OK。

你会立即在 Source Monitor 中看到波形的改变。

诸如以上这类更改，也就是在文件夹中对音频增益所做的调整，不会相应地对序列中的剪辑进行更新。但是，你可以右键单击序列中的一个或者多个剪辑并对其进行相同的更改。

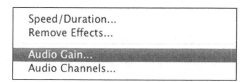

增益和音量的区别是什么？

不同的应用程序在使用这两个术语时会代表不同的意思，下面介绍的是它们在 Adobe Premiere Pro 中所代表的意思。

增益：增益是对音频级别所进行的早期调整。它是在从整体上微调或者使用关键帧进行音频调整之前进行的。增益是一个对数单位范围，它对音频的调整方式与视频特效调整亮度中的"级别（Levels）"类似。该方法针对音频中声音较大的部分与较小的部分的调整方式是不同的。

音量：该方法对音频中声音较大和较小的部分应用相同的效果。这与视频中所进行的亮度调整更为相似。

11.6　规格化音频

规格化音频与调整增益非常相似。事实上，规格化音频的结果就是对剪辑增益的调整。区别是规格化是一个自动的分析过程，而不是我们主观上的判断。

当对剪辑进行规格化操作时，Adobe Premiere Pro 会对音频进行分析以便找到单一的最高峰值，也就是音频中声音最大的部分。然后，剪辑的增益会自动进行调整以便使最高峰值与你所指定的音频级别相匹配。

使用规格化时，你可以让 Adobe Premiere Pro 调整多个剪辑的音量，以便使其具有你想要获得的音量。

可以想象，有时候我们会遇到具有不同配音并且不是在同一天录制的多个剪辑。这些剪辑可能是使用不同的录制设置或者使用不同的麦克风录制的，因此会具有不同的音量。这时，可以一次性选择所有剪辑，然后让 Adobe Premiere Pro 自动对它们的音量进行设置。这与逐一对每个剪辑进行调整相比，能够极大地节省时间。

现在我们就来尝试一下：

1. 打开序列 Double Identity。
2. 播放该序列并查看音量表上的级别。

   序列开始部分的脚步声音非常大，特别是与后面的引擎杂音相比时，更加明显。
3. 选择全部前面有关步行的剪辑。最后一个是 3D_SER1。这里不需要使用 3C-2-2 剪辑，因为该剪辑中没有音频。
4. 右键单击任何选择的剪辑并选择 Audio Gain 命令。
5. 将 Normalize Max Peak（规格化最大峰值）设置为 -8dB，单击 OK 按钮并收听一下。

   Adobe Premiere Pro 会对每一个剪辑进行调整以便使最大峰值为 -8dB。

   此时的声音听上去会更加自然一些。虽然脚步声仍然比较大，但是当汽车行驶过来时，其声音已经变得更加明显了。

如果不选择 Normalize Max Peak，而是选择 Normalize All Peak（规格化所有音频），Adobe Premiere Pro 将会随时进行更改以便使音频中声音较大的部分始终保持在你所设置的级别上。当音频中具有某个声音较大的部分但是你希望获得更加平均的效果时，这个选项非常有用。

Pr | 提示：也可以在文件夹中应用规格化。只需选择所有想要自定进行调整的剪辑，然后进入 Clip 菜单，并选择 Audio Options（音频选项）> Audio Gain 命令即可。

之前

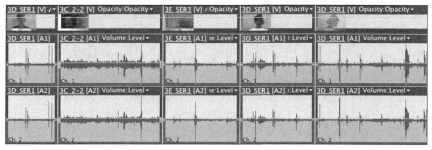

之后

将音频发送到Adobe Audition CS6中

尽管Adobe Premiere Pro中提供的高级工具能够帮助你完成大多数的音频编辑任务，但是它仍然无法同Adobe Audition相提并论，因为后者是针对音频后期制作的专业应用程序。

Audition是Creative Suite 6 Production Premium和Creative Suite 6 Master Collection中的一个组件。当使用Adobe Premiere Pro执行编辑工作时，它能够很好地集成在你的工作流程之中。

可以将当前序列自动发送到Adobe Audition中。包括所有剪辑的序列中的视频文件，创建与图片相对应的音频混合效果。

要将序列发送到Adobe Audition中，请执行以下步骤：

1. 打开想要发送到Adobe Audition中的序列。

2. 进入到Edit菜单中，并选择Edit> Edit in Adobe Audition> Sequence命令。

3. 这是将会创建一个用于在Adobe Audition中使用的新文件以便不会对原始文件进行更改，因此需要为新文件选择一个名称和存储位置，然后根据个人喜好选择剩余的其他选项，最后单击OK按钮。

Adobe Audition CS6中提供了用于处理声音的非常神奇的工具。该应用程序提供了能够消除你不想要的噪音的特别的光谱显示功能、高效的多轨道编辑器、高级音频特效和控制。要了解关于Adobe Audition的更多信息，可以访问www.adobe.com/products.audition.html。

11.7 创建分割编辑

分割编辑是一种为音频和视频设置裁切点的简单且典型的特效。一个剪辑中的音频可以与其他剪辑中的视频一同显示，使两者给人一种处于同一场景中的感觉。我们现在使用剪辑 Double Identity 来尝试一下这种方法。

打开序列 Double Identity Extended。

11.7.1 添加 J 切换

之所以称为 J 切换，是因为它的编辑形状看上去有点像字母 J。较低的部分（音频切换）位于较高部分（视频切换）的左侧。

1. 播放序列的最后一部分。当外表看似危险的男子看着汽车远去时，序列会切换到办公室场景，一个男人正在一台老式电话机上进行拨号。
2. 选择 Rolling Edit 工具（▥）。
3. 按住 Alt（Windows）键或者 Option（Mac OS）键，单击视频分段编辑（不是音频），稍稍向右进行拖动。恭喜！你已经完成了 J 切换操作。
4. 播放编辑。

可能需要调整音频切换的时长以便获得更为平滑的连接效果，但就练习的目的来说，J 切换已经达到了这一目的。

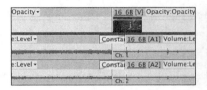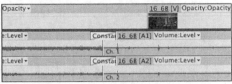

11.7.2 添加 L 切换

进行 L 切换与进行 J 切换的方式相同，只不过顺序是相反的。重复前面练习中的步骤，但是尝试使用 Alt（Windows）键或者 Option（Mac OS）键将视频片段编辑稍稍向左进行拖动。播放编辑并查看效果。

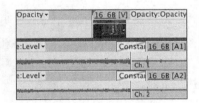

11.8 调整序列的音频级别

除了添增剪辑的增益，还可以使用橡皮筋控制更改序列中剪辑的音量。还可以更改轨道的音量，这两个音量调整将会结合在一起，进而产生整体的音量输出级别。

总之，使用橡皮筋调整音量比调整增益更加方便，因为可以在任何时间对增量进行调整，并且能够立即获得视觉上的反馈。

调整橡皮筋的结果与使用 Effect Controls 面板调整音量相同。

11.8.1 调整整体剪辑级别

要调整整体剪辑级别，请执行以下步骤：

1. 打开 Sequences 文件夹中的序列 Sunset Montage。
   该序列的音乐的音频增益已经被调整为 -20dB，但是使用剪辑上的橡皮筋进一步对其进行调整。

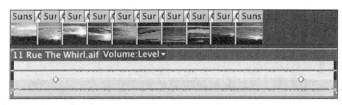

音乐的音量在开始和结尾处已经被应用了渐强和渐弱特效。我们现在来适当增加两种效果切换之间的音量。

2. 使用 Selection 工具点击并向下拖动 Audio 1 轨道标头的底部以便延长轨道的高度。这能够使对音量进行微调变得更加容易。

3. 单击序列中音乐剪辑 11 Rue The Whirl.aif 上的橡皮筋的中部，并稍稍向上拖动。

   拖动时，会出现一个较小的工具提示，显示所进行的调整的数量。

由于单击并并拖动"橡皮筋"与关键帧是相对的，因此我们所调整的是两个已存关键帧之间的片段的整体级别。如果剪辑开始时没有关键帧，这时调整的将是整个剪辑长度的整体级别。

11.8.2 使用关键帧更改音量

如果单击并拖动已经存在的关键帧，可以对其进行调整。这与使用关键帧调整视觉特效是一样的。

使用 Pen 工具能够为橡皮筋添加关键帧。也可以使用它对已经存在的关键帧进行调整，或者框选多个关键帧并对其进行调整。

也可以不使用 Pen 工具。如果想要在没有关键帧的位置添加关键帧，只需在单击橡皮筋的同时，按住 Control（Windows）键或者 Command（Mac）键即可。然后在根据需要对关键帧进行调整。

在音频剪辑片段上添加关键帧并进行上下调整之后，橡皮筋的形状将会发生改变。与之前一样，橡皮筋越高，表示声音越大。

在音乐中添加几个关键帧并收听结果。

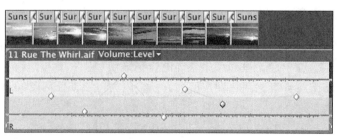

Pr 提示：调整音频增益所产生的效果将会与关键帧调整动态合并。我们可以随时对其进行更改。

11.8.3 平滑关键帧之间的音量

有些调整的幅度是非常大的，因此可能需要随时对这些调整进行平滑处理，这很容易就可以实现。

右键单击任意关键帧。

你会看到一系列的标准选项，包括 Ease In、Ease Out 和 Delete。如果你使用 Pen 工具，可以框选多个关键帧，然后右键单击其中一个以便对所有关键帧进行更改。

了解不同类型的关键帧的最佳方法就是对每一种都进行选择，然后进行一些调整并查看结果。在下面的示例中，所有的关键帧都被设置为 Continuous Bezier，其中包含进出关键帧的相同的曲线。

 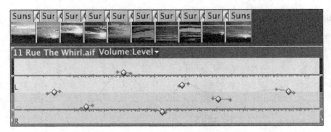

11.8.4 轨道与剪辑关键帧

到目前为止，所有的调整都有已经被应用到了剪辑片段上。Adobe Premiere Pro 具有针对整个轨道的一套相同的控制。基于轨道的关键帧具有与基于剪辑的关键帧相同的工作方式。当然，区别就是它们不会随着剪辑进行移动。

这就意味着你可以使用轨道控制为音频级别设置关键帧，然后再尝试使用不同的音乐轨道。每次向序列中放入进行音乐时，都会具有对轨道进行调整所产生的效果。

> **Fl** | 注意：对剪辑所进行调整将会发生在对轨道进行的调整之前。

要选择使用轨道关键帧（而不是剪辑关键帧），可以执行以下步骤：

1. 选择 Sequences 文件夹中的序列 Sunset Montage，右键单击并选择 Duplicate（复制）命令。在尝试新内容时，使用序列的副本来进行是一个表较理想的方法，这样可以避免对原始文件进行不想要的更改。
2. 将副本重新命名为 Music Experiment。
3. 打开名为 Music Experiment 的新序列。
4. 使用 Selection 工具选择音乐剪辑 11 Rue The Whirl.aif 并将其删除。
5. 使用 Audio 1 Show Keyframe 按钮菜单选择 Show Track Volume 命令。你不需要选择 Showrack Keyframes 命令，因为此处只对音频进行处理（而不是大量的特效）。
6. 向下拖动轨道橡皮筋降低轨道的整体音量，然后添加一系列关键帧以便在添加音乐时可以听到相关结果。事实上，需要添加关键帧以使音乐位于配音或者真人对话的下面。

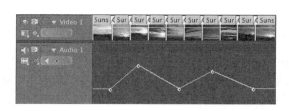

7. 将剪辑 11 Rue The Whirl.aif 直接从 Music 文件夹中拖动到轨道 Audio 1 上。将剪辑放置在序列的开始处。播放序列，你会听到与轨道关键帧合并在一起的音乐效果。

8. 撤消操作以删除音乐，然后添加 Cairo Music 文件夹中的剪辑 06 Department From Cairo.aif。再次播放序列，你会听到关键帧产生的结果。

> **Pr** 提示：要继续对序列进行处理，确保切换回到剪辑的关键帧。查看轨道关键帧时，无法对剪辑进行选择。

使用 Timeline 上的关键帧是一种很强大的方法，尽管需要花费一点时间进行规划，但是这种付出是非常值得的！它可以往我们尝试很多不用的音乐轨道并最终找到自己需要的那个。

11.9 使用 Audio Mixer

Effect Controls 面板中提供了针对序列中剪辑片段的控制，而 Audio Mixer 则提供了针对轨道的控制。我们已经在序列 Music Experiment 中添加的关键帧就是适合 Audio Mixer 的种类。

11.9.1 Audio Mixer 概述

Audio Mixer 大体上分为三个部分。

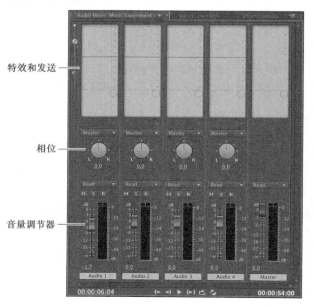

- 特效和发送：可以使用此处的下拉菜单对整个轨道添加特效或者将音频从轨道上发送到子混合中。
- 旋钮：与 Effect Controls 面板中的旋钮控制相同，但是你在这里进行的更改将会被应用到整个轨道上。
- 音量调节器：这些是基于真实世界中混音台的行业标准控制。向上移动调节器能够增加音量，向下移动则会减小音量。你也可以在播放序列的过程中使用音量调节器向轨道音频橡皮筋上添加关键帧（请参阅本书后面的"理解自动模式"部分）。

什么是子混合（submix）？

子混合是音频轨道的中转机构。尽管通常情况下，音频轨道会直接将音频发动给Master输出。

你可以配置多个音频轨道并将其发送到子混合中。这种方法允许你使用一系列控制（子混合）对诸如音量和摇移这样的内容进行调整，或者对多个轨道应用同一个特效。

子混合会将音频发送到Master输出中，这与常规轨道的做法相同。主要区别是无法将任何的音频剪辑放置到子混合轨道中；它们仅仅能够对来自多个轨道中的输出进行合并。

例如，如果想记录暗室中5个人的音频，并且想获得与山谷中声音类似的效果，同时具有强烈的混响效果。每个原始音频源都位于序列中自己的轨道之上。

一个选择是在每个轨道上添加混响特效。这是一种可行的方法，但是系统在播放时需要进行大量的工作，同时，当你需要对特效进行更改时，也需要进行大量的工作，因为你必须对每个调整重复进行5次。

但是如果将5个轨道中每个轨道上的输出发送到一个子混合中，可以对该子混合应用混响特效。你可以通过该子混合收听5个轨道，因此只需要对一个特效记性调整，系统也只需要对一个特效进行计算（而不是5个）。

11.9.2 理解自动模式

使用 Audio Mixer，可以在序列播放的过程中向音频轨道添加新的关键帧。通过这种方法，可以创建"实时的"音频混合。只需播放序列并使用 Audio Mixer 调整轨道音量即可。

Adobe Premiere Pro 需要知道你希望 Audio Mixer 音量调节器以何种方式与现有关键帧进行交互。在开始之前，你需要选择正确的自动模式。

下面简单介绍每种模式的含义：

- Off（关闭模式）：在该模式下，音量调节器会忽略任何的关键帧并保持在原有位置。你可以随意对音量调节器进行更改，更改之后将对整个轨道的播放音量产生影响。

```
Off
Read
Latch
• Touch
Write
```

- Read（只读模式）：在该模式下，音量调节器将跟随现有关键帧，动态更改轨道的播放音量。在这个模式下，无法使用音量调节器添加关键帧。
- Latch（插销模式）：在该模式下，音量调节器将跟随现有关键帧。但是如果按住音量调节器并进行调整，会对轨道应用新的关键帧并代替现有关键帧。当释放音量调节器时，它会停留在该位置。

因此，如果序列保持播放状态，将会对轨道进行"平（flat）"级别的调整并继续替换现有关键帧，直到停止播放位置。
- Touch（触摸模式）：在该模式下，音量调节器将跟随现有关键帧，但是如果按住音量调节器并进行调整，会对轨道应用新的关键帧并代替现有关键帧。当释放音量调节器时，它会返回并继续跟随现有关键帧。
- Write（写入模式）：在该模式下，音量调节器完全不会跟随现有关键帧。当播放序列时，会在音量调节器的位置创建新的关键帧。在该模式下，释放音量调节器时，它将会停留在该位置并添加一个平级别的调整，直到停止播放为止。

你可以自己尝试以下操作：

1. 使用之前创建的序列 Music Experiment。确保对 Audio 1 轨道进行设置以使其显示轨道关键帧或者轨道音量。这两者中的任意一个都可以，因为默认的关键帧类型为 Audio 音量。
2. 将 Timeline 播放头放置在序列的开始处。
3. 使用 Audio Mixer 将 Audio 1 的自动模式设置为 Touch。
4. 播放序列末尾，播放时，对 Audio 1 音量调节器进行一些调整，停止播放时，你将看到所添加的关键帧。

Fl | **注意**：在停止播放之前，你无法看到关键帧。

---

5. 尝试每一种自动模式并对结果进行比较。

要对所创建的关键帧进行调整，可以选择与使用 Audio Mixer 的 Pan 控制相同的方法来实现。

Pr | **提示**：要对 Pan 进行调整，可以选择与使用 Audio Mixer 调整音量相同的方法。只需播放序列并使用 Audio Mixer 的 Pan 控制进行调整即可。

使用Adobe Audition制作5.1混合音效。

Adobe Premiere Pro中的一个高级音频特性就是提供对5.1音频的支持。甚至可以处理5.1音频的剪辑以及对5.1音频进行相关操控。但是，Adobe Audition具有更为专业的环绕立体声混合器，它能够轻松快速地制作出5.1混合音效。

如果你想在序列中使用环绕立体声，可以考虑先在Adobe Premiere Pro中完成对视频的编辑，然后再转换到Adobe Audition中进行混合。

复习题

1. 在 Source Monitor 中播放剪辑时，如何只播放单个的音频通道以便使听众只能听到该通道上的音频？

2. 单声道与立体声音频之间的区别是什么？

3. 如何在 Source Monitor 中查看具有音频的剪辑的波形？

4. 规格化和增益之间的区别是什么？

5. J 切换和 L 切换之间的区别是什么？

6. Audio Mixer 是否会对剪辑片段或者轨道添加关键帧？

复习题答案

1. 可以使用音量表底部的 Solo 按钮，有选择地收听 Source Monitor 中剪辑的音频通道。

2. 立体声音频具有两个音频通道，而单声道音频只有一个音频通道。在记录立体声音效时，通用的标准是由左侧麦克风记录的音频为通道 1，而由右侧麦克风所记录的音频为通道 2。

3. 使用 Source Monitor 中的 Settings（设置）按钮菜单选择 Audio Waveform。你可以在 Program Monitor 中进行相同的操作，但是基本不需要这么做；剪辑可以在 Timeline 上显示波形。

4. 规格化会根据原始音量自动对剪辑的增益设置进行调整。你可以使用 Gain 设置手动进行调整。

5. 使用 J 切换时，下一个剪辑的声音在视频之前开始，而使用 L 切换时，当视频开始时，仍然保留上一个剪辑中的声音。

6. Audio Mixer 只对轨道（而不是剪辑）产生作用。使用 Audio Mixer 添加关键帧时，如果不将音频轨道设置为 Show Track Keyframes，那么你无法看到关键帧（即使它们仍然具有特效）。

第12课 美化声音

课程概述

在本课中，你将学习以下内容：

- 使用音频特效美化声音；
- 调整均衡器（EQ）；
- 使用 Audio Mixer 应用特效；
- 清除杂音。

本课的学习大约需要 60 分钟。

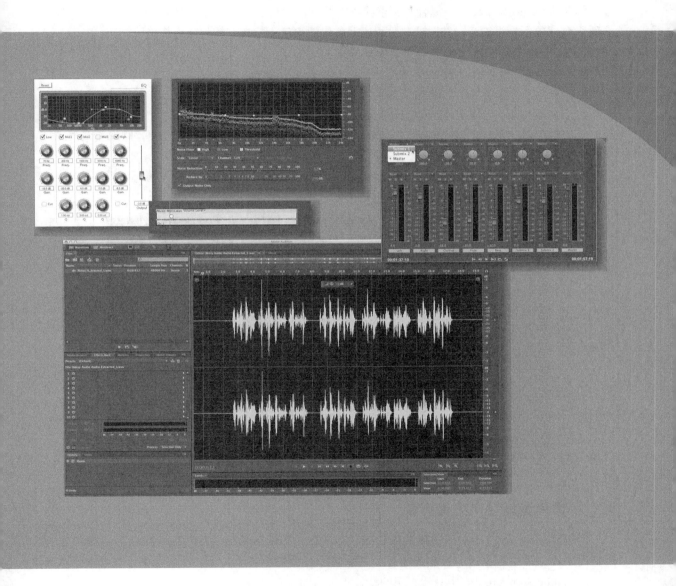

Adobe Premiere Pro CS6 中的音频特效能显著地改
变项目效果。要使你的音频达到更高的水平，需要利
用 Adobe Audition CS6 的强大功能。

12.1 开始

Adobe Premiere Pro CS6 中提供了 30 多种音频特效，可以改变音调、制造回声、添加混响和删除磁带的嘶嘶声。我们可以设置关键帧音频特效参数，使特效随着时间变化而调整。

此外，Audio Mixer 可以混合和调整项目中所有音频轨道上的声音。使用 Audio Mixer 可以将音轨组合成单个分组混音，并对这些分组以及各个轨道应用特效、摇移或音量修改。

在本课中，我们将使用一个新的项目文件。

1. 启动 Adobe Premiere Pro，并打开项目 Lesson 12.prproj。

   序列 01 Effects 应该已经处于打开状态。

2. 选择 Widows> Workspace>Audio 命令。

   这将使工作区变为由 Adobe Premiere Pro 开发团队创建的预设，这可以使音频编辑变得更加容易。

3. 选择 Window> Workspace<Reset Current Workspace 命令，并在打开的对话框中单击 Yes 按钮。

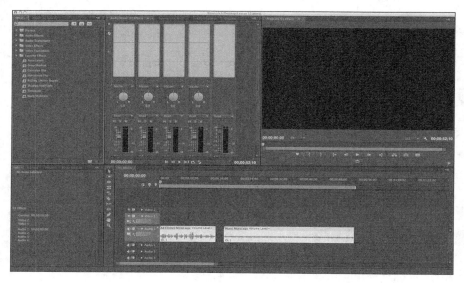

12.2 使用音频特效美化声音

理想情况下，录制出来的音频都具有很好的效果，但不幸的是，视频制作并不是一个完全由理想情况所构成的过程。这时，我们需要使用音频特效来解决某些问题。在本课中，我们将尝试使用一些 Adobe Premiere Pro 中最为有用的特效。

这些特效可以用于执行各种不同的任务，包括以下几个方面：

* DeNoiser（去噪）：该音频特效能够自动检测并移除音频中的嘶嘶声和杂音。

- Reverb（混响）特效：该特效能够为录制的音频增加"现场感"。使用该特效可以模拟较大房间内的声音效果。
- Delay（延时）：该特效能够为音频轨道添加轻微的（或者明显的）回音。
- Bass（低音）：该特效能够增加音频剪辑的低端频率。对于叙述性剪辑来说能够获得很好的效果，特别是在对男性声音的处理上。
- Treble（高音）：该特效用于调整音频剪辑中较高范围的频率。

Fl 注意：有必要了解更多关于 Adobe Premiere Pro 中音频特效的知识。你可以尝试体验各种不同的特效，因为它们都是无损的。这意味着不会对原始剪辑进行更改。你可以对单个的剪辑添加任意数量的特效，更改参数，然后删除这些特效并再次从头开始。

12.2.1　调整重音

调整低频率的振幅能够从整体上改进男性声音的音效。在这个示例中，我们将对发声者的声音进行修改。

1. 播放序列 01 Effects 中的第一个剪辑熟悉其中的声音。
2. 单击 Effects 面板将其激活。
3. 在 Effects 面板中打开 Audio Effects 文件夹。
4. 将 Bass 特效拖动到剪辑 Ad Cliches Mono.wav 上。
5. 打开 Effect Controls 面板。
6. 增加 Boost 属性以添加更多的重音效果。

尝试使用不同的数值来增加或者降低重音效果，直到找到自己喜欢的音效。务必要注意整体的音频级别，因为所作的调整可能会改变剪辑额音量。可以使用 Audio Mixer 面板来使音频级别保持在合理的水平上。

12.2.2　添加延时

延时的使用是一种风格化的特效。它可以用于处理发声者的声音，为声音添加戏剧性的音效或者通过风格化的回音创建一种空间感。

1. 在 Effects 面板的 Audio Effects 文件夹中，找 Delay（延时）特效。
2. 将 Delay 特效拖动到剪辑 Ad Cliches Mono.wav 上。

3. 播放剪辑并收听 Delay 特效。目前，剪辑中存在一秒钟的回声。

4. 尝试对下面的三种参数进行调整：
   - Delay（延时）：回声播放前的时间（0 ~ 2 秒）。
   - Feedback（反馈）：添加到音频的回声百分比，用于创建回声的回声。
   - Mix（混音）：回声的相对强度。

5. 播放剪辑并收听每个调整所产生的音效。

6. 输入以下数值，创建一种典型的体育场中的声音效果。

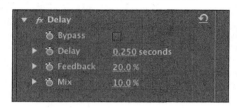

   - Delay：250 秒
   - Feedback：20%
   - Mix：10%

7. 播放剪辑，移动滑块，体验特效效果。

   较低的值产生的效果更好，对这段音频剪辑也是这样。记住，有些东西并不是越多才越好。一般来说，微妙的特效更加能够让听众感到愉悦。

12.2.3 调整音调

另一个可以进行调整的就是音调。这种方法可以改变声音的整体音调。通过对音调进行更改，可以将说话者表现为具有不同的音量、年龄，甚至种族。

1. 在 Effects 面板的 Audio Effects 文件夹中，找到 PitchShifter 特效。

2. 将 PitchShifter 拖动到剪辑 Ad Cliches Mono.wav 上。

3. 在 Effect Controls 面板中，单击 Custom Setup 的展开三角，显示该特效的参数。

   这个面板中包含三个项目：旋钮、预设和一个 Reset（重设）按钮。通过 Reset 按钮这个位置旁边的小三角形以及添加的矩形 Reset 按钮（如图中所示），可以分辨出音频特效是否具有预设。

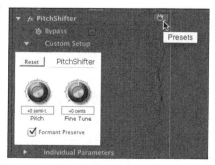

4. 尝试使用其中的一些预设，注意 Effect Controls 面板中旋钮下方的参数值。

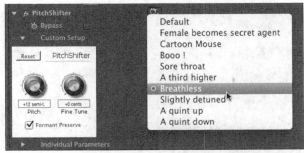

5. 使用 Individual Parameters（各个参数）滑块对声音进行调整。尝试使用从 -12 ～ +12 半音程间不同的 Pitch 设置，并切换 Formant Preserve 的开、关状态。

12.2.4 调整高音

之前，我们已经应用并调整了 Bass 特效来修改音频轨道中较低的频率。如果想进行反向修改，可以使用 Treble 特效。Treble 并不是简单 Bass 反向操作。Treble 的功能是增加或减少高频部分（4 000Hz 及以上），而 Bass 改变的是低频部分（200Hz 及以下）。人耳可以听到的频率范围大约是20Hz ～ 20 000Hz。

1. 拖动播放头，使其位于 Timeline 面板中的第二个剪辑上方（Music Mono）。
2. 播放第二个剪辑并熟悉其中的声音。
3. 在 Effects 面板的 Audio Effects 文件中，找到 Treble 特效。
4. 将 Treble 特效拖动到剪辑 Music Mono 上。

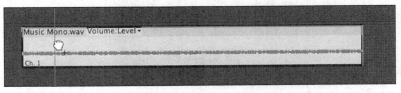

5. 增加 Boost 的属性值，添加更多的高音。
   尝试使用不同的数值来增加或者减少高音效果，直到找到自己喜欢的音效为止。

12.2.5 添加混响

Reverb 特效与 Delay 特效相似，但是更适合用于音乐轨道，它能够模拟不同类型房间中发出的声音。该特效可以用在各种类型的剪辑上，但是最适合用于某些声音，诸如强烈的吉他声。这是一个很强大的特效，它能为在"静寂"的房间内录制的音频添加某种效果，使它听起来像是在具有很少反射面的录音室录制的一样。

1. 在 Effects 面板的 Audio Effects 文件夹中，找到 Reverb 特效。
2. 将 Reverb 特效拖动到剪辑 Music Mono 上。
3. 在 Effect Controls 面板中，打开 Reverb 特效的 Custom Setup 选项。
4. 如果需要，单击 Show/Hide Timeline View 按钮为图形界面提供更多的显示空间。

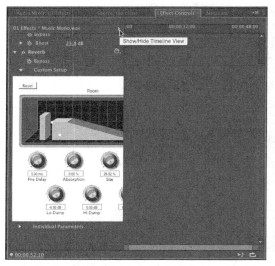 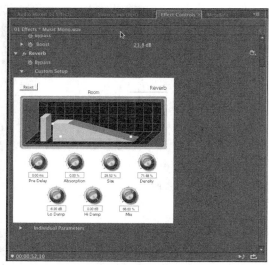

5. 单击 Presets 按钮，尝试其中的一些预设。

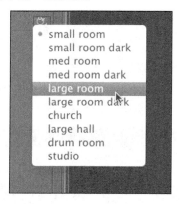

FI | 注意：Effect Controls 面板中旋钮下方的数值。

---

6. 体验以下 7 个控件旋钮。

- Pre Delay：声音传播到反射墙再传回来的距离。
- Absorption：声音吸收（而不是反射）的程度。
- Size：房间的相对大小。
- Density：混响"尾部"的密度。Size 的值越大，Density 的范围就越大（从 0% ~ 100%）。
- Lo Damp：低频衰减部分，以阻止隆隆声或其他噪声产生混响。
- Hi Damp：高频衰减部分。较低的 Hi Damp 值可以使混响听起来更柔和。
- Mix：混响量。

提示：Reverb 特效是一个 VST（Virtual Studio Technology，虚拟演播室技术）插件。这些是符合 Steinberg 音频标准的自定音频特效设计。那些创建 VST 音频特效插件的人不懈地努力使插件具有独特的外观，并提供非常特殊的音频特效。互联网上有大量的 VST 插件可供下载使用。

12.3 调整 EQ

对于比较高级的扬声器或者汽车立体声音响来说，可能会具备图形均衡器功能。EQ 控件不仅仅只是简单地调整重音和高音旋钮，它还具有多个滑块（通常被称为 band[频率范围]），这些滑块可以对声音进行更多的控制。Adobe Premiere Pro 中提供了两种类型的均衡效果：EQ 特效（具有 5 个频率范围）和 Parametric EQ（参数 EQ）特效，后者通常只具有一个 band（但是可以多次使用来选择多个频率）。

12.3.1 标准 EQ

Adobe Premiere Pro 中提供的 EQ 特效与传统的三向 EQ（能够控制低频、中频和高频）类似。但是它还提供了三个能过进行更精确控制的中频控件。这在平滑音效或者强调（或者降低）音轨中的某一部分音效来说非常有用。

注意：在下一个练习中，可以使用建议的数值作为参考。由于个人的品位以及说话者的声音可能有所区别，因此可以随意尝试各个数值进行试验。

1. 在 Project 面板中，找到序列 02 EQ 并将其打开。
   该序列中包含一个音乐轨道。
2. 在 Effects 面板中找到 EQ 特效（可以尝试使用窗口顶部的搜索框进行查找），并将其拖动到剪辑上。
3. 在 Effect Controls 面板中，单击 EQ 特效的 Custom Setup（自定义设置）旁边的三角形。
   你可能需要调整窗口尺寸或者通过滚动鼠标才能看到所有的控件。

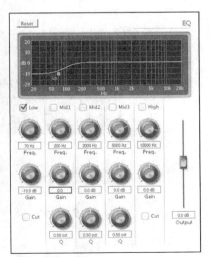

4. 播放剪辑并熟悉其中的声音。
5. 选择 Low 频率滤波器复选框将其激活。
6. 将 Low 频率设置为 70Hz 以改变受影响的区域，同时将增益降低到 -10.0dB。这将会降低中音区域的强度。
7. 播放序列并收听其中发生的变化。
   我们现在来对声音进行细化处理。
8. 选择 Mid1 频率滤波器复选框将其激活。
9. 将增益设置为 -20.0dB 并将 Q 因素调整到 1.0 以便获得更多的 EQ 调整变化。

10. 播放序列并收听其中的变化。

11. 选择 Mid 2 频率滤波器复选框将其激活。

12. 将频率设置为 1500Hz，并将增益调整至 6.0dB。将 Q 元素调整到 3.0 以便获得更多的 EQ 调整变化。

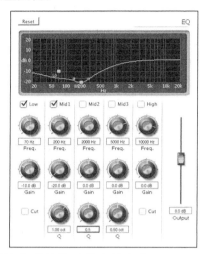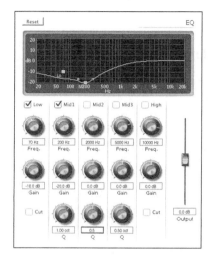

13. 播放序列并收听其中的变化。

14. 选择 High 频率滤波器复选框将其激活，并将它的增益设置为 -8.0dB 以便降低最高频率。整体音量仍然有一些过大，音量表也显示文件的声音级别过大。

Fl | **注意**：不要将音量设置得过大（音量过大时 VU 表将变为红色）。因为这将会导致声音变形问题。

15. 将特效的 Output（输出）滑块降低到大约 -3.0dB。

16. 播放序列并收听其中的变化。

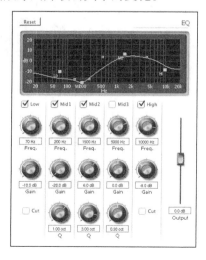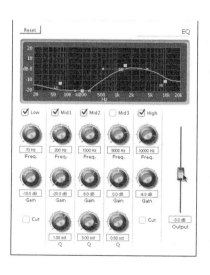

12.3.2　Parametric EQ

如果想要对 5 个以上的频率范围进行控制，那么 Parametric EQ 能够满足你的这一需求。尽管使用 Parametric EQ 时只能选择一个频率范围，但是你可以多次使用以便选择多个频率。

这个功能可以使你在需要时在 Effect Controls 面板中构建与均衡器一样的声音效果。

> **Pr** 提示：另一种使用 Parametric EQ 特效的方法是选择一个具体的频率然后对其进行升高或者裁切操作。可以使用该特效裁切一个特定的频率，例如高频中的噪音或者低频中的嗡嗡声。

1. 在 Project 面板中，找到序列 03 Parametric EQ 并将其打开。

   该序列中包含一个音乐轨道并且已经应用了 7 次 Parametric EQ 特效。每个特效当前都处于禁用状态，通过选择 Bypass（忽略）复选框来实现。

2. 播放剪辑并熟悉其中的声音。

   该音频中已经被应用了 7 个特效。这 7 个特效按照从低频（列表顶部）到高频（列表底部）的顺序进行排列。

3. 取消对第一个 Bypass 复选框的选择。

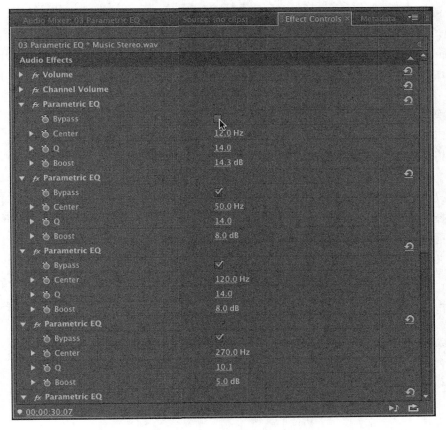

4. 播放序列并收听其中的变化。

5. 继续每一次只取消对一个 Bypass 复选框的选择，并且在每一次操作之后收听音频轨道中发生的变化。

12.4　在 Audio Mixer 中应用特效

当你在处理音频轨道时，可能会觉得这个过程有些复杂。因为所有轨道上的每一个剪辑都将同时播放。在前面的章节中，我们已经学习了如何使用 Audio Mixer 面板进行轨道音量混合，以便获得统一并且清晰的声音效果。此外，还需要回忆一些有关子混合的知识。

> **Fl** | 注意：由于讨论范围的限制，本书中不会列举处全部音频特效的参数，如果想了解更多有关音频特效参数的内容，可以搜索 Adobe Premiere Pro Help 文档。

12.4.1　创建初始混合

子混合能够允许你同时控制多个音频轨道的音量以及其他的特性。同时，也可以使用 Effect Controls 面板中的 Timeline 或者 Volume 特效中的音量表来调整每个剪辑的音量级别。使用 Audio Mixer 调整初始混合中的音量级别以及其他特性会更加容易。

通过一个与工作室中的混合硬件类似的面板，你可以移动轨道滑块来更改音量，旋转旋钮以向左或者向右摇移，为整个轨道添加特效以及创建子混合。子混合可以使你将多个音频轨道指向一个轨道上以便将同一个特效、声音应用到一组轨道当中，而不必对单个的轨道进行更改。

在这个练习中，我们将对一首在工作室中录制的合唱曲目进行混合操作。

1. 双击 Music Sonoma Stereo Mix（位于 Media 文件夹中），在 Source Monitor 中进行播放。这将是我们在组合总混合声音中要获得的声音效果）。

2. 在 Project 面板中，找到序列 04 Submixes，并双击载入。

3. 播放序列 04 Submixes，并注意相对于合唱团的声音来说，乐器的声音有一些过大。

4. 选择并调整 Audio Mixer 面板以便可以看到全部 5 个轨道以及一个主轨道。可能还需要留出更多的空间以便容纳另外两个轨道。可以通过拖动面板之间的条块或者边角的抓手重新定义面板的尺寸。

5. 更改位于 Audio Mixer 底部的轨道名称，依次选择每一个名称并输入新名称：Left、Right、Clarinet、Flute 以及 Bass（如图中所示）。

    更改后的这些名称同时也会出现在序列音频轨道的标题中。

6. 播放序列，并调整 Audio Mixer 中的滑块以创建你满意的混合效果。

    一个比较好的设置起点是将 Left 设置为 +4，将 Right 设置为 +2，将 Clarinet、Flute 和 Bass 分别设置为 −12、−10 和 −12。

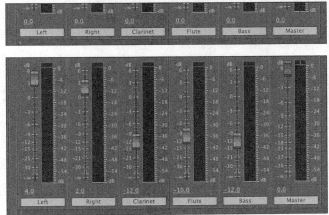

7. 在进行调整的同时注意观察主轨道 UV（音量单元）表。

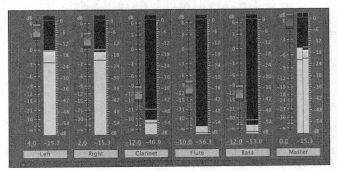

音量表上方的小标志表示这一段中的最高音量。当你将音量表设置为 Dynamic Peaks（动态峰值，默认设置）时，它们会保持一两秒钟，然后再随着音量的改变而移动。这些标志是观察左、右通道平衡程度的好办法。应该让它们在大部分时间里基本保持对齐。如果你想要更改到 Static Peaks（静态峰值），可以右键单击音量表并选择该选项。此时，峰值将会在整个播放过程中一直保持。

8. 使用各个轨道顶部的旋钮调整它们的 Left / Right Pan（完成后，参数应与下图中保持一致）。
   - Left：最左边（-100）。
   - Right：最右边（+100）。
   - Clarinet：左中（-20）。
   - Flute：右中（+20）。
   - Bass：居中（0）。

12.4.2　创建子混合

将音频剪辑放到 Timeline 上的音频轨道上，我们可以逐个剪辑应用特效、设置音量和摇移，或者也可以使用 Audio Mixer 对整个轨道应用音量、摇移和特效。无论使用哪种方法，在默认情况下 Adobe Premiere Pro 都会将音频从原来的剪辑和轨道上发送到 Master 轨中。

但有时在把音频发送到 Master 轨道上之前，我们可能想把它们发送到分组混音轨道。子混合轨道的目的是减少操作，并保证应用特效、音量和摇移方式的一致性。在 Sonoma 录制示例中，在应用 Reverb 时可以对唱诗班的两条轨道使用同一组参数，对其他三种乐器使用不同的 Reverb 参数。之后，子混合可以把处理过的信号送到 Master 轨，或者把信号送到另一个子混合中。

1. 继续对上一个练习中的序列 04 Submixes 进行处理。

2. 右键单击 Timeline 上的音频轨道标题，以下图作为参考，选择 Add Tracks（添加轨道）。

3. 将 Video Tracks（视频轨道）和 Audio Tracks（音频轨道）的 Add（添加）值设置为 0，Audio Submix Tracks（分组混音轨）的 Add 值设置为 2，Audio Submix Tracks 的 Track Type（轨道类型）设置为 Stereo，之后单击 OK 按钮。

这将向 Timeline 添加两条子混合轨道，向 Audio Mixer 添加两条轨道（它们的色调较暗），并把这些子混合轨道的名称（Submix 1 和 Submix 2）添加到 Audio Mixer 底部的弹出菜单中。

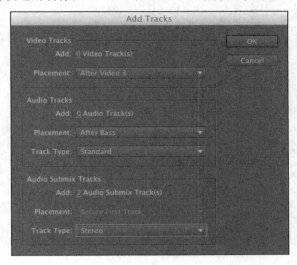

4. 如有需要，可以调整 Audio Mixer 面板的尺寸以便可以看到它的全部控件。

5. 单击 Left 轨道的 Track Output Assignment（轨道输出分配）弹出菜单（位于 Audio Mixer 的底部），并选择 Submix 1。

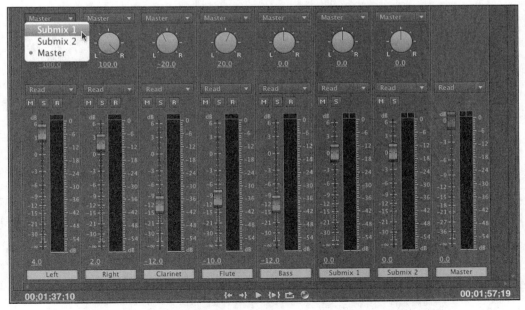

6. 对 Right 声道执行同样的操作。

现在 Left、Right 声道都被发送到 Submix 1。它们各自的特性——摇移和音量——不会发生改变。

7. 将三个乐器轨道发送到 Submix 2。

12.4.3 对子混合应用特效

现在，轨道已经获得了合适的处理，可以使用两个子混合对其进行调整了。我们将使用本章前面所讨论的 Reverb 特效。

1. 如果需要，可以点击 Audio Mixer 面板顶部的 Show/Hide Effects and Sends 开合三角。

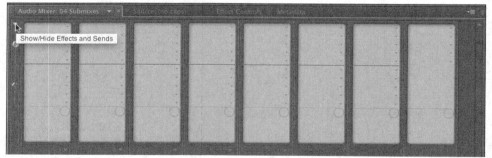

2. 单击 Submix 1 Track 的 Solo 按钮。

3. 单击 Submix 1 轨道的 Effect Delection（特效选择）按钮（面板右侧较小的下拉菜单），并从弹出菜单中选择 Reverb 命令。

4. 调整 Reverb 参数使其听上去像是大礼堂中合唱团发出的声音一样。单击底部的菜单（当前标为 PreDelay）。切换到 Size，并将其设置为大约 60。这是一个比较好的开始。

5. 对 Submix 2 轨道应用 Reverb 特效。

6. 单击 Submix 2 的 Solo Track 按钮，并禁用 Submix 1 的 Solo 开关。

7. 对 Submix 2 应用 Reverb 特效，并根据个人的喜好进行调整。尝试对参数进行设置以便创建出一种比歌声更低一些的声音效果。

> **Pr** 提示：在 Audio Mixer 中进行一段时间的处理之后，再次返回到 Timeline 时，你可能听不到任何声音。Audio Mixer 的 Mute 和 Solo 设置不会显示在 Timeline 上，但是在播放剪辑时仍然会具有效果，即使关闭了 Audio Mixer。因此，在关闭 Audio Mixer 之前，需要先检查 Mute 和 Solo 设置。

8. 单击 Submix 2 上的 Solo 按钮将其禁用。

9. 播放轨道，并收听两个子混合作为一个混音时的声音效果。

10. 可以随意调整 Volume 和 Reverb 的设置。

11. 播放序列并收听整体的混音效果。

12.5 清理杂音

当然，一开始就录制完美的音频是最好的。然而，有时我们无法控制音源，而又无法重新录制它，因此我们需要修理糟糕的音频剪辑。Adobe Premiere Pro 中提供了用于解决一般音频问题的功能强大的工具。

12.5.1 Highpass 和 Lowpass 特效

Highpass（高通）和 Lowpass（低通）特效通常用于提高剪辑的音效，它们可以结合在一起使用，也可以单独使用。Highpass 特效用于所有低于特定频率的频率（可以将其想象成是一个阈值，只有高于这个阈值的事物才能通过）。Lowpass 滤波器的功能正好与 Highpass 相反。它能够消除所有位于指定的 Cutoff（截止）频率上方的频率。Highpass 和 Lowpass 特效适用于 5.1 声道、立体声以及单声道剪辑。

1. 在 Project 面板中，找到序列 05 Noisy Reduction，并双击将其载入。

2. 播放序列并熟悉其中的声音质量。

3. 在 Effects 面板中，找到 Highpass 特效，并将其拖放到剪辑上。

4. 播放序列。

   由于阈值设置得过高，所以序列听上去可能有点处理过度。

5. 在 Effect Controls 面板中，调整 Cutoff 滑块，将其它的数值。

   可以在序列播放的过程中对其进行调整，这样就可以实时听到所应用的更改。调整数值尽
   可能降低背景中的低频杂音。大约 200.0Hz 左右的数值能够获得不错的效果。

6. 在 Effects 面板中，找到 Lowpass 特效，并将其拖动到剪辑上。

7. 调整 Lowpass 特效的 Cutoff 滑块。

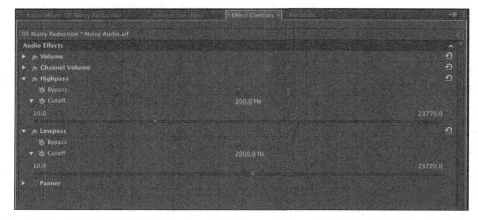

尝试使用不同的数值以便熟悉这两个特效时如何相互作用的。通过叠加设置这两个特效，
有可能将所有的杂音都消除掉。消除一些能够使录音听上去过于尖细的高频率。

12.5.2　Notch 特效

Notch（馅波）特效能够消除所有指定数值附近的频率。该特效可以瞄准某个频率范围，然后
消除该范围内的所有声音。这个特效可以很好地消除电力线的嗡嗡声以及其他的电子干扰声音。
在这个剪辑中，你将听到头顶的银光灯灯泡所发出的嗡嗡声。

> **FI** 注意：由电子问题或者线缆问题所导致的嗡嗡声以及设备本身的噪音的一般频率
> 为 60Hz 或者 50Hz。由于世界范围所使用的电子系统各不相同，因此频率也会有
> 所区别。

1. 继续处理序列 05 Noisy Reduction。

2. 单击 Highpass 和 Lowpass 特效的 Bypass 选项，暂时禁用这两个特效。

3. 播放序列并收听电子嗡嗡声。你可能需要增加扬声器的音量。

4. 在 Effects 面板，找到 Notch Effect 并将其应用到剪辑上。将该滤镜拖动到堆栈的顶部以便
   最先应用该特效。

5. 调整 Center 滑块确定要移除的频率。

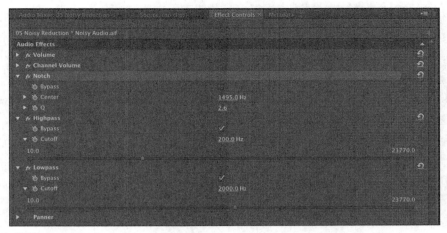

电力线的嗡嗡声一般为 50Hz 或者 60Hz。

6. 调整 Q 滑块调整该特效处理的范围。

较低的设置能够创建较窄的范围，较高的设置创建较宽的范围。

当获得初步效果之后，我们可以进行更大程度的调整。

12.5.3 Dynamics

另一个比较容易使用的特效是 Dynamics（动态）特效。该特效可以对多个属性进行强有力的控制，这些属性可以结合使用以便对音频进行调节，也可以单独尽心使用。你可能会发现 Custom Setup 视图中的图形控制是最容易使用的，也可以使用 Individual Parameters 视图进行调整。

可以使用 Dynamics 特效中的以下几个属性来调整音频。

- AutoGate：当音频级别低于指定阈值时，该特效会阻断声音信号。这种方法可以用于去除不想要的声音（例如采访或者旁白中的背景杂音）。

- Compressor：该选项能够平衡动态范围并在整个剪辑时长中创建持续的音频级别。

- Expander：该选项能够用于减少所有指定阈值以下的信号。它与 AutoGate 控件类似，但是可以进行更加细微的调整。确保在播放剪辑时对阈值和比率进行调整，保证声音具有自然效果的同时还能够移除那些不想要的杂音。

- Limiter：使用 Limiter 选项可以减少音频剪辑中声音过高的部分。你可以将阈值设置在 -60dB 和 0dB 之前。Adobe Premiere Pro 会减少所有超出阈值的信号，使其保持在与阈值相同的级别上。

1. 继续处理序列 05 Noisy Reduction。

2. 从 Effect Controls 面板移除所选剪辑的其他全部特效。

3. 在 Effects 面板中，找到 Dynamics 特效，并将其应用到剪辑上。

4. 在 Effect Controls 面板中，展开特效的 Custom Setup 控件，并滚动窗口查看所有控件。

5. 仅启用 AutoGate 选项，并收听剪辑。

   背景噪音应该已经被极大地减少了。调整阈值并感受一下音效。

6. 确保 Compressor 选项处于激活状态，调整它的设置使声音更加饱满一些。播放剪辑并根据需要进行调整。

7. 禁用 AutoGate 选项并启用 Expander 选项尝试以不同的方式移除背景杂音。

8. 播放剪辑，并调整 Expander 选项的 Threshold 和 Ratio 的数值。

9. 启用 Limiter 选项，并将其设置为 -12.00dB，这是音频操控中比较常用的级别。

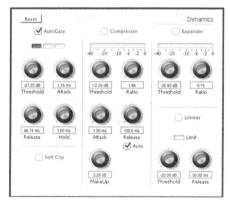 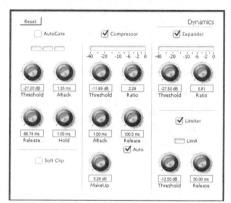

10. 播放剪辑，并观察音量表（如果不可见，可以在 Window 菜单下启用该选项）。

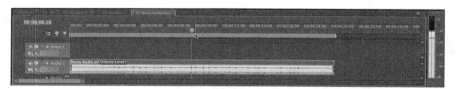

使用Adobe Audition移除背景杂音

   Adobe Audition是一个可以和Adobe Premiere Pro结合使用的应用程序，而这都包含于Creative Suite和Creative Cloud组件中。它是一个专业级的音频应用程序，能够提供一些用于混合音频和特效的高级功能，进而从整体上改进声音效果。如果你的计算机中已经安装了Adobe Audition，可以尝试进行以下操作：

   1. 在Adobe Premiere Pro中，从Project面板打开序列06 Send to Audition。

   2. 在Timeline上选择剪辑NoisyAudio.aif。

   3. 右键单击剪辑并在Adobe Audition

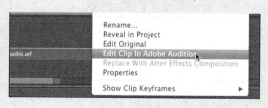

使用Adobe Audition移除背景杂音（续）

中选择Edit Clip命令。这将会提取一个新的音频剪辑并会添加到项目中。

    Adobe Audition 会打开，并包含一个新的剪辑。

4. 切换到Adobe Audition。

5. 该立体声音轨在Editor面板中将变得可见。

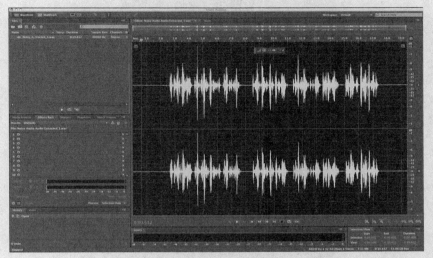

    Adobe Audition会呈现一个关于该剪辑的较大的波形。现在，需要选择剪辑中的杂音部分，然后减少整个剪辑中的杂音。

6. 再次播放剪辑。注意，开头的几秒钟播放的全部是杂音。

7. 使用Time Selection工具（工具栏中的I形工具），单击并拖动使刚刚选择的杂音部分处于高亮显示状态。

8. 在所选择的内容处于激活状态时，选择Effects > Noise Reduction/Restoration > Capture Noise Print命令。也可以按Shift＋P组合键。

    如果出现一个对话框并通知你噪音已经被捕捉，单击OK按钮对消息进行回复。

9. 选择Edit > Select > Select All命令，选择整个剪辑。

10. 选择Effects> Noise Reduction/Restoration > Noise Reduction(process)命令。也可以按Shift＋ Control+P组合键（Windows），或者按Shift＋ Command＋ P组合键（Mac OS）。这时会打开一个新的会话框，你可以在其中对杂音进行处理。

11. 选择Output Noise Only（仅输出杂音）复选框。该选项可以是你只收听想要移除的杂音，这有助于使你不会不小心将想要保留的音频也一同移除。

12. 单击窗口底部的Play按钮，并通过滑块调整Noise Reduction和Reduce以便移除剪辑中的杂音。尽量不要移除正常的声音。

使用Adobe Audition移除背景杂音（续）

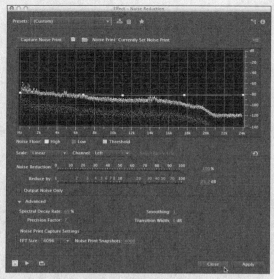

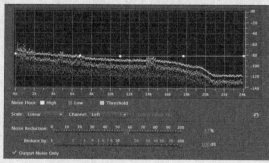

13. 取消对Output Noise Only复选框的选择，并收听清理之后的音频。

14. 在Advanced选择区域中，可以进一步对杂音消减进行定义。如果音频中的声音听上去很像是从海洋地下传来的电话通话音，那么可以尝试使用Spectral Decay Rate（频谱衰减比率）选项。

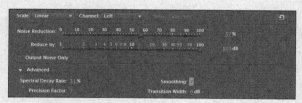

15. 如果对声音效果感到满意，可以单击Apply（应用）按钮以便应用清除操作。

16. 选择File > Close命令，并保存所做的更改。

17. 切换回到Adobe Premiere Pro，可以在这里收听清理之后的音频轨道。

复习题

1. 如果要较大程度地改变音频剪辑的速度，同时又不会改变它的时长，可以使用哪种特效？

2. Delay 和 Reverb 之间有什么区别？

3. 如何将具有相同参数的同一个音频特效应用到三个音频轨道？

4. 说出三种移除剪辑中背景杂音的方法。

复习题答案

1. PitchShifter 特效能够在较大程度上修改剪辑的语调进而音量，同时还能够与视频剪辑保持同步。

2. Delay 创建的是清晰的单个回声，它可以重复，并逐渐地变弱。Reverb 创建的是模仿室内的回声混合。它具有多个参数，可以使我们在 Delay 特效里听到的回声变模糊。

3. 最简单的方法是创建分组混音轨道，把这 3 个轨道分配到分组混音轨道中，然后对分组混音应用特效。

4. 可以使用 Adobe Premiere Pro 中的 Notch 或者 Dynamics 特效，或者将剪辑发送到 Adobe Audition 中并使用该应用程序中提供的高级杂音减轻控件。

第13课 添加视频特效

课程概述

在本课中，你将学习以下内容：

- 使用固定特效；
- 使用 Effect Browser 浏览特效；
- 应用和删除特效；
- 使用特效预设；
- 使用关键帧特效；
- 了解经常使用的特效。

本课的学习大约需要 75 分钟。

Adobe Premiere Pro CS6 提供 100 多种视频特效。
大多数效果都带有一组参数，这些参数都可用精确的
关键帧控制进行动画处理，使它们随时间而变化。

13.1　开始

很多时候，我们都需要用到视频特效。可以使用视频特效解决图像质量方面的问题（例如曝光和色彩平衡）。可以使用诸如色品键控（chromakeying）这类的技巧对特效进行合成以便创建出复杂的图像效果。也可以使用特效来解决一些制作过程中遇到的问题，例如摄像机振动或者卷帘快门等相关问题。特效还可以用于使对象更具风格化的目的，可以通过特效改变颜色或者使素材具有变形效果。可以在帧内创建剪辑的尺寸和位置动画。

13.2　使用特效

Adobe Premiere Pro 可以轻松使用各种特效。可以直接将特效拖动到剪辑上，或者选择某个剪辑并在 Effects Browser 中右键单击某个特效。可以在某个剪辑上任意合并多个特效，进而创作出令人惊奇的效果。此外，可以使用调整图层为一组剪辑添加相同的特效。

当选择要使用的视频特效时，如何在 Adobe Premiere Pro 中进行选择是一件非常重要的事情。这个应用程序中提供了 100 多个内置特效。还可以选择使用几个来自第三方制造商提供的特效，可以通过付费或者免费下载的方式获得这些特效。理解如何在 Adobe Premiere Pro 中对特效进行处理非常重要。

13.2.1　固定特效

在将剪辑添加到序列中之后，该剪辑会被自动应用某些特效。这些特效被称为固定特效（fixed effect），可以将这些特效看成是针对剪辑具有的某些属性的控件，例如标准几何图形、不透明度以及音频属性等。所有的固定特效都可以通过 Effect Controls 面板进行修改。

1. 启动 Adobe Premiere Pro，并打开 Lesson 13.prproj。
2. 双击打开序列 01 Fixed Effects。
3. 单击并选择 Timeline 上的第一个剪辑。
4. 选择 Window > Workspace > Effects 选项切换到 Effects 工作区。

   如果你看到的工作区与此处显示的工作区有所区别，可以选择 Window > Workspace > Reset Current Workspace 命令。
5. 选择 Effect Controls 面板（该面板应该位于 Source Monitor 中）。
6. 查看已经应用的固定特效。

   默认情况下，固定特效会被自动应用到序列中的每一个剪辑上，但是只有在执行之后，才会使剪辑发生改变。
7. 单击每个项目旁边的展开三角可以查看它们的属性。
   - Motion（运动）：使用 Motion 特效可以创建剪辑的动画、旋转或者改变剪辑的尺寸。还可以使用更为高级的防闪烁控制降低动画对象边缘出现的发光问题。在缩放具有较高分辨率的源对象时，Adobe Premiere Pro 必须对数字图像进行重新取样，这时使用该特效是非常方便的。

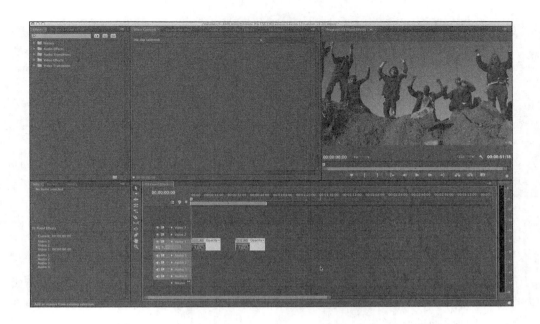

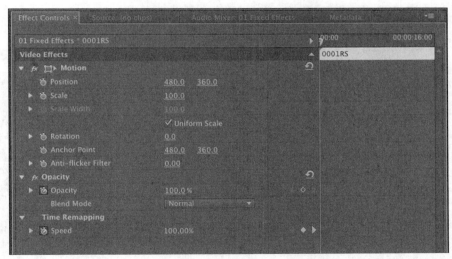

- Opacity（不透明度）：可以使用 Opacity 特效控制剪辑的不透明度（或者透明度）。此外，你还可以使用用途广泛的混合模式创建特效和实时的合成效果。本书第 15 章"探索合成技巧"部分会对次进行更多介绍。

- Time Remapping（时间重映射）：该属性可以对播放执行减速、加速或者反向播放操作，甚至可以冻结某个帧。本书第 8 章"高级编辑技巧"中对此进行了更为详细的介绍。

- Volume（音量）：如果要编辑的剪辑中具有音频，则会自动应用 Volume 特效。你可以使用该特效控制单个剪辑的音量。

8. 单击并选择 Timeline 中的第二个剪辑。仔细观察 Effect Controls 面板。

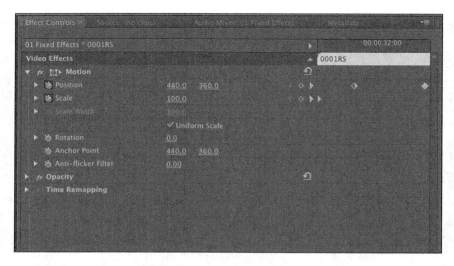

这些特效都具有关键帧，这意味着可以随时对它们的值进行更改。这时，会在剪辑上应用一个较小的比例和相位以便创建数字缩放并对剪辑重新进行合成。我们将在本章的后面详细对关键帧进行介绍。

9. 按播放键反复播放几次序列并进行观察，对两个效果进行比较。

13.2.2 特效浏览器

除了刚才已经介绍的固定特效之外，Adobe Premiere Pro 还具有一些标准特效。你可以使用这些标准特效改变剪辑中的图像质量和外观。由于可供选择的特效的数量达 100 种以上，因此 Adobe Premiere Pro 通过一定的组织方式简化了这一过程。你可以看到 16 个标准目录（使用第三方特效时，目录的数量可能更多）。这些目录对特效按照不同的用途进行了分组，例如 Distort（变形）、Keying（键控）以 Time（时间）等。这使在需要时选择正确的特效变得更加轻松。

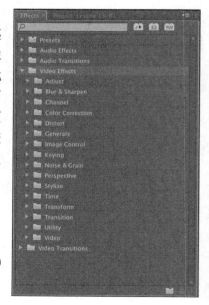

1. 单开 Project 面板。
2. 双击并打开序列 02 Browser。
3. 在 Timeline 上单击并选择剪辑。
4. 单击 Effects 选项卡以选择 Effects Browser（特效浏览器）命令。也可以使用 Shift+ 7 快捷组合键进行选择。
5. 双加 Video Effects 文件夹将其打开。
6. 单击面板底部的 New Custom Bin 图标。
   New Custom 文件夹将会出现在 Video Transitions 下方的 Effects 面板中。我们需要对该文件夹进行重新命名。

7. 单击并选择该文件夹。

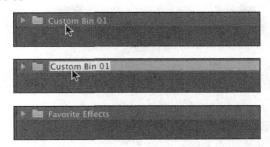

8. 直接在文件夹的名称上单击（Custom Bin 01）将其高亮显示并进行更改。
9. 将其改为如 Favorite Effects 这样的名称。
10. 打开任意 Video Effects 文件夹，将某些特效推动到你自己的文件夹中。现在，可以只选择一些你觉得感兴趣的特效。可以在任何时候从 Favorite Effects 中添加或者删除特效。

Fl | 注意：特效将同时存在于它们的原始文件夹以及你的自定义文件夹中。可以在自定义文件夹中创建符合自己风格的特效目录。

Fl | 注意：由于 Video Effects 的数量众多，因此有时候要找到需要的特效并不容易。但是如果你知道特效的完整或者部分名称，可以在 Effects 选项卡顶部的搜索框中输入名称，Adobe Premiere Pro 会立即显示包含这些字母组合的特效或者切换，输入的字母越多，搜索的范围就会越窄。

　　在浏览多个特效时，你会在很多特效的名称旁边看到几个图标。了解这些图标代表的含义有助于更好地选择项目中需要使用的特效。

加速特效　　　32位色彩　　　YUV特效

1．加速特效

第一个图标（具有一个加速播放三角）该特效可以使用图形处理单元（GPU）进行加速。记住，GPU（通常被称为视频卡）能够极大地增强 Adobe Premiere Pro 的性能。因此，尽可能地使用受 Mercury Playback Engine 支持的视频卡，这样的话，特写特效通常能够获得加速效果，甚至是实时性能，并且只需在最终输出时进行渲染即可。你可以在 Adobe Premiere Pro 的产品页中看到有关受支持加速卡的列表。

GPU 加速通常能够带来以下益处：

* 可以将多个特效放置在多个视频图层中并且在不进行渲染的情况下进行播放，而且通常都是实时的。
* 32 位浮点数流水线支持 Adobe Premiere Pro 中可以使用的所有 32 位特效。

2．32 位色彩（高位深）特效

你会在一些特效的旁边看到一个显示为 32 的图标，这表明该特效支持每通道 32 位模式，也被称为高位深（high bit depth）或者 float processing（浮点处理）。

> **Fl** | 注意：使用 32 位特效时，尽量全部都使用 32 位特效以便获得最佳的质量。如果对特效进行混合，那么它将变回到 8 位处理空间，这将降低图像的总体精确度。

处于以下任何一种情况时，需要使用高位深特效：

* 处理具有每通道 10 或者 12 位的编码解码器的剪辑（例如 RED 或者 ARRI）。
* 当对素材应用多个特效时，想要保持更大的保真度。

此外，在每通道 16 或者 32 位色彩空间渲染的 16 位文件或者 Adobe After Effects 文件能够利用高位深特效。

要充分利用高位深特效，需要确保序列的 Maximum Bit Depth（最大位深）视频渲染选项处于选中状态。你可以在 New Sequence 或者 Sequence Settings 对话框中找到这个选项。

3．YUV 特效

如果需要使用能够处理图像颜色的特效，那么 YUV 特效似乎是非常合适的。Adobe Premiere Pro 中不具有 YUV 标签的特效会在计算机的原始 RGB 空间中进行处理，而这可能降低针对曝光和色彩所做的调整的精确度。

YUV 特效会将视频划分到 Y 通道（亮度通道）以及另外两个包含颜色信息的通道（不包含亮度）。这也是大多数视频素材的原始结构。这些滤镜能够轻松调整素材的对比度和亮度，同时不会改变素材的颜色。

> **Fl** | 注意：你会看到许多视频特效目录，某些特效很难进行组织，它们位于多个目录或者自己的目录中，但是这种分类方法实际上是非常合理的。

13.2.3　应用特效

实际上，可以在 Effect Controls 面板中访问全部的视频特效参数，这使对这些特效的行为和强度所进行的设置变得更加容易。可以对 Effect Controls 面板中所列的每一个属性单独添加关键帧，这样可以随时对其行为进行更改。此外，还可以使用贝塞尔曲线调整这些更改的速率和加速。

> **Fl** **注意**：可以通过在列表中上下拖动的方法重新排列标准特效，但是对固定特效进行重新排列。这将会导致某些问题的发生，因为当应用了其他特效之后，这些特效的比例会发生改变。

1. 继续处理序列 02 Browse。
2. 如有需要，单击 Project 面板旁边的 Effects 选项卡使其变得可见。
3. 在 Effects Browser 搜索字段中输入 black 以缩小结果。找到 Black & White（黑白）视频特效。
4. 将 Black & White 视频特效拖动到 Timeline 上的剪辑 Cowboy 上。

应用该特效之后，图像会立即由完全色彩转换为黑白色——确切的说应该是灰度图像。同时会将该特效放置到 Effect Controls 面板中。

5. 确保剪辑 Cowboy 在 Timeline 上处于被选中的状态。
6. 如有需要，单价 Effect Controls 选项卡将其打开。
7. 可以通过在 Effect Controls 面板中单击特效名称旁边的 "fx" 按钮关闭和开启 Black & White 特效。确保当前时间指示器位于该素材剪辑上以便查看结果。

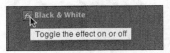

对特效进行开启和关闭切换可以很好地将其与其他特效进行比较。开启或者关闭时，切换的仅仅是 Black & White 特效的参数。

8. 确保该剪辑处于选中状态，以便它的参数能够显示在 Effect Controls 面板中，单击 Black & White 选择该特效，然后按 Delete 键。

9. 在 Effects Browser 搜索地段中手 direction 以便缩小搜索结果。找到 Directional Blur 视频特效。

10. 在 Effects Browser 中双击应用该特效。

11. 在 Effect Controls 面板中，展开 Directional Blur 特效的滤镜，注意，这里提供了一些 Black &White 特效不具备的选项：Direction（方向）和 Blur Length（模糊长度），每个选项旁边还有一个计时器（计时器图标用于激活关键帧，本章稍后会进行介绍）。

12. 将 Direction 设置为 90.0°，Blur Length 设置为 4，以便模拟电影中的慢镜头效果。

13. 展开 Blur Length 选项，并在移动 Effect Controls 面板中的滑块。

当你更改设置时，结果会实时显示在 Program Monitor 中。

14. 打开 Effect Controls 面板菜单，并选择 Remove Effects（删除特效）。

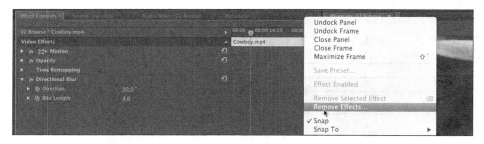

15. 此时会弹出一个对话框并询问你需要删除哪些特效，单击 OK，移除全部特效。

这种方法可以轻松使你从头开始。

Pr 提示：Adobe Premiere Pro 中的固定特效必须按照特定的顺序进行处理，这可能导致比例和尺寸发生变形的问题。尽管无法重新排列固定特效的顺序，但是可以忽略它们，使用其他相似的特效来代替。例如，可以使用 Transform（变换）特效代替 Motion 特效，或者使用 Alpha Adjust 特效代替 Opacity 特效。尽管这些特效并不相同，但是它们非常接近并且在行为上也很相似。当你需要重新排列执行任务的特效的顺序时，可以使用这些替代的特效。

应用特效的其他方法

要更加灵活地使用特效，可以通过以下3种方法重复使用某个特效。

- 可以从 Effect Controls 面板中选中某个特效，选择 Edit> Copy 命令，然后选择目标剪辑的 Effect Controls 面板并选择 Edit> Paste 命令。

- 要复制某个剪辑上的所有特效以便将其粘贴到其他剪辑上，可以在 Timeline 上选择该剪辑并选择 Edit>Copy 命令，然后选择目标剪辑并选择 Edit > Paste Attributes 命令（粘贴属性）。

- 还可以创建特效预设以便存储某个具体的特效设置，本章的后面将会对此进行介绍。

13.2.4 使用调整图层

有时候，我们可能想要对多个剪辑应用同一个特效。Adobe Premiere Pro CS6 为此提供了一个非常轻松的方法，称为调整图层（adjustment layer）。其中包含的概念非常简单：创建一个包含特效的新图层并将其放置在其他视频轨道的上面。任何位于调整图层下面的对象都将被应用该特效。可以通过调整调整图层的裁剪手柄和不透明度进一步对特效进行控制。同时，与应用到几个剪辑中的多个实例相比，它也会使对单个特效的调整变得更加容易。

我们现在为一个已经进行了编辑的序列创建一个全局特效。

1. 单击 Project 面板。
2. 双击打开序列 03 Multiple Effects。
3. 在 Project 面板的底部，单击 New Item 并选择 Adjustment Layer。单击 OK 按钮创建与当前序列尺寸想匹配的调整图层。

> **Fl** 注意：为了节省磁盘空间，该序列已经被进行简化操作，原始序列使用可多个音频轨道。

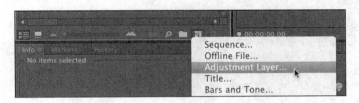

一个新的调整图层将会被添加到 Project 面板中。

4. 将调整图层拖动到当前 Timeline 上的轨道 Video 2 上。

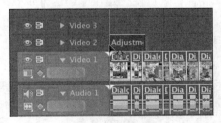

5. 拖动调整图层的右侧边缘使其延伸到序列的末尾。

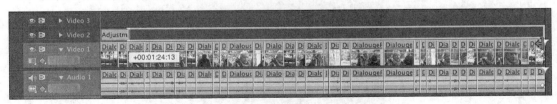

调整图层将显示如下。

我们使用滤镜并通过修改调整图层的不透明度来创建一个具有电影外观的特效。

6. 在 Effects Browser 中，搜索并找到 Fast Blur（快速模糊）特效。

7. 将该特效拖动调整图层上。

8. 将播放头放置到 27:00 处以便获得一个适合该特效的特写镜头。

9. 在 Effect Controls 面板中，将 Blurriness（模糊度）设置为一个较大的值，例如 25.0 像素。确保选中 Repeat Edge Pixels（重复边缘像素）复选框以便均匀地应用特效。

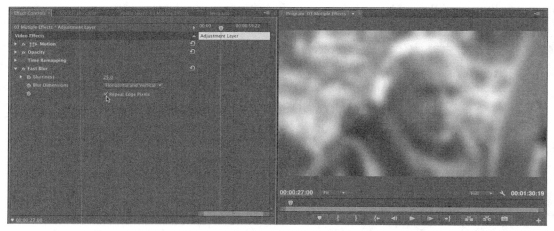

我们现在使用混合模式混合特效以便创建出电影的外观效果。混合模式可以基于亮度和颜色数值将两个图层混合在一起。本书第 15 章将会更为详细地对此进行介绍。

10. 单击 Effect Controls 面板中 Opacity 属性旁边的展开三角。

11. 将混合模式改为 Soft Light（柔光）以常见柔和的混合效果。

12. 将 Opacity 设置为 75% 以便使特效具有渐隐效果。

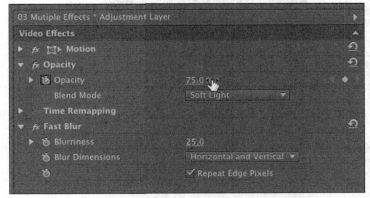

你可以通过单击 Timeline 面板中调整图层的可视性图标（Video 2 旁边的眼球图标）来查看应用调整图层之前和之后的状态。

应用调整图层之前

应用调整图层和混合模式之后续

将剪辑发送到Adobe After Effects中

　　如果你的计算机中已经安装了Adobe After Effects，那么可以轻松在Adobe Premiere Pro和After Effects之间相互发送剪辑。由于Adobe Premiere Pro与After Effects之间具有非常亲密的关系，相对于其他编辑平台，可以更加轻松地将两种工具无缝整合在一起。这种方法可以极大地扩展编辑工作流中的特效能力。

　　我们在移动剪辑时使用的程序称为动态链接（Dynamic Link）。Dynamic Link具有革命性的意义，它能够完全改变后期制作过程这能够的媒体处理方式。有了Dynamic Link，我们可以在不进行渲染的情况下实现剪辑的无缝交换。

1. 在打开的序列中，选择想要在After Effects中进行合成的剪辑。在这个练习中，可以使用序列04 Dynamic Link。
2. 右键单击任意所选择的剪辑。
3. 选择Replace With After Effects Composition（使用After Effects合成图像代替）。

将剪辑发送到Adobe After Effects中（续）

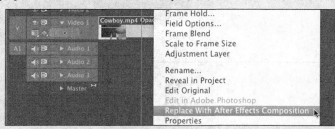

4. 如果After Effects之前没有运行，则会立即开启。如果After Effects中出现 Save As（另存为）对话框，则为其输入一个名称并选择After Effects项目 的存储位置，但后单击Save（保存）。将项目命名为Lesson 13-01.aep并 将其保存在Lessons文件夹中。这时会创建一个新的合成图像并继承Adobe Premiere Pro中的序列设置。新的合成图像会基于Adobe Premiere Pro的项 目名称进行命名，并且后面跟随"Linked Comp"字样。

5. 在After Effects项目面板中，双击载入Lesson 13-01 Linked Comp 2. 存在很多使用After Effects应用特效的方法。为了方便起见，我们将会使 用动画预设。要了解更多特效工作流方面的内容，可以参见《Adobe After Effects CS6经典教程》一书。

6. 找到Effects & Presets面板，单击它位于右上角的子菜单，并选择Browse Preset（浏览预设）。

7. 此时会开启Adobe Bridge以便让你浏览预设。

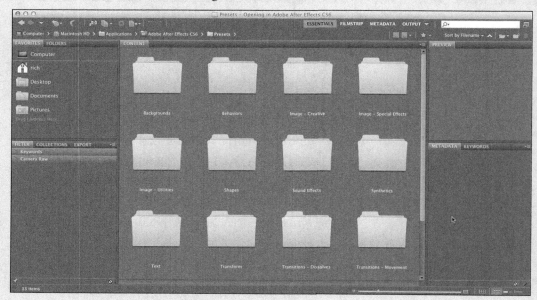

将剪辑发送到Adobe After Effects中（续）

可以在各个文件夹中导航查看每个预设的图标，单击图标可以查看该特效的预设。

8. 双击Image-Creative文件夹浏览预设。

9. 你可以单击预设以便查看
预设动画。

10. 双击Colorize-sepia.ffx预设；
当切换回到After Effects中
时，预设将会被应用到所
选择的图层之上。

11. 切换回到After Effects并查看应用的特效。

12. 在Timeline上选择剪辑，并按E键查看应用之后的特效。

13. 展开Tint和Fill特效旁边的展开图标查看它们的控件。

14. 单击每种颜色的色板并调整用于Tint特效的颜色。将棕色色调变得更冷一些。

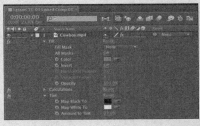

15. 单击RAM Preview按钮查看特效。帧被缓冲之后，文件将会进行实时播放。

16. 选择File > Save命令捕捉产生的更改。

17. 切换回到Adobe Premiere Pro。帧将会在背景中进行处
理并且从Adobe After Effects转到Adobe Premiere Pro
中。你也可以在Timeline上选择剪辑并且选择Sequence
> Render Effects in Work Area（在工作区中渲染特效）命令。

可以从Adobe网站中浏览并下载几个预设，地址是www.adobe.com/go/learn_ae_
cs3additionalanimationpresets。其中的大部分预设都是免费的。另一种比较好的方法是
访问较大的After Effects社区。

13.3　关键帧特效

关键帧的概念可以追溯到传统的动画制作中。首席动画师负责绘制关键帧（或者称为主要动作），然后助理动画师则负责创建各个关键帧之间的帧（这一过程被称为补间动画 [tweening]）。现在，你自己就是负责设置主要关键帧的人，其他的工作则由计算机来完成，例如在你设置的关键帧之间插入数值。

13.3.1　添加关键帧

可以通过使用关键帧随时对视频特效中的大多数参数进行更改。例如，可以使特效逐渐淡出焦点，更改颜色，或者增强阴影的效果。

1. 单击 Project 面板。
2. 双击打开序列 05 Keyframes。
3. 反复观看几次剪辑熟悉素材。
4. 在 Effects Browser 中，找到 Lens Flare（镜头眩光）特效。将该特效应用到视频图层上。
5. 向下展开 Lens Flare 特效旁边的三角形，并调整 Lens Flare 特效，使它的位置看上去像是跟随人物一样。

> **FI** 注意：如果不将播放头移动到将要应用特效的剪辑上吗，你将无法在 Program Monitor 中查看该剪辑或者它的特效。只选择剪辑不会移动该剪辑的播放头。

6. 扩展 Effect Controls 面板的显示范围，直到它的视图变得足够宽。你可以在各个面板之间拖动以便重新定义它们的尺寸，。在需要时还可以单击 Show/Hide Timeline（显示／隐藏时间线）按钮。

7. 将播放头放置在序列的开始处。

8. 单击时间记录器图标却换 Flare Center（眩光中心）和 Flare Brightness（炫光亮度）属性的动画。

9. 将播放头移动到剪辑的末尾处。

你可以在 Effect Controls 面板中直接拖动播放头。确保你能够看到视频的最后一帧并且不存在任何空白帧。

10. 调整 Flare Center 和 Flare Brightness，使眩光在摄像机摇移时移动到天空上并且变得更加明亮。可以使用下面的图片作为参考。

11. 播放序列并查看不同时间上的特效动画。

> **Pr** 提示：确保使用 Next Keyframe（下一关键帧）和 Previous Keyframe（上一关键帧）按钮在各个关键帧之间有效进行切换，这样能够放置 Adobe Premiere Pro 添加不需要的关键帧。

13.3.2 关键帧插值和速度

当特效移近或离开关键帧时，关键帧插值会改变特效参数的变化方式。目前看到的默认变化方式都是线性的，换句话说，也就是两个关键帧间的速度是不变的。通常较好的变化方式是让它符合你的生活体验，或者更夸张一些。例如逐渐加速或减速，或快速变化。

Adobe Premiere Pro 提供两种变化控制方法：关键帧插值和 Velocity Graph（速度曲线）。关键帧插值最简单，只需单击两次。而调节 Velocity Graph 则更具有挑战性。掌握这种功能需要花时间做一些练习。

在本章中，可以使用前面的序列或者打开 06 Interpolation。

1. 确保能够看到 Effect Controls 面板的 Timeline（需要时可以单击面板顶部的 Show/Hide Timeline 视图按钮）。

2. 将当前时间指示器放置在剪辑的开始处。

   Lens Flare 特效动画发生在摄像机移动之前，可以对其进行调整以便使它的移动更加自然。

3. 右键单击（Windows）或者按 Control 并单击（Mac OS）Flare Center 属性的第一个关键帧。

4. 选择 Temporal Interpolation（时间插值）> Ease Out（淡出）方法创建一个从关键帧到移动的柔和切换效果。

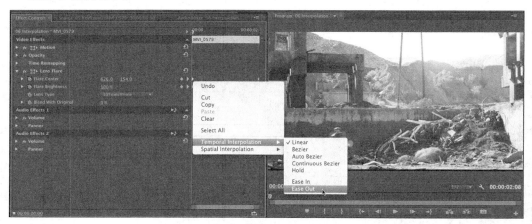

> **Pr** 提示：在使用与位置相关的参数时，关键帧的关联菜单将会提供两种类型的插值选项：空间插值（spatial interpolation）（以位置相关）和时间插值（temporal interpolation）（与时间相关）。你可以在 Program Monitor 以及 Effect Controls 面板中对空间进行调整。在 Timeline 和 Effect Controls 面板中对剪辑的时间进行调整。这些与运动相关的议题在本书第 9 章中进行了讨论。

5. 右键单击 Flare Center 属性的第二个关键帧。选择 Temporal Interpolation（时间插值）> Ease In（缓入）方法，创建最后一个关键帧静态位置的柔和切换。

   我们现在来修改 Flare Brightness 属性。

6. 单击 Flare Brightness 的第一个关键帧，然后按住 Shift 键并单击第二个关键帧以便使二者都处于激活状态。

7. 右键单击其中一个 Flare Brightness 关键帧并选择 Auto Bezier（自动贝塞尔），创建两个属性之间的柔和动画效果。

8. 播放动画并查看所做的更改。

   我们来使用 Velocity 曲线进一步细化关键帧。

9. 将鼠标指针放置到 Effect Controls 上方，但后按（ ）键使面板变成全屏模式。这可以更清楚地查看关键帧控件。

10. 向下展开 Flare Center 和 Flare Brightness 属性的展开三角。

Velocity 曲线用于显示关键帧之间的速度。突然的下落或者弹跳表示加速度的突然变化。点或者线距离中心的位置越远，速度越大。

11. 尝试调整关键帧的手柄以便使速度曲线变得更加陡峭或者舒缓。

12. 按（ ` ）键保存默认的窗口布局。

13. 播放序列并查看改变都带来了哪些影响。继续进行体验，直到是自己对关键帧和插值变得很熟悉为止。

理解插值方法

下面描述的是Adobe Premiere Pro中的关键帧插值方法。

- Linear（线性）：该方法为默认方法。它在关键帧之间创建一致的变化速率。

- Bezier（贝塞尔曲线）：这种方法让你手动调整关键帧任一侧曲线的形状，它允许在进、出关键帧时突然加速变化。

- Continuous Bezier（连续贝塞尔曲线）：创建通过关键帧的平滑速率变化。与Bezier不同，如果调节一侧手柄，关键帧另一侧的手柄会以相反的方式移动，确保通过关键帧时平滑过渡。

- Auto Bezier（自动贝塞尔曲线）：即使改变关键帧参数值，这种方法也能在关键帧中创建平滑的速率变化。如果选择手动调节其手柄，它变为Continuous Bezier点，保持通过关键帧的平滑过渡。Auto Bezier有时可能会产生不想要的运动效果，因此首先尝试使用其他方法。

- Hold（保持）：这种方法改变属性值，而没有渐变过渡（效果突变）。Hold插值关键帧后的曲线显示为水平直线。

- Ease In（缓入）：这种方法减缓进入关键帧的数值变化。

- Ease Out（缓出）：这种方法逐渐增加离开关键帧的数值变化。

13.4 特效预设

在执行重复的任务时，为了节省时间，Adobe Premiere Pro 提供了特效预设功能。你可以在程序中看到一些针对某些特定任务而创建的预设，但是真正的强大之处在于你可以为那些重复的任务创建属于自己的预设。创建特效预设时，甚至可以存储动画的关键帧。

> **FL** | **注意：** 在视频剪辑上创建动画或者移动图形或文本时，使用特效是一个比较理想的方法。

13.4.1 使用内置预设

你可以使用 Adobe Premiere Pro 中包含的特效。这些特效在执行某些任务时非常有用，例如倾斜、画中画特效以及风格化切换。

1. 单击 Project 面板。
2. 双击打开序列 07 Presets。

   该序列中有两个剪辑，一个视频剪辑以及一个商标，我们将使用动画预设创建商标显示的动画效果。
3. 在 Effects 面板中，展开 Presets 和 Mosaics 文件夹。如果看不到，则清除搜索字段中的内容。
4. 将 Mosaic In 预设拖动到 Video 2 上的剪辑 paladin-logo.psd 上。
5. 播放序列并查看屏幕上的商标动画。
6. 单击 Video 2 上的剪辑 paladin-logo.psd，并在 Effects Controls 面板中查看它的控件。

7. 尝试在 Effect Controls 中调整关键帧的位置以便对特效进行优化。

13.4.2 保存特效预设

尽管存在一些可供选择的特效预设，但是创建属于自己的特效预设不失为一个很好的主意。这个过程非常简单，还可以创建预设文件以便轻松在不同计算机之间转移。在这个过程中，只需按部就班地选择自己想要的内容即可。

1. 单击 Project 面板。
2. 双击打开序列 08 Creating Presets。

   Timeline 上有两个剪辑以及两个显示商标的实例。
3. 播放序列并观看最初的动画效果。
4. 选择 paladin_logo.psd 的第一个实例。
5. 选择 Effect Controls 面板，并选择 Edit>Select All 命令以便选择所有应用到剪辑中的特效。如果你只想存储特效的某个部分，也可以选择单个的属性。按 Control 键并单击（Windows）或者按 Command 键并单击（Mac OS）Effect Controls 面板中的多个特效。在这里，我们使用全部特效。
6. 在 Effect Controls 面板中，单击子菜单并选择 Save Preset（保存预设）命令。

7. 在 Save Preset 对话框中，将特效命名为 Logo Animation。
8. 选择以下预设类型中的一个，以便告知 Adobe Premiere Pro 如何处理预设中的关键帧：

   • Scale：按比例缩放到目标剪辑的源关键帧。任何已经存在于原始剪辑上的关键帧都将被删除。

   • Anchor to In Point：保留第一个关键帧的位置以及剪辑中其他关键帧之间的关系。其他关键帧会相对于于它的 In 点被添加到剪辑中。在这个练习中，我们将使用这个选项。

   • Anchor to Out Point：保留最后一个关键帧的位置以及剪辑中其他关键帧之间的关系。其他关键帧会相对于它的 Out 点被添加到剪辑中。
9. 单击 OK 按钮将受影响的剪辑和关键帧存储为一个新的预设。
10. 在 Effects 面板中，找到 Presets 文件夹。
11. 找到新创建的 Logo Animation 预设。

12. 将 Logo Animation 预设拖动到 Timeline
    上 paladin_logo.psd 文件的第二个实例上。
13. 观察播放的序列并查看新应用的字幕动
    画。

13.5 频繁使用的特效

在本章中，你已经了解了几个特效。尽管本书的讨论范围不允许对所有特效进行一一介绍，但是我们仍然会介绍以下三种特效，它们在很多编辑情况下都非常有用。通过这些介绍，你会事先对这些特效具有一个更好的认识。

13.5.1 图像稳定和卷帘快门问题减轻

Warp Stabilizer 是一个新添加到 Adobe Premiere Pro 中的特效。它能够消除由摄像机移动所产生的抖动问题（对于目前的轻量型摄像机来说，这种现象越来越普遍）。这个特效非常有用，因为它能够消除不稳定的视差式移动问题。此外，该特效还可以修复 CMOS 类型的传感器（例如 DSLR 摄像机上使用的传感器）普遍存在的视觉失真问题，还能够对卷帘快门问题进行补偿。这个问题会使图像中出现强烈的垂直线条问题。

现在我们来了解一些这个特效。

1. 单击 Project 面板。
2. 双击打开序列 09 Warp Stabilizer。
3. 播放序列查看画面的晃动程度。
4. 在 Timeline 面板中选择剪辑。
5. 在 Effects Browser 中，找到 Warp Stabilizer 特效。双击该特效将其应用到所选择的剪辑上。
   Warp Stabilizer 特效将被应用到图层上并立即在 In 点和 Out 点之间对素材进行分析。

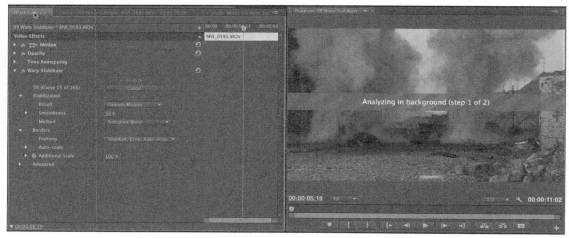

分析过程分为两个步骤，分析素材时，你会在素材上看到一个条幅。还可以在 Effect

Controls 面板中看到不断更新的进程。但分析处于进行中时，你仍然可以对序列进行其他处理。

6. 你可以使用几种有用的 Stabilization 方法选项来增强特效，包括以下三种选项：

- Result（结果）：你可以选择 Smooth Motion（平滑运动）来保留一般的摄像机移动（即使图像是稳定的），或者可以选择 No Motion（无运动）尝试移除所有的摄像机移动。在这个练习中，我们选择 Smooth Motion。

- Smoothness（平滑度）：该选择用于指定为 Smooth Motion 保留多少原始摄像机移动的量。使用较高的数值能够获得更好的平滑效果。可以借助该剪辑进行试验，直到找到令自己满意的稳定程度。

- Method（方法）：存在 4 种可用的方法。其中的两种方法，即 Perspective 和 Subspace Warp，由于它们对图像的处理程度比较大，因此也是最为强大的。如果其中的一种方法导致了比较严重的变形问题，可以转换到 Position、Scale 和 Rotation，或者只转换为 Position。

7. 播放序列。

> **Pr** 提示：如果你在图像中发现某些细节存在抖动的问题，那么可能需要对整体效果进行改进。在 Advanced（高级）菜单中，选择 Detailed Analysis（细节分析）选项。这将使 Analysis 部分执行更多的工作以便发现需要跟踪的元素。你也可以使用 Advanced 目录下的 Rolling Shutter Ripple 里的 Enhanced Reduction 选项。这些选项在处理时比较慢，但是却能够创建出非常好的效果。

13.5.2 时间码烧制

如果你需要为客户或者同事发送用于审查用的序列副本，Timecode（时间码）特效非常有用。你可以将该特效应用到调整图层上并为整个序列生成一个可视的时间码。这非常有用，因为它允许其他人在某个独特的时间点上进行反馈。你可以控制 Position、Size 和 Opacity 的显示、时间码显示，以及它的格式和源。

1. 单击 Project 面板。

2. 双击打开序列 10 Timecode Burn-In。

3. 在 Project 面板中，单击 New Item（新项目）列表，并选择 Adjustment Layer。单击 OK 按钮。这时会在 Project 面板中添加一个新的调整图层。

4. 将调整图层拖动到当前 Timeline 上的轨道 Video 2 上。

5. 拖动调整图层的右侧边缘，使其延伸到序列的末尾。

6. 在 Effects Brower 中，找到 Timecode 特效。将其拖动到调整图层上以便应用该特效。

7. 将 Time Display（时间显示）设置为 24 以使其与序列的帧速率相匹配。

8. 选择一个时间码源。在这个练习中，使用 Generate（生成）选项并将 Starting Timecode（开始时间码）选项设置为 01;00;00;00 以便与序列相匹配。

9. 调整特效的 Position 和 Size 选项。

可以对时间码窗口进行移动以防止遮挡场景中的关键动作或者任何其他图形。如果你打算将视频放置到网络中，需要确保调整时间码烧制的尺寸以使其更容易阅读。

> **Fl** | **注意：**如果想显示原始剪辑的时间码，需要直接到序列中的每个剪辑应用时间码特效。

13.5.3 光照特效

光照是 Adobe Premiere Pro 中最重要的特效之一。你可以添加 5 种虚拟的光照效果以便对整体效果进行富有创意的调整。可以对光照特效的属性进行修改，包括光照类型、方向、强度、颜色、光照中心以及光照分布。这里的练习具有很强的实践性，并且步骤很详细，目的是为你介绍几个比较高级的光照特效。同时鼓励你去探索更多的特效。

1. 选择 Help > Adobe Premiere Pro Help 命令。
2. 在 Adobe Premiere Pro Help 中搜索 Lighting effects（光照特效）。
   其中提供了对全部 25 种光照特效的参数的解释。每种 Adobe Premiere Pro 视频和音频特效都会在 Adobe Premiere Pro Help 中提供一个这样的列表。这也说明了 Adobe Premiere Pro 的完整性和巨大用途。快速阅读其中的介绍使自己熟悉相关的特效。
3. 退出 Help 返回到 Adobe Premiere Pro。
4. 载入序列 11 Lighting Effects。
5. 选择 Video Effects（视频特效）> Adjust（调整）命令，选择 Lighting Effects，并将其拖动到轨道 Video 1 的剪辑上。
6. 展开 Lighting Effects 和 Light1。停止 Light 2 到 Light 4。

   特效会创建单一的虚拟光照并将其添加到图像中。我们现在对光照进行调整使其在场景中显得更为真实。

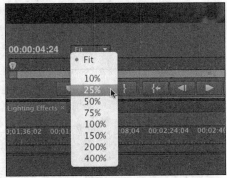

7. 在 Program Monitor 中，将 Zoom（缩放）级别设置为 25%。
8. 在 Effect Controls 面板中，单击 Lighting Effects 名称使其高亮显示。

   这时会出现一个虚拟的轮廓，用于显示光照的形状。

9. 调整特效的角度，使光照看上去是从左下角发出的。
10. 尝试对 Intensity（强度）和 Ambience Intensity（环境光强度）进行调整。
11. 使用 Program Monitor 中的手柄，调整光照的形状和位置。
12. 在 Program Monitor 中，将 Zoom 级别设置为 Fit（适合）。
13. 在 Effect Controls 面板中开启和关闭特效并对外观进行评估。

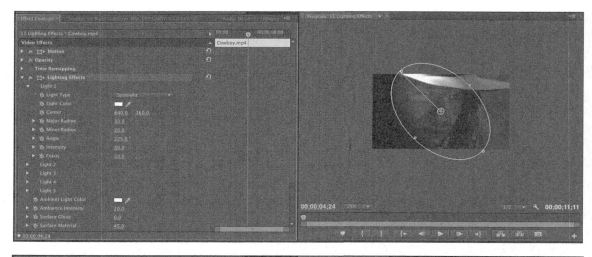

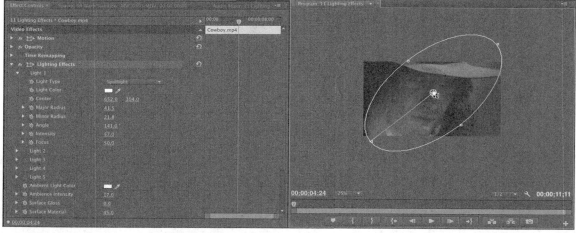

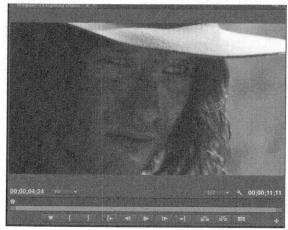

光照特效关闭

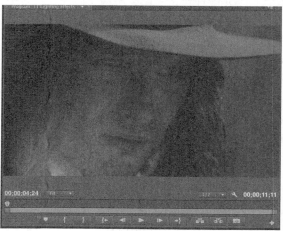

光照特效开启

复习题

1. 对剪辑应用特效的两种方法分别是什么？
2. 列举三种添加关键帧的方法。
3. 将特效拖动到剪辑上会在 Effect Controls 面板上开启它的参数，但是却无法在 Program Monitor 中查看该特效，这是为什么？
4. 请描述如何对多个剪辑应用同一个特效。
5. 请描述如何将多个特效保存到同一个自定义预设中。

复习题答案

1. 将特效拖动到剪辑上，或者选择剪辑并在 Effects 面板中双击该特效。
2. 在 Effect Controls 面板中，将当前时间指示器移动到想要添加关键帧的位置，单击 "Toggle animation" 按钮激活关键帧键控；移动当前时间指示器，并单击 Add/Remove Keyframe 按钮；激活关键帧键控，将当前时间指示器移动到某个位置并对参数进行更改。
3. 需要将当前时间指示器移动到所选择的剪辑上以在 Program Monitor 中进行查看。单纯地选择某个剪辑不会将当前时间指示器移动到该剪辑上。
4. 在想要应用特效的剪辑上方添加一个调整图层。这样，在应用某个特效时会对该图层下方的所有剪辑记性修改。
5. 你可以单击 Effect Controls 面板并选择 Edit> Select All 命令。也可以按 Control 键并单击（Windows）或者按 Command 键并单击（Mac OS）Effect Controls 面板中的多个特效。选中之后，再从出现的菜单中选择 Save Preset（保存预设）命令。

第14课 颜色校正与分级

课程概述

在本课中，你将学习以下内容：

- 使用 Color Correction（颜色校正）工作区；
- 使用 Vectorscope（矢量示波器）和 Waveforms（波形示波器）；
- 使用 Color correction effects（颜色校正特效）；
- 解决 Exposure（曝光）和 Color Balance（颜色平衡）问题；
- 使用特效；
- 创建显示效果。

本课的学习大约需要 60 分钟。

在本课中，你将学习到一些增强剪辑效果的重要技巧。行业内的专业人员每天都会使用这些技巧围观中呈现电视节目和电影中的流行元素和气氛。

将多个剪辑编辑在在一起只是创意过程的第一步。
接下来，还需要对颜色进行处理。

14.1 开始

接下来，我们将学习新的主题。到目前为止，你已学习过如何组织剪辑、构建序列以及如何应用特效。进行颜色校正时，都需用到这些技巧。

为最大程度地利用 Adobe Premiere Pro CS6 颜色校正工具，你需要考虑颜色合成：考虑你的眼睛如何辨别颜色和光线；考虑摄影机如何捕捉颜色和光线；还需考虑你的电脑屏幕、电视机屏幕、视频投影仪或电影屏幕将以何种方式进行呈现。

Adobe Premiere Pro 提供了很多种颜色校正工具，帮助你轻松创建属于自己的预设。在本课中，你将首先学习一些基础的颜色校正技巧，然后学习一些最流行的颜色校正特效，并应用它们来解决一些最常见的颜色校正问题。

1. 在 Lesson 14 文件夹中打开 Lesson 14.prproj。如果 Adobe Premiere Pro 无法找到该课程文件，可依返回并参考本书开始处的"重新链接课程文件"部分，届时，你可使用查找、重新连接文件的两种方式。

2. 选择 Window>Workspace>Color Correction（颜色校正）命令，将工作区切换到 Color Correction 工作区。

3. 选择 Window>Workspace>Reset Current Workspace 命令。

4. 在 Reset Workspace 对话框中单击 Yes 按钮。

14.2 面向颜色处理的工作流

现在，我们所面对的是一个全新的工作区，也该更新一下我们的头脑了，或者说至少换一种思维方式。剪辑就位之后，单个镜头已经不再是观察重点，你需多加地关注镜头之间是否衔接自然：画面看起来是否像是同一时间、同一地点并使用同一个摄像机拍摄的。

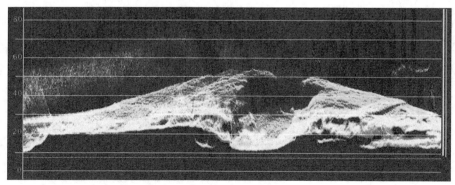

在进行颜色处理时，存在以下两个主要阶段：

1. 确保剪辑具有匹配的颜色、亮度以及对比度；

2. 统一色调和色度。

你将使用同样的工具来进行处理，但是上面所列的是一般的步骤。如果同一场景的两段剪辑颜色不一致，会给人以突兀、不连贯或者不协调的感觉。

14.2.1　Color Correction 工作区

与其他专门的工作区相同，Color Correction 工作区可以重新设置多个面板的位置和尺寸，从而创建出合适的界面以方便操作。

需要注意以下两个改变：

- 现在有一个新的 Reference Monitor（参考监视器）[将简短介绍]。
- Effect Controls（特效控制）面板大面积占据屏幕。

如图所示，Timeline（时间线）面板可缩放，以匹配上述 Reference Monitor 及 Effect Controls 面板的尺寸。这样处理的好处是，当你着手颜色校正的时候，无需切换到剪辑编辑模式，也无需一下查看多段剪辑。

14.2.2　视频示波器基础知识

你可能会感到不解，为何 Adobe Premiere Pro 的界面是灰色的。其中的原因是：视觉是非常主观的，同时，颜色是相互作用的。如果看着相邻的颜色，其中任一种颜色会影响到另一种颜色的视觉效果。为避免 Adobe Premiere Pro 的界面干扰你识别序列中的各种颜色，Adobe 的界面基本上是灰色的。如果见过专业的颜色分级工作室（专业人员对影片和电视节目进行收尾的场所），你很可能会注意到，整个工作室都是灰色的！分级人员有时会盯着灰色大卡片或灰色墙壁数分钟，从而在查看摄像前"重设"视觉。

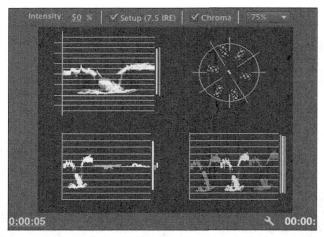

　　视觉具有主观性特征，同时，视觉效果能够随电脑、电视监控器显示颜色、亮度的变化而变化，因此有必要运用客观测量。

　　视频示波器可满足这个需求。它们在传媒业广为应用。学会应用该特性之后，可以借助它完成众多任务。

1. 如果尚未打开，可以从序列文件夹中打开序列 Double Identity。
2. 设定 Timeline 播放头位置，让其位于序列中的第一个剪辑 3D_SER1。

　　如图所示，在 Program Monitor（节目监视窗口）中，一名女子正行走在大街上，该剪辑会在 Reference Monitor 中重现。

14.2.3　Reference Monitor

　　Reference Monitor 的作用类似于 Source Monitor 和 Program Monitor。与 Program Monitor 一样，Reference Monitor 显示当前序列内容。两者主要区别是，Reference Monitor 没有编辑功能。

　　例如，该监视器无法设置 In 点、Out 点。尽管如此，可以使用 Timeline 导航控制按钮和 Gang to Program Monitor（绑定到节目监视器）按钮。

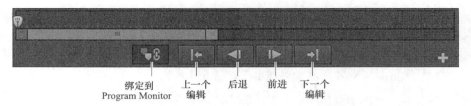

绑定到　　　　上一个　　后退　前进　　下一个
Program Monitor　编辑　　　　　　　　　编辑

当选中 Gang to Program Monitor 按钮之后，Reference Monitor 和 Timeline 及 Program Monitor 将会绑定到一起。关闭该按钮，你可以单独移动 Reference Monitor 的播放头。

Gang to Program Monitor 的操作非常有用，有了它，Reference Monitor 可像 Source Monitor 和 Program Monitor 一样显示矢量示波器和波形示波器。当 Reference Monitor 绑定并应用任意示波器时，在 Program Monitor 窗口查看画面的同时，可获取动态更新的、客观的序列剪辑信息。

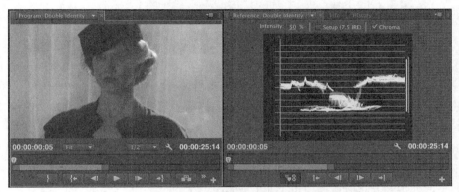

由于该绑定按钮可关闭，Reference Monitor 也可用于比较序列中的不同镜头。当然，也可使用 Source Monitor 对文件夹中的各个镜头进行比较。

YC 波形

在 Adobe Premiere Pro 进行颜色处理时，还需熟悉 YC 波形。点击 Reference Monitor 中的 Settings（设置）按钮，将其设定为 YC Waveform（YC 波形）。

当播放序列时，可以通过单击并拖动鼠标来移动时间标尺，因此，YC 波形会随之更新以便显示对当前帧的分析情况。

对于初次接触波形的人来说，该工具看似很陌生，其实很容易掌握。波形能显示图像的明亮度和颜色强度。

波形示能显示当前帧的所有像素。图形幅度越高，表明对应像素越亮。在水平方向，各个像素都有其标准位置。也就是说，水平居中于屏幕的像素也会在波形示波器中居中显示。但是，像素垂直方向的位置并不基于图像。

像素垂直位置代表明亮度、颜色强度。通过呈现两种不同颜色的波形，波形可同时显示明亮度信息、色度信息。

- 在刻度线的底端，数值 0 代表完全没有亮度，或代表不具颜色强度。

- 在刻度线的顶端，数值 100 代表某个像素完全明亮。以 RGB（红、绿、蓝）数值计算，其值为 255。
- 如果处理的是 NTSC 序列，波形会自动使用 IRE 刻度。在 PAL 序列状态，波形示波器则自动使用 Millivolts 刻度，在该刻度中，数值 0 实际上代表 0.3 伏特。

这些内容看上去具有很强的技术性，但实际上的操作很简单。基线代表"无明亮度"，顶线代表完全明亮，这两条线清晰可见。曲线图侧边的数字会变化，但是其应用原理基本上是一样的。

YC 代表 luminance / brightness（明亮度）和 chrominance / color（颜色、色度）。

字母 C 代表 chrominance，这很好理解。但是，字母 Y 代表 luminance，需要加以解释：在颜色的度量体系中，有一坐标系包含了 x、y、z 三根轴，其中 y 轴代表 luminance。使用 y 代表 luminance 或 brightness，原本只是用于度量颜色，但沿袭至今，该指代已经变得约定俗成了。

尽管如此，只要明白了其用处，使用的字母并不重要。

在 YC 波形窗口的顶部存在几个可供选择的控制按钮：
- Intensity：该选项可以改变波形示波器窗口中图像的明亮度。
- Setup (7.5 IRE)：该选项只适用于模拟、标清（SD）视频，在该状态下，刻度值 0 实际上是 7.5。该功能对波形显示的影响并不是十分大。它仅仅是将 0 值提升至 7.5。
- Chroma：该选项按钮可以打开、关闭波形显示中的颜色信息。

如果不需要使用模拟标清视频的状态下，可以关闭 Setup (7.5 IRE)。

在进行亮度处理的起步阶段，也可关闭 Chroma。

关闭这两个按钮后，更简洁的显示效果如下图所示：

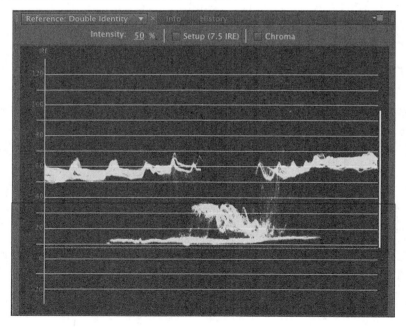

如此图所示，部分区域的背景呈烟雾状，并且向左右延伸（一些脊状纹路在背景图中形成一个图案）。在中间区域该名女子所处位置，颜色较暗。播放序列，示波器的波形会随时显示更新。

波形显示对于获取图像对比度信息、检查视频是否在"合法"水平操作非常有用。此处所指"合法"水平是指明亮度或颜色饱和度须位于播送设备所允许的最小值以及最大值之间。对于"合法"水平，每一套播送设备均有其各自的标准。所以，需要弄清楚每件作品将在何种设备上播放。

这个镜头中的对比度并不大。在示波器波形显示的上部，虽有一些浓重阴影，但高光像素很少。

> **Pr** 提示：在一些应用场景中，示波器的波形显示可看似图像显示。需注意的是，图像中像素垂直位置在波形显示中并不用到。

Vectorscope（矢量示波器）

YC 波形显示通过像素的垂直位置分析明亮度，上端对应较为明亮的像素，下端对应比较暗的像素。而 Vectorscope（矢量示波器）则仅用于显示颜色。

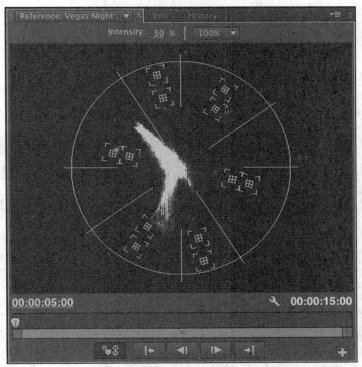

点击 Reference Monitor Settings（参考监视器设置）按钮菜单，并选择 Vectorscope。在 Sequences 文件夹中打开 Vegas Night 序列。该序列中只有一个剪辑。

该矢量示波器中可显示图像中的像素。Vectorscope 是一个圆形图形，中央区域的像素表示颜色饱和度为零。像素越靠近边缘，颜色的饱和度就越高。

仔细观察该矢量示波器，你可以看到一些原色、二次色标记。

- R = Red（红色）
- G = Green（绿色）
- B = Blue（蓝色）
- YL = Yellow（黄色）
- CY = Cyan（青色）
- MG = Magenta（洋红色）

关于原色和二次色

红色、绿色、蓝色是原色（三原色）。电视屏幕、电脑显示器等显示系统，通常以不同比例将这三种原色进行调配，进而获得各种新的颜色。

标准色轮的排布具有对称之美。从根本上讲，矢量示波器显示的是色轮。

原色两两混合可以产生二次色。三原色其中一种颜色的对比色是其它两种原色混合的二次色。

例如，蓝色的对比色就是"红+绿=黄"。

像素越接近某种颜色，则像素中该颜色成分越高。波形示波器能显示图中像素的水平位置，而矢量示波器不会提供位置信息。

Las Vegas 这一镜头清晰可见。该镜头呈现很多橙色和一些生动的绿色。在图像左上方，还有些许青色，其显示的是朝着青色标记延伸开的山峰线条。

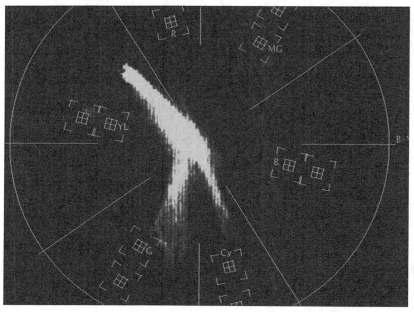

矢量示波器提供序列中颜色的客观信息，这一点是非常有用的。如果出现偏色，有可能是因为摄像机没有获得精确校正，而这一问题会在矢量示波器中清晰显示。通过使用 Adobe Premiere Pro

颜色校正特效，可减少不必要的颜色或增添更多对比色。

Fast Color Corrector（快速颜色校正）等颜色校正特效工具，可像矢量示波器一样显示色轮，所以需要进行何种操作非常简单明了。

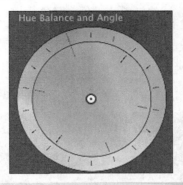

加色法和减色法

　　电脑显示器和电视机使用加色法，也就是说，其呈现出的颜色是由不同色光组合形成的混合色。红、绿、蓝按照均匀比例混合，可以得到白色光。

　　当在纸张上绘制各种颜色的图案时，我们一般选用白色纸张。这是因为，白色是一种包含光谱中所有颜色光的颜色。通过着上颜料，给纸张的白色减掉不需要的彩色。颜料能滤掉纸张上的部分色光。这就是减色法原理。

　　加色法需使用原色，而减色法使用二次色。在某种意义上，它们是同一颜色原理的两个不同方面。

RGB Parade（RGB 分量示波器）

点击 Reference Monitor 的 Settings 按钮菜单，切换到 RGB 分量示波器模式。

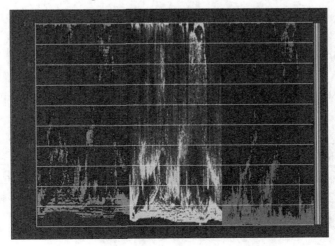

与 YC 波形示波器相同，RGB 分量示波器展示波形图。两者之间的区别是，其红色、绿色、蓝色信号是分开显示的。为同时显示这三种颜色，每个图像占据显示区宽度的三分之一。

你将会看到 RGB 分量示波器中三个区域的图案类似，在白色、灰色像素点，此类似特征尤为明显。究其原因是因为在这三个区域的红色、绿色、蓝色等量。RGB 分量示波器是最常用的颜色校正工具之一，其能清晰显示原色通道的相互关系。

Y'CbCr Parade（Y'CbCr 分量示波器）

点击 Reference Monitor 的 Settings 按钮菜单，切换到 Y'CbCr 分量示波器模式。

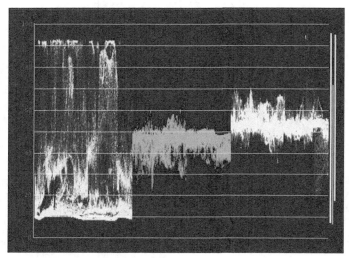

虽然电脑显示器应用加色法原理，并利用 RGB 值分析颜色条，但是实际上，大多数摄像机利用"色差（color difference）"原理录制。该原理常被称为 Y'CbCr（针对数字信号），如下所示：

- Y'：亮度分量
- Cb: 蓝色色度分量
- Cr: 红色色度分量

Y' 分量信息会形成独立的黑白图像，Cb 分量和 Cr 分量能够确定每个像素颜色的色度、饱和度信息。与同矢量示波器相同，Y'CbCr 分量也有标准色轮。穿过该色轮的两条矢量线上的数值对应色度、饱和度。

垂直矢量标记为 R-Y（Cr 数字分量的模拟分量），水平矢量则标记为 B-Y（Cb 的模拟分量）。

所有颜色都可用这两个矢量表示，这种"经纬度"能形成各种坐标。

随着数码视频技术的进步，传输视频所面临的挑战已不同于往日，但色差原理沿袭至今，部分原因是因为该应用在压缩、存储、传输视频信号等方面更为有效。

Y'CbCr 分量示波器显示三种类型的信息，如同 RGB 分量示波器的处理方式，其压缩图像，以便于并排显示三类信息。在该状态下，第一个波形代表明亮度（同于常规波形显示），第二个波形相当于矢量示波器的 B-Y 轴，第三个波形则相当于矢量示波器的 R-Y 轴。

组合视图

在应用中，存在两种组合视图，可以同时展示多种显示模型。如果电脑屏幕拥有足够的空间来显示放大的 Reference Monitor，是非常有用的，这可以同时查看多个图像。

- Vect/YC Wave/YCbCr Parade：显示矢量示波器、YC 波形示波器以及 Y'CbCr 分量示波器的组合视图。

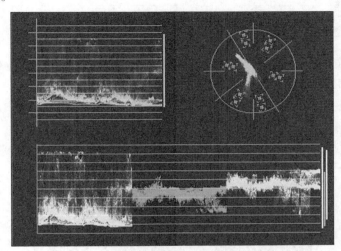

- Vect/YC Wave/RGB Parade：显示矢量示波器、YC 波形示波器以及 RGB 分量示波器的组合视图。

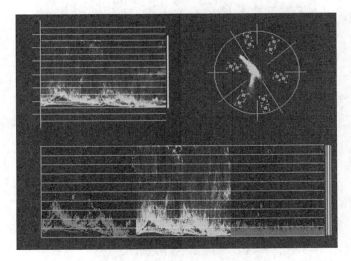

14.3 面向颜色的特效概述

颜色校正特效的增减、修改方式与 Adobe Premiere Pro 的其他特效方式相同。正如其他特效一样，可以使用关键帧随时修改颜色校正。

Adobe Premiere Pro 提供多种颜色、光线处理方式。接下来我们可以先尝试应用如下特效。

> **Pr** 提示：通常情况下，你可以使用在 Effects 面板顶部的搜索框来查找某个特效。学会如何运用特效的最佳途径是：选取一个具有多样颜色、高光、阴影的剪辑，然后运用特效调整各种设置并观察效果。

14.3.1 着色特效

要调整颜色，存在多种方式。下面介绍的两种方式用于创建黑白图像、添加颜色以及简便地将彩色剪辑调整为黑白剪辑。

着色

使用吸管工具或拾色器，可将任何图像的颜色减少至两种。用选取的任何颜色给黑白图片上色，均能覆盖图像中的其他颜色。

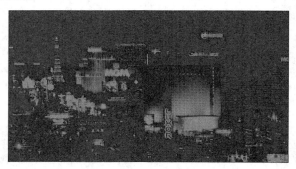

黑白工具

将任何图像转变成简单的黑白色调。该工具与着色特效一起使用时会获得事半功倍的效果。

14.3.2 去色及调色

下面将要介绍的这些特效能够有选择性地改变改变某些区域的颜色，而不会对整个图像进行修改。

Leave Color（保留颜色）

　　使用吸管工具或拾色器，选择要保留的颜色。然后设置 Amount to Decolor（去色量），减少其他颜色的饱和度。

　　使用 Tolerance and Edge Software（容差度和边界参数）可生成更加细微的特效。

Change to Color（转换到颜色）

　　使用吸管工具或拾色器，选取想要修改的颜色以及想要的颜色。

　　使用 Change 菜单，选择修改颜色的特效方式。

Change Color（转换颜色）

　　与 Change to Color 特效类似，Change Color 可以将一种颜色转换成另一种颜色。你可以更改

通过 Tolerance and Softness（容差度和柔和度）控件选择的色相和颜色效果，而不是与其他颜色相一致。

14.3.3 Color Correction（颜色校正）

颜色校正特效包括一系列控件，可调整视频的整体视觉形象，也可精细调整个别颜色或颜色系列。

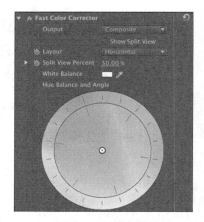

Fast Color Corrector（快速颜色校正）

正如其名称所示，快速颜色校正是一种快速、易用的特效，可调整剪辑中的颜色和明亮度。

在本课中，你将应用该特效，调整一个镜头中的白平衡。

Three-Way Color Corrector（三向颜色校正）

与 Fast Color Corrector 很类似，该特效的各个控件独立地调整剪辑中的阴影、中间调和高光。Three-Way Color Corrector 也提供功能强大的二次色校正控件。针对具有某一特定颜色、明亮度或颜色饱和度的像素，该特效可以有选择性地修正它们的颜色。

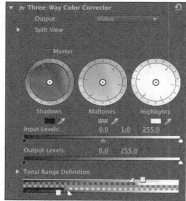

在本课中，你将应用该特效调整一个剪辑。

RGB Curves（RGB 曲线）

RGB Curves 特效是一种简单的图像控件，其信息面板很自然、精细。每个图中的水平轴线代表原始剪辑，其中左端对应阴影，右端对应高光。垂直轴线代表特效输出，其中底端对应阴影，顶端对应高光。

由左下角延伸至右上角的一条直线，代表剪辑无改变。拉动该直线，可改变其形状，图片处理效果也会随之改变。

在本课中，我们将应用曲线特效的另一种形式，处理剪辑中的曝光问题。

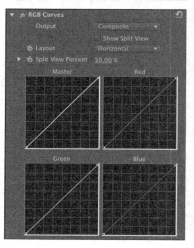

RGB Color Corrector（RGB 颜色校正器）

该颜色校正特效精细调整图像。可调整视频的整体视觉形象，也可有针对性地调整图像中的红色、绿色、蓝色区域。

- Gamma（中间调值）：调整中间调。

- Pedestal（亮度）：可以调整黑场。提高 Pedestal 的数值，可使暗调区域亮些，图像会略带朦胧感。降低 Pedestal 的数值，暗调区域则更暗，可用于修补暗调细节损失问题，或使暗调区域变得更暗。
- Gain（对比度）：调整高光或白场。

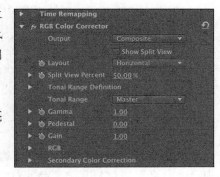

降低 Pedestal 值并提高 Gain 值，则形成浓重暗调、明亮高光效果，从而增加对比度。

14.3.4 专业的颜色特效工具

正如创意特效，Adobe Premiere Pro 的颜色校正工具包含专业视频制作所需特效。

Video Limiter（视频控制）

Video Limiter 能够精准控制视频的最大、最小数值，有助于呈现自然的视频效果。例如，如果图片中某些区域的明亮度过高，则可使用该工具将图像调整到标准亮度范围内，而无需将图像中太过明亮的部分直接裁剪。在使用该工具前，需查看 Video Limiter 特效的参数，并设定好镜头所需参数值。

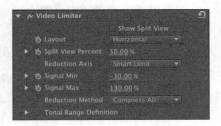

Broadcast Colors（广播颜色）

Broadcast Colors 用于调整数值使之符合标准，其界面较为简单。首先，需弄清楚所允许的最大值，接下来的步骤如下：

1. 选择 NTSC 视频或者 PAL 视频中的一个；
2. 针对超出设定数值的像素，在降低明亮度、降低饱和度两项操作中选其一；
3. 使用 IRE 刻度，指定最大的信号幅度。

Broadcast Colors 特效可调整超出预设幅度的所有像素。使用 Key Out Safe（键出安全颜色）和 Key Out Unsafe（键出不安全颜色）选项，可显示哪些像素需使用 Broadcast Colors。

14.4 修补曝光问题

这里有三个存在曝光问题的剪辑，我们可以使用一些 Color Correction 特效来解决这些问题。

1. 打开 Sequences 文件夹中的序列 Exposure（曝光）。该序列中有三个剪辑。
2. 将 Reference Monitor 设置为显示 YC 波形示波器面板。取消选定 Chroma（色度）和 Setup（7.5 IRE 设置）。

第一个剪辑中显示的是一名行走的女子。其背景较为朦胧。如果你将 Timeline 播放头放置在第一个剪辑的上面，然后观察波形示波器面板，将发现该剪辑中的对比度并不高。

100 IRE 代表完全曝光，0 IRE 则表示完全未曝光。这些图像均不接近这两个值。你的视觉能迅速适应图像，其看起来也不错。接下来，我们试试将其调整得更为生动些。

3. 在该剪辑中加入 Luma Curve（亮度曲线）特效。
4. 在 Effect Controls 面板内单击 Luma Waveform（亮度波形）控件，创建控制点，调整线条为较柔和的 S 形。可将下面的一个例子作为参考。如果某一帧选自屏幕中该剪辑的后半部分，那么视觉效果是最佳的。在 00:00:06:20 附近，有一部分区域达到锐聚焦状态。

> **Pr** 提示：如果增加 Effect Controls 面板的尺寸，可以放大 Luma Waveform 控件，进而便于进行更加精细的调整。

5. 你的眼睛能够迅速适应新的图像。对 Luma Curve 特效进行开启 / 关闭两种状态的切换，比较图像修改前后的变化。

对图像的这一精细调整，增强了高光和阴影，从而使图像颜色更有深度。随着该特效的开启、关闭，波形示波器也随之变化。该图像中仍然缺少明亮的高光，但图上很自然的颜色基本上是中间调，所以处理到这一步就可以了。

14.4.1 曝光不足的图像

将 Timeline 播放头放置在第二个剪辑 Cowboy Dark 上。乍一看上去，该剪辑的效果并没有什么问题。左侧有阴影，而在右侧的光亮区域，清晰度也较为合理。

现在，让我们看看这一波形。底端的波形数值为 0，任何低于 0 的像素将失效。由于这些像素都是全黑的，所以该区域没有清晰度和视觉构成。

这种全黑像素的问题在于，增加明亮度只会简单地将浓重暗调变成灰色，而不会带来清晰度。

1. 向该剪辑中加入 Brightness & Contrast（明亮度和对比度）特效。
2. 使用 Effect Controls 面板中的 Brightness 控件，增加明亮度。点击、向右拉动线条，则可看到数值逐渐改变，而无需通过点击数值和输入新数值。

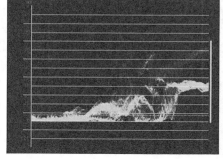

随着线条的拉动，整个波形向上移动。这样能显示出图片中的高光，但是暗调仍对应一个单调线条。上述操作只是简单地将黑色暗调变为灰色。如果拉动 Brightness 控件至数值 100，该图像越发显得单调。

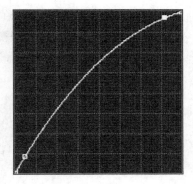

3. 删除 Brightness & Contrast 特效。
4. 使用 Luma Curve 特效或 RGB Curves 特效进行调整。在这里，给出一个有关 Luma Curve 特效优化图像的示例。

Pr | 提示：将任一控制点拉出图表中，可以删除曲线控件中的该控制点。

14.4.2 曝光过度的图像

将 Timeline 播放头移动到第三个剪辑上。这是同一个镜头，但是在这一剪辑中，图像被过度曝光。注意，在稍后镜头，帽沿将被烧毁。正如前述示例中的全黑，在白色的烧毁区域没有清晰度。这也意味着，降低明亮度只会简单地将帽沿由白色变成灰色，而并不会有清晰度。

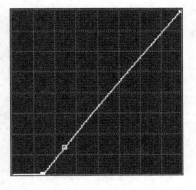

注意，在该镜头中，暗调数值低于 0。缺乏适量的黑色暗调使图像更单调。

可使用一种曲线特效改进这种反差度。这里举出一个行之有效的例子。

颜色校正何时处理到位？

　　调整图像具有高度主观性。虽然图像格式和广播技术的标准明确，但是一张图像的明暗、颜色取舍是由主观决定的。诸如波形示波器等参考工具，虽然是很有用的支持工具，但是只有图像处理人员才能决定图像何时合乎要求。

　　如果制作的视频用于电视展播，则有必要将电视屏幕连接到Adobe Premiere Pro的编辑系统，以供查看内容。电视机屏幕、电脑显示器的颜色显示效果大相径庭。

　　这种视觉差别正如同，先后观察电脑中照片颜色、彩打出的照片颜色，会获得不同的视觉效果。

14.5 修补颜色平衡问题

　　人的眼睛可以自动调整以适应周围光色的变化。例如，某个白色物体受钨丝灯光源的氛围效果影响后，客观上其光色是橘黄色的，但是我们眼睛仍能感知该物体是白色的。

摄像机能够自动调整白平衡，从而对光线颜色的影响进行补偿。拍摄无论是在室内橘黄色钨丝灯照耀下进行，或是在室外蓝色的自然光的影响下进行，通过这种准确校准，能确保白色物体看起来仍会是白色的。

有时候，自动白平衡有点不稳定，所以专业的摄影师一般喜欢手动控制白平衡。如果白平衡设置有误，则会呈现一些有趣的效果。在剪辑中，颜色平衡问题的最常见原因是摄像机没有获得很好的调节。

14.5.1 基本颜色平衡工具（Fast Color Corrector，快速颜色校正）

▼ fx Fast Color Corrector

在 Sequences 文件夹中打开序列 Color。将 Timeline 播放头位置设置在序列中的第一个剪辑上。你可以看到有人正应用先进技术读取便签本上的文字信息。但是其中似乎存在一些问题，白色的便签本并不呈现白色。

对此，我们需对该剪辑应用 Fast Color Corrector（快速颜色校正）特效。该特效与 Three-Way Color Corrector 共享数个控件。我们将在后面的章节讲述那一特效的控件。在此，我们先来领略该特效为何被称为 Fast（快速）。

1. 确保便签本剪辑在序列中处于被选中状态，以便 Effect Controls 面板将显示 Fast Color Corrector 特效控件效果。
2. 在 Effect Controls 面板中选择 White Balance 吸管工具。
3. 点击便签本中应呈现白色的部分，注意避开灰色铅笔印以及彩色线条。

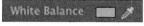

White Balance 控件能够向 Fast Color Corrector 特效传递"哪些区域应为白色"的信息。默认设置状态下，颜色样本是纯白色。若使用吸管选取了另一种颜色，Fast Color Corrector 特效可将图像中所有需调整颜色换为所选颜色。

在这个示例中，我们已经选择奶油橘色，这是场景光线的效果。Fast Color Corrector 将场景中的所有颜色调整为蓝色。

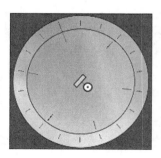

White Balance 控件下方的色轮可显示该特效情况。正如矢量示波器一样，该色轮由颜色组成，越接近圆圈边缘，颜色越密集分布。Fast Color Corrector 中的色轮不是用于测量颜色，而是用于调整颜色。该色轮中心的小圆圈越往边缘移动，对颜色的调整越大。

如示例中所示，Adobe Premiere Pro 对青色进行了微调。通过使用 White Balance 控件和色轮，你能了解到白平衡所需颜色校正和调整。

> **Pr** | 提示：颜色校正所作调整非常微妙。在 Effect Controls 面板上对该特效进行开启／关闭两种状态的切换，比较图像修改前后的变化。

14.5.2 原色校正

原色和二次色这两个词的意思有多种。过去，颜色调整应用于电视电影的电影转换过程。原色校正涉及调整印片光号中原色（红、绿、蓝）之间的关系。二次色校正主要是针对一张图像中的某些颜色范围进行二次色调整。因此，原色和二次色这两个术语不仅可以定义色轮中的颜色类型，还可用于描述颜色校正工作流的不同阶段。

从广义上讲，原色校正还包括对整张图像的全部颜色调整。如今，由于应用二次色进行的调整能影响到整张图像，因此亦被称为原色校正。先进行诸如此类的颜色调整，通常是最有效的。

由于二次色校正（这种叫法也源于其一般在原色校正后进行）一般包含更为精细的微调，该术语逐渐表示对一张图像中的指定像素进行的调整。

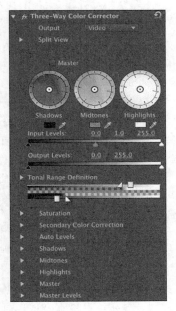

首先，我们先讨论如何进行原色校正。Three-Way Color Corrector 特效和 Fast Color Corrector 特效的工作原理非常类似，不过，其控件功能更为卓越。在 Adobe Premiere Pro CS6 中，该特效进行了升级。它是一款功能非常强大的颜色校正工具，结合了 Reference Monitor 工具以及 Adjustment Layer（调整图层）新特征，可实现专业的颜色校正效果。

在我们处理一个剪辑之前，先熟悉下需用到的主要控件：

- Output（输出）：使用该功能可以查看彩色剪辑或黑白剪辑。黑白剪辑状态下查看，对于识别对比度非常有用。
- Show Split View（显示分割视图）：开启 Show Split View，查看剪辑修改前后的差别。在剪辑中，一半经该特效处理，另一半则未作修改。可以选择垂直分割视图或水平分割视图，还可以调整分割视图百分比。
- Shadows Balance（阴影平衡）、Midtones Balance（中间调平衡）、Highlights Balance（高光平衡）：每个色轮均可实现剪辑颜色的微调。若勾选 Master 方框，所作调整涉及整个剪辑，而不仅仅限于暗调、中间调、高光。请注意，在 Master 模式下所作调整独立于剪辑个别区域的调整。
- Input Levels（输入色阶）：移动滑块，改变剪辑中暗调、中间调、高光所对应的值。
- Output Levels（输出色阶）：移动滑块，调整剪辑中的最暗像素和最亮像素。Input Levels 与该控件有直接关系。例如，如果将暗调输入值设为 20，那么，阴影输出值为 0。剪辑中所有明亮度小于或等于 20 的像素，在输出色阶中都会降为 0。

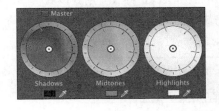

8位视频（指代所有SD卡播放视频）的明亮度范围值为0-255。改变Input Levels或Output Levels的值，则改变了所显示色阶和原始剪辑色阶之间的关系。

例如，如果将Output白色值设为255，那么Adobe Premiere Pro会在视频中应用最亮色。如果将Input白色值设为200，Adobe Premiere Pro则提升原始剪辑的亮度值至255。其效果是，高光区域变得更亮，像素初始值大于200的区域会被修剪，或者变成缺乏清晰度的消光白。

Input色阶有三个控件：Shadows、Midtones以及Highlights。改变色阶数值，剪辑初始色阶与色阶显示效果间的关系也随之改变。

- Tonal Range Definition（选择调整区域）：移动滑块，选择 Shadows、Midtones 和 Highlights 调整的像素范围。例如，若将高光滑块左移，则扩大了 Highlights 控件涉及的像素范围。三角形滑块用于选择色阶调整的范围。单击 Tonal Range Definition 的开合三角，则展开若干独立的控件以及 Show Tonal Range（调整区域）复选框。选中复选框，Adobe Premiere Pro 会用三种灰度色调显示图像，从而帮助识别图像中哪些区域被调整。黑色像素代表暗调，灰色像素是中间调，白色像素则表示高光。

- Saturation(饱和度)：用于调整剪辑中的颜色量。Master(主) 控件能帮助调整剪辑整体效果，另外还有不同独立的控件，分别对应 Shadows、Midtones 和 Highlights。

- Secondary Color Correction（二次色校正）：基于像素的颜色或明亮度，该功能强大的颜色校正工具可有选择性地对某些像素进行调整。Show Mask（显示蒙版）可显示哪些像素被选择进行颜色校正。例如，该功能可有选择性地调整某一特定的绿色像素。

- Shadows、Midtones、Highlights、Master：这些控件的调整功能和前述 Shadows、Midtones、Highlights 和 Master 颜色平衡控件一样，但是关联性更高。当一个发生改变时，另外一个将自动保持同步。

- Master Levels（主色阶）：该控件的调整功能和前述 Input Levels 和 Output Levels 的一样，但是关联性更高。当一个发生改变时，另外一个将自动保持同步。

在 Color 序列中的的第二个剪辑显示的是一处办公室的场景。该剪辑有众多阴影、中间调和高光，以及诸多颜色。它看起来相当淡，存在一些色偏问题。用矢量示波器查看该剪辑，就会发现存在蓝色。

1. 首先，将 Three-Way Color Corrector 特效应用到该剪辑中，切换到 Effect Controls 面板。接下来，我们来修正剪辑中的问题。

2. 展开 Auto Levels（自动色阶）控件。

Pr | 提示：如果想使用吸管工具，该功能会非常有用，可将 Program Monitor 的变焦设置调整为 100%，这样能够便于点击所需选取的像素。

3. 依次单击 Auto Black Level（自动黑色色阶）、Auto Contrast（自动对比度）和 Auto White Level（自动白色色阶）。请注意观察，Input Levels 控件能做出调整，反映这些新色阶。Adobe Premiere Pro 将最暗的像素识别为黑色色阶，将最亮的像素识别为白色色阶，两者中间的像素定义为灰色色阶。

4. 在颜色平衡控件 Shadows、Midtones 及 Highlights 中应用吸管工具，选择该镜头中的黑色、灰色和白色，这将用于校正该色偏。

5. 观察矢量示波器。如果整个镜头看起来仍然存在色偏问题，则打开颜色平衡控件的 Master 模式，从矢量示波器显示的色偏中拽走任一色轮。

应用了 Color Balance 调整工具之后，还可以通过调整 Input 色阶对图像效果进行微调。

Three-Way Color Corrector 特效可帮助精准调控剪辑。如果需进行大范围的调整，可使用 Fast Color Corrector。

14.5.3　二次色校正

正如前文所述，二次色校正不对整张图像产生影响，而是针对所选像素进行颜色校正。二次色校正、Fast Color Corrector 特效、Three-Way Color Corrector 特效所作图像调整相同，唯一区别在于，二次色校正具有有限选择性。

接下来在办公室剪辑中应用该特效。在背景图中，有扇窗户折射出室外霓虹灯。对此部分我们将增加暖色氛围。

1. 继续使用序列 Color 中的第二个剪辑。向该剪辑中再次加入 Three-Way Color Corrector 特效。

2. 两次都应用同一特效，这会让人很困惑。在 Effect Controls 面板中，单击 Three-Way Color Corrector 第一个特效应用的开合三角（▶ ）可以收起、隐藏该设置。

3. 展开 Three-Way Color Corrector 特效实例的 Secondary Color Correction 控件。鼠标滑动到中心三个吸管区，点击选择第一个吸管。

4. 使用吸管吸取窗户中的绿色。

5. 打开 Show Mask 选项。在该视图中，Adobe Premiere Pro 将所选像素显示为白色，未选像素为黑色。显而易见，我们需要拓宽选取范围。

6. 使用第二个中心吸管，吸取窗户中的另一区域。该吸管用于拓宽选取范围，第三个吸管则用于剔除出选取范围。随着吸管工具的选定，图像回复到初始状态以供重新界定选择范围。

7. 继续使用该吸管选色，直到图片中窗户区在 Mask 中呈现一片非常清晰的白色。

8. 使用吸管进行点击，也是选取色相、饱和度、亮度的过程。展开这些控件。我们能看到手动设置这些数值的控件，其中包括 Start and End Softness（起始柔化），可协调所选像素和未选像素。对这些稍作调整，可生成光滑的图像边缘。当图像达到满意效果时，关闭 Show Mask。

9. 现在已选定了图像部分区域进行调整。在 Three-Way Color Corrector 控件顶端，打开 Master。选取 Color Balance 色轮的外缘作为色相控件。拉动色轮任意外缘，将绿色调整为暖色。

> **Pr** 提示：很可能选取的范围包括部分台灯，因为该颜色和图像校正区域的颜色一样。通过使用备份剪辑以及 Garbage Matte（垃圾蒙版）特效，可以避免这一情况的发生。有关垃圾蒙版的更多信息，请参加本书第 15 章"探索合成技巧"部分。

使用二次色校正，窗户区域只有绿色变化。

14.6 特殊颜色特效

　　一些特殊的颜色特效，可帮助极具创造性地控制剪辑颜色。还有一些特效具有很重要的控制功能，能确保内容符合广播电视的严格要求。

　　接下来我们介绍一些需关注的特效。

14.6.1 Leave Color（保留颜色）特效

　　使用该特效，选择想保留的颜色，其他颜色则会被去掉。

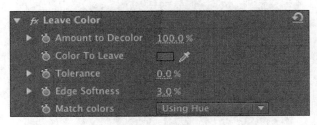

　　使用 Color to Leave 吸管工具选取想要保留的颜色。设置 Amount to Decolor（去色量），指定去色数量。Tolerance 和 Edge Softness 控件可调整所作选择，而 Match Colors（匹配颜色）可基于色相设置或 RGB 值选择颜色。

14.6.2 Change to Color（转换到颜色）特效

　　使用该特效，选择想改变的颜色，并选择想要的目标颜色。

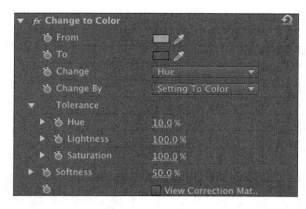

使用 From 选框旁边的吸管，选取想改变的场景颜色。然后使用 To 选框旁边的吸管或拾色器，选取想要的目标颜色。

下面是该特效应用前后的对比图：

之前　　　　　　　　之后

14.6.3　播放合规

针对视频播放的最大 / 最小明亮度及颜色饱和度，均设有具体限度。虽然通过人工调控，可将视频数值控制在允许范围内，但可能序列中部分视频仍需调整。

Video Limiter（视频控制）特效自动限定剪辑中的如上数值，以确保其符合所预设的标准。

在设置该特效的 Signal Min（最小信号）及 Signal Max（最大信号）控件前，需弄清楚播送设备对应的限度值。然后只需简单地对 Reduction Axis（设置减少亮度或者视频电平）作出选择：仅仅是限制亮度（luminance），仅仅是限制色度（chrominance），还是两者皆限制（both），亦或是设置一个整体而言较为"精妙（smart）"的幅度。

> **Pr** 提示：Video Limiter 特效常用来分别调整各个视频。实际上，只要将序列嵌套进另一个序列，可对整个序列应用该特效。如需了解嵌套序列的有关内容，可参见第 8 章"高级编辑技巧"部分。

14.7　创建显示效果

到目前为止，你已用少许时间了解 Adobe Premiere Pro 的颜色校正特效。对于颜色校正的种类以及这些特效对整体感观的影响，也有了一定的认识。

你可使用常规的特效预设工具，为剪辑添加不同的显示效果。也可以对调整图层应用某一特效，从而使整个序列呈现全新效果。

在颜色校正最常见应用场景中，可以遵循以下几个步骤：

- 调整每个剪辑，使其匹配同一场景中的其它剪辑，通过这种方式，保持颜色的连续性。
- 接下来，对作品添加整体显示效果。

尝试对序列 Double Identity 进行如下操作：

1. 在 Sequences 文件夹中打开序列 Double Identity。
2. 在 Project 面板，单击 New Item（新项目），并选择 Adjustment Layer（调整图层）命令。这些设置可自动匹配该序列，然后点击 OK 按钮即可。
3. 将该新建的调整图层拖动序列中 Video 3 轨道中。调整图层的默认持续时间和静态影像的持续时间一样。在该序列中，此时间有点过于短暂。
4. 修改调整图层，使其从序列起点延伸至终点。

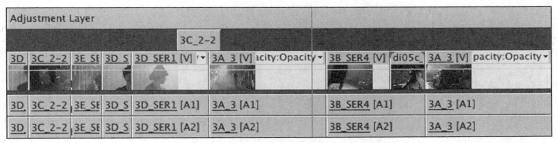

5. 对调整图层应用任意一种颜色校正特效，并根据自己的喜好做出修改。所作调整，将应用于序列中所有剪辑。

> **Pr** 提示：如果该调整图层应用于带图表和字幕的序列中，那么需确保调整图层位于图表／字幕和视频的轨道间。否则，你还将需要调整字幕的显示效果。

将剪辑发送到Adobe SpeedGrade

Adobe SpeedGrade是包含在 Creative Suite 6 Production Premium 和Creative Suite 6 Master Collection中的一款功能非常强大的颜色校正软件。

Adobe Premiere Pro提供功能强大的颜色校正工具，但其主要是编辑软件。Adobe SpeedGrade则完全专注于颜色校正，并为此提供一些性能卓越的工具。

可使用如下两种方法，将Adobe Premiere Pro序列与Adobe SpeedGrade进行共享：

- 将序列输出并命名为EDL，选择 File（文件）> Export（输出）> EDL 命

将剪辑发送到Adobe SpeedGrade（续）

令，将EDL导入Adobe SpeedGrade。

- 选择 File（文件）> Send To Adobe SpeedGrade（发送到 Adobe SpeedGrade）命令。Adobe Premiere Pro 将创建一个 Adobe SpeedGrade 可读的 an .irpc 文件夹，并随之输送高质量的 DPX 格式序列。

复习题

1. 为什么将 Reference Monitor 绑定到 Program Monitor？
2. 如何调整监视器界面以显示 YC 波形？
3. 如何关闭 YC 波形中的色度信息显示？
4. 为什么不能完全依赖眼睛，而需使用诸如矢量示波器这样的监视器？
5. 如何在序列中添加显示效果？
6. 为什么需要限定明亮度或色阶？

复习题答案

1. 与 Program Monitor 一样，Reference Monitor 也能够显示当前序列的内容。通过将两者绑定，即使在观察矢量示波器或波形示波器的状态下，也可确保 Reference Monitor 显示同样的内容。
2. 单击 Settings 按钮，选择自己喜欢的显示类型。
3. 在 YC 波形的显示区顶部，取消对 Chroma（色度）复选框的选择。
4. 眼睛对颜色的感知具有高度主观性和相关性。对颜色的感知，会受到之前所视颜色的影响。而矢量示波器可提供客观信息。
5. 可使用特效预设，将同一颜色校正效果应用至多个剪辑；或者加入调整图层，在图层中应用该调整。该操作只影响调整图层下面所有图层的图像效果。
6. 如果序列用于广播电视，需确保符合针对最大值 / 最小值所设严格要求。播送设备可显示符合其要求的数值范围。

第 15 课 探索合成技巧

课程概述

在本课中，你将学习以下内容：

- 使用 alpha 通道；
- 使用合成技巧；
- 处理 Opacity（不透明度）特效；
- 处理绿屏；
- 使用蒙版。

本课的学习大约需要 50 分钟。

　　合成的过程中涉及混合、组合、分层、键控、蒙版以及裁剪，这些内容可以以任何方式进行组合。任何对两张图像的组合都可以称之为合成。

Adobe Premiere Pro CS6 提供了功能强大的工具，可以为序列中的视频创建专业水准的合并图层。

在本课中，你将学习有关如何合并图层的一些关键性技术，以及如何进行合成之前的准备工作、调整剪辑的不透明度、使用色度键和蒙版对绿屏镜头进行抠像处理。

15.1 开始

在前面的学习中，我们主要讨论了关于单帧、整帧图像的处理。我们已经对图像进行编辑以便获得切换效果，或者将剪辑编辑到较高的视频轨道上以便使其显示在较低视频轨道上剪辑的前面。

在本课中，我们将讨论如何合并视频图层，在本课中，仍然需用到较高及较低视频轨道上的剪辑，但在合成图像中，它们将作为前景元素和背景元素来使用。

裁剪前景图像，对需要变成透明的特定颜色区域进行抠像处理，均可形成该组合效果。无论选择何种方式，将剪辑编辑到序列中的方式将不会发生任何改变。

在尝试各种技巧之前，我们首先来了解像素显示原理这一重要理论。

1. 打开 Lesson 15 文件夹中的 Lesson 15.prproj。

切换到 Effects 工作区。

2. 选择 Window > Workspace > Effects 命令。
3. 选择 Window > Workspace > Reset Current Workspace 命令，打开 Reset Workspace 对话框。
4. 单击 Yes 按钮。

15.2 什么是 alpha 通道

标题…

…与视频进行合成

要创建合成图像，首先需要摄像机有选择地将光谱中的红绿蓝部分记录为独立颜色通道。这三者均为单色通道，也因此常被称为灰度模式。

Adobe Premiere Pro 应用这三种灰度通道创建相应的原色通道。通过应用主要的加色法，它们可组合形成完整的 RGB 图像。通过这三个通道的组合应用，可创建全色系视频。

不仅如此，还存在第 4 种灰度通道：Alpha 通道（阿尔法通道）。

Alpha 通道并不定义颜色，而是用来定义透明、不透明和半透明区域。在后期制作领域，描述这个通道的术语包括：可见性、透明度、混合模式、不透明度。不过，这些称呼并不十分重要，最重要的是需要清楚每个像素的透明度都能独立于颜色而进行调整。

使用色彩校正工具可调整剪辑中红色的色值，同样的道理，应用 Opacity（不透明度）控件，可调整 Alpha 中有关透明度的值。

默认情况下，典型摄像机素材剪辑的 Alpha 通道值（Opacity 值）为 100%（完全可见）。以 8 位视频 0 ~ 255 的数值范围看，此状态的对应值为 255。剪辑制作过程中，经常应用 Alpha 通道控制文字和图像中哪些区域应透明、哪些区域不透明。

15.3 在项目中使用合成技巧

通过应用合成特效及控件，后期制作成果可达到一个全新的高度。合成即利用现有素材创建新的合成图像。在应用 Adobe Premiere Pro 合成特效的过程中，你可能找到创作电影的新方法、组织剪辑的新方式，从而更好地拼接各个图像。

高水准的合成是摄影技巧及制作特效的结合。简朴的背景图能和复杂、有趣的图案合成产生极具层次感的图像。也可使用这个技巧裁剪掉图片中不匹配的区域，并使用其他图案来代替。

合成是 Adobe Premiere Pro 最有创造性的一种非线性编辑方式。

15.3.1 拍摄视频时即需要构思合成

大多数最有成效的合成始于制作策划阶段。在创作之初，就可以考虑如何便于 Adobe Premiere Pro 识别需变透明的图片区域。Adobe Premiere Pro 提供为数不多的识别工具，其中包括色度键。电视中的气象播报人员站在地图前进行播报的画面，就是采用此项技术实现的。

实际上，气象播报人员是站在绿幕前。特效技术使用绿色去识别哪些像素应该是透明的。气象播报人员的视频图被用作合成图像的前景色，其中一些可视像素对应播报人员，而透明像素对应绿色背景。

接下来，需将前景图并到背景图的前面。在气象播报中，前景图可以是一张地图，也可以是其他视频或图像。

提前规划对于合成质量具有很大的影响。要很好地发挥出绿幕或蓝幕的效果，需要确保颜色保持一致，但是该颜色不能与图中物体颜色太过一致。例如，在利用该特效及绿幕时，图像中的绿色珠宝会变得透明。

这个图像…

与这个图像合成

生成该图像

在拍摄绿屏素材时，拍摄方法非常重要。背景图需在柔和的灯光下拍摄，应避免屏幕反射光线进入摄影机镜头。否则，需要对部分成像区域进行抠像、透明化处理。

15.3.2 基本术语

在本课的学习中，我们需要认识一些新的术语：

- Alpha/alpha 通道（阿尔法通道）：每个像素的第 4 道信息通道。该通道定义图像的透明度，它是独立的灰度通道，能完全独立于图像内容进行创建。
- Key/keying（抠像）：基于像素色彩或亮度做出选择，将部分像素转为透明。Chromakey（色度键）特效基于颜色产生透明（即修改 Alpha 通道），LumaKey（亮度键）特效则利用明亮度。
- Opacity（不透明）：描述 Adobe Premiere Pro 序列中剪辑的 Alpha 通道值。可使用关键帧调整剪辑的不透明度。

- Blending（混合）模式：最初是为 Adobe Photoshop 开发的一项功能。该混合模式有多种类型，在任意一种模式下，背景图和前景图的显示效果是相互影响的，而不是简单的前后重叠。例如，可以选用模式查看比背景图明亮的像素，或者将前景图的颜色信息应用到背景图。实践是学习混合模式的最佳途径。

- Greenscreen（绿屏）：在这一过程中，拍摄对象需位于一块绿色屏幕前，在完成拍摄后，基于颜色背景创建 Alpha 蒙版、使用特效将绿色像素变透明。接下来需要将该剪辑合成到一个背景图像上。使用图像亮度信息对"屏幕"进行抠像类似于上述方式，因此也称为 Greenscreen（绿屏）。天气播报员播报天气的画面经常被用作绿屏技术的典型案例。

- Matte（蒙版）：蒙版可以是图形、图像或视频剪辑，用来识别前景图像中哪些区域需透明或半透明。Adobe Premiere Pro 可应用的蒙版形式多样，在本课的学习中，我们将使用到多种蒙版。

15.4　使用 Opacity 特效

使用 Timeline 或 Effect Controls 面板上的关键帧可以调整剪辑的不透明度。

1. 打开 Sequences 文件夹中序列 Evening Jacket。该序列中的包含一个前景图像（身穿夹克的男子），以及一个背景图像（落日）。

2. 展开 Video 2 轨道，显示前景图的关键帧橡皮筋线。

3. 在 Adobe Premiere Pro 使用该橡皮筋线，可调整设置、对所有剪辑特效设置关键帧。由于 Opacity 是固定特效，该功能项是自动应用的。事实上，它是一个默认功能项，即表示剪辑的不透明度。使用 Selection（选取）工具，可以在上下方向拖动该线。

通过这种方式使用 Selection 工具移动橡皮筋线时，无需添加其他关键帧。

> **Pr** 提示：当调整橡皮筋线时，可按住 Ctrl 键（Windows）或 Command 键（Mac OS）进行微调控制。

在这个示例中，前景图的不透明度设为 50%。

15.4.1　创建不透明度关键帧

在 Timeline 创建不透明度关键帧与创建音量关键帧几乎是相同的。使用的工具和键盘快捷键也都相同，调整结果也正如你预料的，橡皮筋线越高，剪辑的可见度也就越高。

1. 打开 Sequences 文件夹中的序列 Race。该序列的前景图中有一个标题。很常见的一种做法是，不时地逐渐消隐或逐渐增亮标题，且其持续时间也不一样。与向视频剪辑中添加切换一样，使用切换特效能够实现上述标题效果。如果需要进行更多调控,可使用关键帧来调整不透明度。
2. 展开 Video 2 的轨道，显示调整前景图标题的橡皮筋线。
3. 按住 Ctrl 键（Windows）或 Command 键（Mac OS），单击标题图片对应的橡皮筋线，从而增加 4 个关键帧，其中两个接近起点，另两个接近终点。

> **Pr** ｜ 提示：比较便捷的一种处理方式是，先向橡皮筋线加入关键帧标记，然后再拖动进行调整。

4. 调整关键帧，则不同帧分别对应逐渐消隐标题、逐渐增强标题。其操作原理正如对关键帧上的音量进行调节，制作声音的淡入淡出的效果。播放序列，观察关键帧效果。

> **Pr** ｜ 提示：按住 Ctrl 键（Windows）或 Command 键（Mac OS）添加关键帧后,松开该键,再用鼠标拖动关键帧到合适位置。

可使用 Effect Controls 面板添加关键帧以便调节剪辑的不透明度。与调节音频音量的关键帧相同，Effect Controls 面板上 Opacity 设置的关键帧在默认情况下处于激活状态。因此，如需对剪辑的整体不透明度进行平缓调节，在 Timeline 上操作有时会比在 Effect Controls 面板上操作更便捷。

15.4.2　基于混合模式合并图层

混合模式是前景像素与背景像素结合的特殊方式。针对合并前景图 RGBA 值（红、绿、蓝及 alpha 值）及背景图 RGBA 值，每种混合模式的运算规则都是不一样的。每个像素结合其正后方后像素而独立运算。

所有剪辑的默认混合模式是 Normal（标准）。在该模式下，整个前景图的 alpha 通道值统一。前景图的不透明度越高，前景图像素混合于背景图像素前的效果就越强。

在学习混合模式时，最佳途径就是在实践中进行运用。

1. 打开文件夹 Sequences 中的序列 Double Identity。在序列中经过编辑处理的前奏结尾处，有一个标题。
2. 选取该标题的上层区域，将其命名为 Title Text，并观察 Effect Controls 面板。

3. 在 Effect Controls 面板中，展开 Opacity 控件，并观察 Blend Mode（混合模式）选项。

Blend Mode ____ Normal ____ ▼

4. 现在，该混合模式设定为 Normal。尝试其他几种模式，并观察效果。每种混合模式对前景像素、背景像素之间关系的运算规则不同。有关该混合模式的介绍，请单击查看 Adobe Premiere Pro Help 文档。

在本例中，前景应用的是 Lighten（变亮）混合模式。前景像素比背景像素更亮时才可见。

15.5 应用 alpha 通道透明度特效

很多媒体资料的 alpha 通道值是变化的。例如在前面提到的标题中，有文字的地方，像素不透明度为 100%，而没有文字的地方，像素的不透明度一般为 0%。诸如文字后面的阴影效果，其 alpha 通道值一般介于 0% ~ 100% 之间。阴影区保持一定的透明度，能看起来更逼真。

在 Adobe Premiere Pro 中，alpha 通道值越高，对应的像素越可见。这是对 alpha 通道的最常见解读，但有的媒体资料的处理方式却截然相反。

这种处理的问题在于，前景图会变成黑色图像中的镂空图案。使用 Adobe Premiere Pro 能够很好地解决该这一问题，正如能解读剪辑的音频通道一样，它也能选择 alpha 通道现有信息的正确解读。

使用 Double Identity 序列中的标题，可以很好地观察应用效果。

1. 设置 Timeline 播放头，以便将该标题显示在 Program Monitor 中。
2. 选取前景标题文字，使用 Effect Controls 面板，将混合模式设为 Normal。
3. 在 Graphics 文件夹中找到剪辑 Title Text。右击该剪辑，选择 Modify（修改）>Interpret Footage（解释素材）命令。在面板底部能够看到 Alpha Channel 的解释选项。

Alpha Channel
☐ Ignore Alpha Channel
☐ Invert Alpha Channel

4. 尝试选择每个选项，观察 Program Monitor 中的效果。单击 OK 按钮，显示效果才能更新。

其中的选项如下所示：

- Ignore Alpha Channel（忽略 Alpha 通道）：将所有像素的 Alpha 通道值设为 100%。如果不打算在序列中使用背景图层，这个设置非常有用。
- Invert Alpha Channel（反转 Alpha 通道效果）：反转剪辑中每个像素的 Alpha 通道效果。也就是说，完全不透明的像素会变成完全透明，而透明的像素会变成不透明。

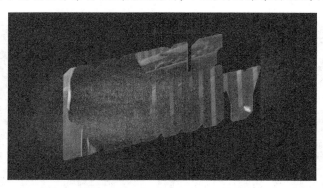

15.6 对绿屏镜头进行色彩抠像

使用橡皮筋线或 Effect Controls 面板改变剪辑的不透明度，也等量调整了图像中每个像素的 Alpha 效果。也可基于像素的屏幕位置、明亮度、色彩而有选择性地调整它们的 Alpha 效果。

Chromakey 特效对某些具有特定亮度、色相和饱和度值的像素进行不透明度调整。原理很简单：首先选择色彩或色系，像素越接近色彩选择，其透明度就会变得越高。像素色彩越匹配选择，其 Alpha 通道值就会变得越低，直至变成完全透明。

打开 Sequences 文件夹中的序列 Keying Double Identity。

该序列与另一个 Double Identity 序列很相似，但女子上车的镜头替换为绿屏版本。由于带有音频，这一版本更好，但是图像中的绿色区域需要移除。

前景视频位于 Video 2 轨道。在 Video 1 轨道上有一静态影像背景，该背景已经被进行了关键帧处理，能够随前景图摄影机移动。

接下来，只需移除绿色像素。

15.6.1　预处理素材

理想状态下，绿屏剪辑具有完美的绿色背景，且背景元素的边缘干净、美观。然而现实中由于各种各样的原因，素材不可能总是尽善尽美的。并且，拍摄视频时不理想的光线总是隐藏着潜在问题。此外，还有另外一个问题，其来源于摄像机存储图像信息的方式。

由于眼睛对颜色的感知不如对亮度信息的感知那么敏锐，所以摄像机一般会减少所存储颜色信息量。例如，DVCPro 25 摄像机中的颜色信息是以每 4 个像素为单元而存储的。

摄像机系统使用减色捕捉系统降低文件大小，且方法因系统而异。有时候每隔一个像素存储颜色信息。有时候存储信息单元为每两条线上的每两个像素。由于色彩细节不足以满足所需，这种系统使得抠像更有难度。

若发现镜头抠像不理想，可以尝试如下操作：

- 抠像前应用轻微的模糊特效。该特效混合像素细节，柔和边缘，并促使抠像效果看起来更为光滑。如果模糊程度很轻微，不会明显降低图片质量。往剪辑添加模糊特效，调整设置，然后应用上面的 Chromakey 特效。Chromakey 特效会在模糊化的基础上处理剪辑。
- 抠像前对镜头进行色彩校正。如果镜头的前景和背景缺乏高质量的对比度，可在抠像前，使用诸如 Three-Way Color Corrector、Fast Color Corrector 这样的特效调整图片。

15.6.2　使用 Ultra Key 特效

在 Adobe Premiere Pro 中，Ultra Key（极致键）是强大、快捷、基于直觉的 Chromakey 特效。其工作流非常简单：选择需变透明的颜色，然后调整设置以满足需求。正如所有绿屏剪辑抠像工具，Ultra Key 特效基于所选颜色创建蒙版。使用 Ultra Key 特效的手动设置，可调节该蒙版。

接下来，我们尝试使用该特效。

1. 向序列 Keying Double Identity 中的 KeyCar 剪辑添加 Ultra Key 特效。

2. 在 Effect Controls 面板中，选择 Key Color 旁边的吸管。使用该吸管工具单击选取 KeyCar 镜头中车窗区域的绿色。该剪辑的背景中存在持续可见的统一绿色，所以单击该区域任意一点均可。而在其他镜头中，可能就需要找到合适的选取点。

> **Pr** 提示：当使用该吸管工具进行单击的同时按住 Ctrl 键（Windows）或 Command 键（Mac OS），Adobe Premiere Pro 的像素取样平均水平为 5×5，而不是单一像素选取。这能够使抠像时的色彩捕捉效果更好。

Ultra Key 特效识别所有绿色像素，并将它们的 Alpha 值设为 0%。

3. 在 Effect Controls 面板中，将 Ultra Key 特效的 Output 菜单选项切换至 Alpha Channel。在该模式下，Ultra Key 特效将 Alpha 通道显示为灰度图像，黑色像素将为透明，光亮像素则变不透明。

   很明显，目前还远远达不到干净抠像的标准：那些窗户有些过于灰白。

4. 将 Setting 菜单选项切换至 Aggressive，观察镜头是否呈现漂亮、干净的黑色区域及白色区域。如果在相应的位置上看到灰色的像素，图片中部分区域可能会显示为透明。

5. 将 Output 菜单选项切换回 Composite，并观察效果。

   Aggressive 模式对该剪辑的应用效果更好。Default、Relaxed 和 Aggressive 模式修改 Matte Generation（蒙版生成）、Matte Cleanup（简易的蒙版边缘修复）和 Spill Suppression（溢出控制）的设置。也可手动修改这些设置，从而更好地对复杂镜头进行抠像。

每组设置有不同的功能，以下是相关的介绍：

- Matte Generation（蒙版生成）：每选择好抠像颜色，Matte Generation 控件调整解释路径。通过调整这些设置，可处理更具挑战性的镜头，并能获得不错效果。

- Matte Cleanup（简易的蒙版边缘修复）：设定好蒙版后，可使用这些控件对其进行调整。Choke（抑制）功能可收缩蒙版，这对于修复抠像选取缺失边缘非常有用。需注意不要过于抑制蒙版，以免丢失前景图的边缘信息。Soften（柔和）对蒙版应用模糊特效，能改善前景图和背景图的混合效果，使得其合成更为真实。Contrast（对比）提高 Alpha 通道的对比度，使得黑白图像的黑白对比更加鲜明，从而可以更清晰地设定抠像。通过增加对比度，抠像一般更加整洁。

- Spill Suppression（溢出控制）：Spill Suppression 用于处理绿色背景颜色反射到拍摄对象。当这种情况发生时，绿色背景和拍摄对象的颜色组合效果大为不同，拍摄对象的部分区域不会抠像成透明背景。若拍摄对象的边缘呈现绿色，视觉效果并不好。Spill Suppression 通过往前景元素的边缘添加颜色而自动补偿效果，所添加颜色在色轮上的位置与抠像颜色的位置相反。例如，使用绿屏抠像时则加入洋红，使用蓝屏抠像时则加入橙色。这种方式中和了颜色的"溢出"。

有关所有这些控件的更多介绍，请参阅 Adobe Premiere Pro Help 文档。

Color Correction 控件可快速便捷地调整前景视频图像，使其更好地融合于背景图。一般而言，这三个控件已足以创建更为自然的合成。这些调整是在抠像之后进行，所以用这些控件调整颜色，并不会引起抠像方面的问题。

> Pr | 提示：本例使用的是绿色背景的镜头。在实际应用中，有时候也使用蓝色背景的镜头进行抠像。这两者的工作流是相同的。

15.7　使用蒙版

Ultra Key 特效基于镜头中的颜色而动态创建蒙版。使用者也可以自定义创建蒙版，或者使用另一个剪辑作为蒙版的基础。

自定义创建蒙版，实际上就是为视频设定一个分隔区图案。下面我们使用该功能处理绿屏剪辑下的一个普通场景。

1. 打开 Sequences 文件夹中的序列 Reporter。

    该序列中的天气播报员站在一块绿屏的前面，但是绿色并未延伸至屏幕边缘。

2. 对 Reporter.mov 剪辑应用 Four-Point Garbage Matte（4 点垃圾蒙版像）特效。该垃圾蒙版是完全由用户自定义的区域，可自行定义为可见或透明。

3. 在 Effect Controls 面板中选择单击 Four-Point Garbage Matte 标题，这样就打开了 Four-Point Garbage Matte 特效。

    当选择该特效之后，Adobe Premiere Pro 在 Program Monitor 中显示一些特别的控制点。

4. 拖动垃圾蒙版的这些控制点进行选区操作，将黑色幕布排除在外。

> Pr | 提示：本例中的蒙版选区延伸至图像边缘外。这样处理是可行的，因为蒙版操作的主要目的是选择需排除在外的区域。在本例中，黑色幕布已成功排除在外。

这样，很快就能看见该序列的背景图层。此时，Four-Point Garbage Matte 特效已定义了哪些像素应该透明。

5. 对序列中的前景图 Reporter 剪辑应用 Ultra Key 特效，使用之前学过的技巧对该镜头进行抠像。

整洁的抠像效果马上就呈现出来，此时幕布已不见踪影。此处使用 Four-Point Garbage Matte 特效的原因是，这个剪辑所需修复相对简单。针对更为复杂的镜头，可以使用该特效的 Eight-Point（八点）或 Sixteen-Point（16 点）模式，并且，通过使用 Effect Controls 面板中的标准控件，这些控制点的位置都能进行关键帧处理。

15.7.1 应用以图形或剪辑为素材的蒙版

Garbage Matte 蒙版是用户自定义的可见区域或透明区域。在 Adobe Premiere Pro 的应用中，也可使用其他剪辑作为蒙版的素材。

通过使用 Track Matte Key（追踪蒙版抠像）特效，Adobe Premiere Pro 借用一个剪辑的明亮度信息或 Alpha 通道信息，去设定另一个剪辑的蒙版。只需一点点计划和准备，该简单特效能创建非常强悍的效果。

15.7.2　使用 Track Matte Key

接下来，应用该 Track Matte Key 特效去创建一个分层背景，以便添加标题。

1. 打开 Sequences 文件夹中的序列 Clouds。该序列中有三个图层：

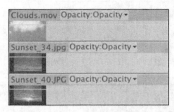

- Video 3: 一些云彩。为增加对比度，该剪辑应用了 Luma Curve（亮度曲线）特效。
- Video 2: 一幅色彩亮丽的落日图。
- Video 1: 一幅色彩较为暗淡的落日图。

2. 对 Video 2 的 Sunset 剪辑应用 Track Matte Key 特效。
3. 在 Effect Controls 面板上，将 Track Matte Key 特效的 Matte 菜单选项设为 Video 3。
4. 将 Composite Using（使用合成）菜单选项设为 Matte Luma（蒙版亮度）。

观察该序列的显示效果。顶上层的剪辑不再可见，其被用来界定 Video 2 剪辑中哪些区域应该可见、哪些区域应该透明。

由于云彩移动得很慢，所以该效果是非常细微的。不过，其显示效果为粉红色云层分布在背景图层前面。

15.7.3　使用 Title 工具创建自定义蒙版

Track Matte Key 特效能使用其他剪辑去定义剪辑中哪些像素应为可见或透明。Adobe Premiere Pro 的 Title 工具常用来为 Track Matte Key 特效应用而创建简单的图形。

下面，我们将创建一个柔和边缘的圆圈，并用来凸显镜头中的某个区域。

1. 打开 Sequences 文件夹中的序列 Mountain Race；

该序列中有一剪辑显示两个骑自行车的人在比赛，另外还有一个调整图层。如想凸显其中一位骑自行车的人，可对调整图层、Adobe Premiere Pro 的 Titler（字幕组件）工具创建的图形进行合成。

Pr | 提示：当创建一个新字幕图形时，Adobe Premiere Pro 会使用当前序列作为默认大小。在创建字幕图形之前打开需要它们的序列，可使得操作更为轻松。

2. 在 Title 菜单中，选择 New Title（新字幕）> Default Still（保持默认）命令。

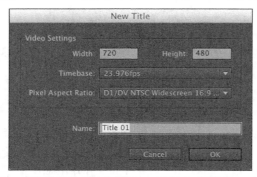

New Title 对话框出现后，可根据需要更改设置，但是必须是基于当前序列的正确设置。

Pr | 提示：有关 Titler 的更多介绍，可以参阅本书第 16 章"创建字幕"部分。

3. 将新字幕图形命名为 Highlight，单击 OK 按钮。

4. 在 Titler 中有数个面板。左上端的面板有数个创建字幕和图形的工具。选择 Ellipse（椭圆形）工具（ ● ）。

5. Titler 的中心区显示的是 Timeline 当前帧，其将作为所创建字幕图形的背景。使用 Ellipse 单击该区域并拖动绘制小圆圈。拖动形状时按住 Shift 键可以把形状约束为正圆，而不是椭圆。

6. 切换到 Titler Selection（字幕组件选取）工具。单击、选取之前创建的圆圈。选定后，Title

Properties（字幕属性）面板显示有关该圆圈的选项。

7. 打开 Fill Type（填充类型）下拉列表，由 Solid（纯色）改选为 Radial Gradient（径向渐变）。这样就出现一个色彩选择框，其有两个 color stops（起止颜色点），其实质是拾色器混合以创建渐变效果。

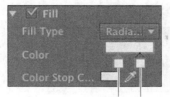

颜色点 1　颜色点 2

8. 单击选取第二个颜色点，然后将 Color Stop Opacity（颜色点不透明度）降为 0%。

> **Pr** | 提示：有时需要加宽右边栏，以便查看哪个属性是 Color Stop Opacity。

9. 此时的图像已近乎完美，但是渐变效果并不十分明显。往左拖动第二个 Color Stop 直至该圆圈的边缘柔和，可增强渐变效果。

10. 关闭 Titler。新创建的字幕图形将会自动添加到 Project 面板。

15.7.4　创建活动蒙版

创建好 Track Matte Key 特效所需的图形图像以后，可使用 Effect Controls 面板上的 Motion（运动）控件对其进行移位，并增加生动效果。

> **Pr**　提示：一般来说，比较好的一种处理方式是：所创建图形比所需尺寸大些，然后使用 Scale 控件减少尺寸，这样处理优于一开始就使用太小的图形并放大尺寸。因为放大尺寸的同时也扩展了像素，可能会产生粗硬边缘。

1. 编辑之前创建到 Video 3 上的具有柔和边缘的圆圈图形。调整其位置和持续时间，使其精准匹配 Timeline 上的其他剪辑。如果没有现成的字幕图形可用，则可使用 Graphics 文件夹中 Highlight Example 剪辑。

在最开始的时候，该图形非常亮眼地显示在屏幕居中位置。

2. 向调整图层添加 Track Matte Key 特效。在 Effect Controls 面板中，将 Track Matte Key 的菜单选项设为 Video 3。

   由于最初并未对调整图层作任何改变，所以并不会显示特效效果。

3. 在 Effect Controls 面板中，打开 Fast Color Corrector 特效。

   为了使图像更为明亮，该特效已经应用到调整图层。

4. 选择时间轴上的字幕图形 Highlight。使用 Effect Controls 面板上的 Motion 控件，移动该字幕图形的位置，使其凸显前方的骑车者。使用关键帧，让该圆圈紧随着这名骑车者而在屏幕上移动起来。

使用After Effects Roto Brush Tool（旋转笔刷工具）

　　Adobe Premiere Pro提供高达16点的垃圾蒙版，可手动覆盖剪辑中的图像区域。该功能非常有用，但是仍然不如Adobe After Effects功能强大。Adobe After Effects可应用定位精准的多点蒙版，这些蒙版引入关键帧，路径为Bezier（贝塞尔曲线）路径。使用mask（遮罩）非常精准地选取前景元素，该过程称为rotoscoping（动态遮罩）。

　　Adobe After Effects具有一个特别的Roto Brush工具，可以显著减少前景图动态遮罩所需工作量。

　　向After Effects发送剪辑、使用Roto Brush工具的步骤如下：

1. 右键单击需要发送到After Effects的剪辑，选择Replace With After Effects Composition（使用After Effects合成图像替代）。

   这时，Adobe Premiere Pro将剪辑发送到After Effects。在该区，After Effects将自动创建合成图像。

2. 为新的After Effects项目设置名称和存放位置。可将该项目保存在Adobe Premiere Pro的project（项目）的子文件夹中。

3. 到这里为止，该剪辑已添加到After Effects的一个合成图像中。在Timeline面板上双击打开它，以便进行编辑。

4. 与Adobe Premiere Pro一样，After Effects也提供了多种工具，能够满足不同的操作需要。在本例中，After Effects工具默认位于屏幕上端。选择

使用After Effects Roto Brush Tool（旋转笔刷工具）（续）

Roto Brush工具。

5. 使用Roto Brush工具对前景元素进行描边。操作时，无需谨小慎微地紧邻着边缘描边。Roto Brush工具会自动搜寻、对齐到目标对象的边缘。

6. 使用Roto Brush工具反复单击，从而添加到选区。按住Alt键（Windows）或者Option键（Mac OS）并单击，可将对象从选区移除。

7. 在图层面板Time Ruler（时间标尺）的下方，能看到Roto Brush工具的Range选择器。拖动该选择器的末端，可选择Roto Brush工具的持续工作时间。

8. 按下Spacebar（空格键）。Roto Brush工具将自动追踪所选边缘，并形成一个蒙版，选区之外的像素透明，选区之内的像素可见。

   如果Roto Brush工具丢失选区边缘，按下空格键，停止分析。使用Roto Brush工具调整选区，然后按下空格键继续。

9. 当Roto Brush工具完成剪辑分析，保存After Effects项目并返回到Adobe Premiere Pro。至此，在该剪辑的选区之外存在透明像素，可使用其作为合成图像的前景元素。

使用Roto Brush工具开始进行操作时，Adobe After Effects 的Effect Controls面板会自动弹出，Roto Brush工具可共享该面板中的特效控件。

完成操作后，保存 Adobe After Effects项目，以供Adobe Premiere Pro显示遮罩效果。

复习题

1. RGB 通道和 Alpha 通道的区别是什么？
2. 如何对剪辑应用混合模式？
3. 如何针对剪辑的不透明度效果设置关键帧？
4. 如何更改媒体文件的 Alpha 通道解释方式？
5. 对剪辑应用 Key 特效的意思是什么？
6. 应用 Track Matte Key 特效时，参考剪辑的类型是否有限制？

复习题答案

1. RGB 通道是颜色通道，Alpha 通道是透明度通道。
2. 混合模式位于 Effect Controls 面板的 Opacity 属性下方。
3. 调整剪辑不透明度的方法和调整剪辑音量的方法一样。需显示所调整剪辑的橡皮筋线，选用 Selection 工具进行单击并拖动。也可使用 Pen 工具进行微调。
4. 右击该文件，选择 Modify > Interpret Footage 命令。Alpha 通道的选项位于面板底部。
5. 在 Key 特效应用中，像素颜色被用来定义图像中哪些区域应该透明，哪些区域应该可见。
6. 没有限制。应用 Track Matte Key 特效时可使用任何类型的剪辑。事实上，可对参考剪辑应用特效，并且这些特效的效果会反映在蒙版上。

第 16 课 创建字幕

课程概述

在本课中，你将学习以下内容：

- 使用 Titler（字幕组件）窗口；
- 使用视频排版工具；
- 创建字幕；
- 设计字幕风格；
- 创建形状和添加 logo；
- 创建滚动字幕和游动字幕；
- 使用模板。

本课的学习大约需要 90 分钟。

可使用 Adobe Premiere Pro CS6 中的 Titler（字幕组件）创建字幕和图形。这些对象可放在视频上，或者作为独立的剪辑向观众传递相关信息。既可以创建静态，也可以创建动态字幕。

16.1 开始

视频和音频材料是创建一个序列的主要元素，同时，该制作过程也经常需加入字幕。字幕是向观众快速传递信息的有效方式。例如，被采访人的身份识别可通过字幕形式添加其姓名及头衔（常称为字幕条，或简称为身份）。也可使用字幕区分较长视频的不同部分（常称为片段），或用来鸣谢演员和工作人员。

适当运用字幕可实现简捷传递信息。和叙述相比，字幕更能清晰传递信息，字幕信息还可插入到对话部分。另外，字幕可用于视频结尾处强化重要信息。

Adobe Premiere Pro CS6 提供一个多功能的 Title 工具。它提供一整套的文字和形状创建工具。我们可以使用计算机上的任意字体，字幕可以是任意颜色（或多种颜色）、任意透明度。也可嵌入 Adobe Photoshop、Adobe Illustrator 等工具创建的图形元素或 logo。Titler 是一个功能强大的工具。它强大的定制功能使你可以为自己的作品创建出独特的字幕效果。

16.2 Titler 窗口概述

本章首先从一些预格式化文本开始，然后改变它们的参数。这种方法可帮助你快速了解 Adobe Premiere Pro Titler 的强大功能。本章后面将从零开始构建字幕。

1. 启动 Adobe Premiere Pro，打开项目 Lesson 16.prproj。

   序列 01 Seattle 应该已经处于打开状态。

2. 在 Project 面板中双击 Title Start（字幕启动）。

   这将打开 Titler，同时载入视频帧上的字幕。文本框一般默认选中，如果没有，单击选取。下面简要介绍 Titler 面板。

字幕工具面板　字幕设计面板　　　　　　　　　　　　　　字幕属性面板

字幕动作面板　　　　　　字幕样式面板

- Title Tools panel（字幕工具面板）：定义字幕边界、设置字幕路径和选择几何形状。
- 使 Title Designer panel（字幕设计面板）：在其中创建和查看文本和图形。
- 使 Title Properties panel（字幕属性面板）：字幕和图形选项。如字体属性和效果。
- 使 Title Actions panel（字幕动作面板）：用于对齐、居中或分散字幕或对象组。
- 使 Title Styles panel（字幕样式面板）：预设字幕样式。可以从几个样式库中进行选择。

> **Fl** 注意：展开窗口，可显示所有 Title Properties 选项。

3. 单击 Titler Styles 面板内几种不同的缩览图，以便使自己熟悉这些可用的样式。

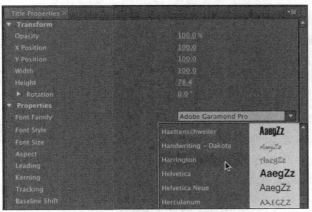

每次单击新的样式时，Adobe Premiere Pro 会立即将活动字幕或者被选择的字幕更改为新的样式。尝试一些样式后，可以选择样式 Adobe Garamond White 90（如此处图中所示），这种样式与视频中的场景气氛相匹配。

4. 单击 Titler 内的 Font Browser（字体浏览）按钮。注意，当前字体为 Adobe Garamond Pro。

5. 滚动字体列表，注意，当单击新的字体时，可以立即看到它对应的字幕效果。
每个系统中的特定字体会有变化。选择一种接近本课中用过的字体。

6. 单击 Titler 右侧 Titler Properties 面板内 Font Family 下拉列表。这是 Titler 内改变字体的另一种方法，请尝试通过该面板改变字体。也可尝试使用 Font Style 下拉列表。

> **Pr** 提示：在单击和测试过程中，你可能会取消选择文字。如果文字周围没有带手柄的边界框，请单击 Selection 工具（Titler 面板的左上角），在文字内任意位置单击，选择文字。

7. 尝试之后从 Font Family 下拉列表选择 Adobe Caslon Pro。从 Font Style 下拉列表选择 Bold，这样文本将更加清晰可见。

8. 采用以下方法把字体大小修改为 140：在 Font Size（字体大小）字段内输入新的数值，或者在 Size 数值上拖动鼠标，直到其读数为 140 为止。如果文字处于隐藏状态，则使用 Selection Tool 拖动边界框上端手柄，从而调整文本框大小。

9. 单击 Title Designer 面板内的 Center（居中）图标，使文字居中显示。

10. 将 Tracking（字符间距）调整为 3.0。Tracking 工具调整的是整个文本块或字符串的字距。接下来，对阴影进行处理，使其更明显可见。

11. 在 Title Properties 面板，将 Shadow Distance（阴影距离）修改为 10、Shadow Size（阴影大小）修改为 15、Shadow Spread（阴影扩展）修改为 45。可在每个字段内输入数值，或者通过单击、拖动，清除这些数值。

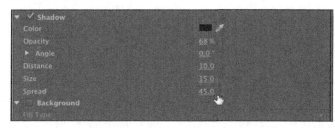

12. 单击 Title Actions 面板内的 Horizontal Center（水平居中）和 Vertical Center（垂直居中）按钮，使文字居于屏幕的正中间。

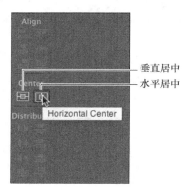

屏幕效果看起来应该像此图所示的那样。

> **Pr** 提示：Adobe Premiere Pro 自动将更改过的字幕保存在项目文件中，但在硬盘上它并不会显示为一个单独的文件。

13. 向右拖动 Titler 浮动窗口，直到能看到 Project 面板为止。
14. 在 Project 面板内，双击 Title Finished，把它载入到 Titler 中。
15. 使用 Titler 主面板内的下拉菜单在两个字幕间切换。

现在你的字幕看起来应该与 Title Finished 的字幕类似。

16. 单击 Titler 面板右上角的小 "x"（Windows）或 Close 按钮（Mac OS），将其关闭。
17. 将 Title Start 从 Project 面板拖到 Timeline 上的 Video 2 轨，对其进行剪切，使其与视频剪辑上方的长度相符。把当前时间指示器从其上拖过，观看字幕在视频剪辑上的效果。

> **Pr** 提示：可以把切换特效应用到字幕中，使之淡入屏幕、移入或移出屏幕。

在其他项目中使用字幕

你可能想为采访地点和被采访者身份创建通用字幕，以便将它们应用到多个项

在其他项目中使用字幕（续）

目。但是Adobe Premiere Pro不会自动将字幕存储在独立的文件中。要使字幕可用在其他项目中，首先需要选择Project面板中的字幕，再选择File>Export>Title命令，为字幕命名，选择存储位置，再单击Save按钮。以后需要时就可以像导入其他素材文件一样导入字幕文件了。

16.3　视频排版

为视频设计文字时，需要遵循合适的排版规则。由于文字常合成在多重色彩的移动背景上，设计需尽量保证清晰度。需适当平衡易读效果和文字风格，并保持适当足够的屏幕信息，文字不应拥挤。否则阅读会很困难，用户体验效果也比较差。

Pr　提示：如想了解有关排版的更多信息，可参阅书籍《Stop Stealing Sheep & Find Out How Type Works》。该书由Adobe Press于2002年出版，作者为Erik Spiekermann和E. M. Ginger。

16.3.1　字体选择

电脑中的字体类型即使没有数千种，也会有数百个。这使得选择一个合适的字体更为困难。基于多种因素做出选择、考虑如下引导性问题，可简化字体选择过程：

- 易读性：选用的字体大小，是否便于阅读？每一行的文字是否易读？快速扫视文本块然后闭上眼睛，你能够回想起什么？
- 风格：你会使用什么样的形容词描述所选字体？该字体是否恰当传递了视频氛围？风格如同行头，选择合适的字体对于成功设计至关重要。
- 灵活性：该字体是否和剪辑中其他区域相搭配？是否有多种多样的粗细设置（例如，粗体、斜体、半粗体），以便传递重要信息？是否能创建传递多类型信息的信息层，例如在图像底部对齐位置添加演讲者姓名和头衔？

思考这些导向型问题的答案，可引导更好地选择字幕样式。实践可帮助选择最合适的字体。另外，很容易修改当前字幕或者复制后对复制文本进行修改。

16.3.2　颜色选择

可用配色多不胜数时，在设计中选择合适的字体颜色极为复杂。其原因是，只有少许颜色匹配字幕并清晰可见。如果是广播视频场景，或者设计风格须匹配产品的品牌展示，颜色选择会更为困难。当置于迅速移动的背景上，文字也应发挥其应有效果（常称为基于模式的类型选择）。

在左图中，白色文字对应于黑色背景的易读效果最好。右图中的蓝色文字和天空的颜色、色调相似，因此这些文字阅读起来非常吃力。

　　保守处理方法通常是，视频中文字颜色为白色。毫无疑问的是，第二大最常用的颜色是黑色。应用字体颜色时，它们经常是非常明亮或非常暗沉的暗调。应用效果好的较为明亮颜色包括浅黄、蓝色、灰色和棕褐色。应用效果佳的较为暗沉颜色包括军绿和森林绿。所选颜色必须与文字所处背景形成适当对比。

| Pr | 提示：创建视频字幕时常见情况是，所对应的背景呈现多种颜色。这使得合适对比效果较难获得（合适对比对于易读性至关重要）。为处理这种情况，需添加描边、应用外发光或者增加阴影，从而形成具有对比效果的边缘。 |

16.3.3　Kerning

　　创建字幕时，有时需要调整一对字符之间的空间距离。这一提升文本视觉效果的过程称为Kerning（字偶间距调整）。字体越大，越有必要手动调整字偶间距（因为在这种情况下，不恰当的字偶间距问题会更明显）。调整字偶间距的目的是在创建视觉流的同时，提高文本的视觉效果和易读性。

| Pr | 提示：在英文中，调整大写首字母和其后小写字母的间距，是调整字偶间距常见应用场景。尤其是当一个字母的基部空间很狭窄（例如 T），这种情形会造成这样一种错觉，该行基线水平位置存在过多空间。 |

　　最初，某些字符之前的距离有点松散（左图），手动调整后，全局易读性得以提高（右图）。研究海报、杂志等具专业设计水准的材料，是学习字偶间距调整的最佳途径。

应用 Adobe Premiere Pro（和其他 Adobe 应用软件），能很便捷地调整字偶间距。

1. 单击插入光标，或者使用箭头键移动。
2. 当闪动的 I 形光标位于需调整间距的两个字符间，按住 Alt 键（Windows）或 Option 键（Mac OS）。
3. 按下向左箭头键，可拉近字符。或者按住向右箭头键，可拉大字符间距。
4. 移动到另一对字符间，并按需调整。

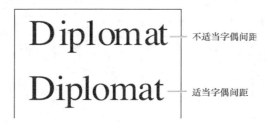

16.3.4 Tracking

另一个文字属性工具是 Tracking（字符间距调整），其作用类似于 Kerning。该功能调整的是整行文本块或字符串的字距。Tracking 能全局性地压缩或扩展文本行，使其在屏幕上的显示效果最佳。其常见应用场景如下：

- 紧凑型字符间距调整：如果文本行过长（例如，演讲者图像底部位置的较长字幕），有时需要稍加紧缩间距以更好匹配。这样调整不会改变字符高度，但在可用空间内能适当放入更多字符。
- 宽松型字符间距调整：当字符都是大写字母，或者需对文字进行外部描边时，加宽字符间距非常有用。该工具常用于较大字幕。当文字用来作为图像设计或动态影像元素时，也常使用该工具。

Tracking 和 Small Caps（小型大写字母）功能组合使用，可创建易读且具独特风格的字幕。

Tracking 常在 Adobe Premiere Pro 的 Title Properties 面板操作（或者其他 Adobe 应用软件的 Character 面板上操作）。正如 Kerning，Tracking 具有主观性。掌握该技巧的最佳途径是，研究具有专业水准的案例，以获得灵感和指导。

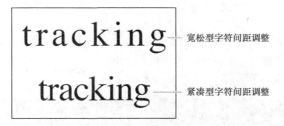

宽松型字符间距调整

紧凑型字符间距调整

16.3.5 Leading

正如需控制字符间的水平距离,也需控制字行间的垂直距离,这一过程称为 Leading(行距调整)。这个词起源于手工排版的年代,铅字之间通过插入铅块来增加垂直距离。

最初的行距设置,使得两行文字难以阅读(左图)。 在Title Properties面板,将行距值由5改为24,会增加行与行之间的距离,并改善易读性(右图)。

在大多数情况下,调整行距应使用 Auto 的默认设置。不过,也可按需调整行距,使文本协调融入设计模板,或者使每屏显示的信息更多。适当将更多信息显示在屏幕中,需要紧缩行距,缩小行与行之间的距离(有时则需拉大行距,使文本松散些)。

不要将行距设置得过于紧凑,否则,上一行的下行字母区(例如 j、p、q、z 的下伸部分)将穿过下一行的上行字母区(例如 b、d、k、l 的上伸部分)。这种"碰撞",会对文本阅读造成消极影响。

16.3.6 Alignment(对齐)

由于人们习以为常阅读左对齐的文本(例如报纸),因此,并无对齐视频文本的固定规则。一般而言,底部对齐字幕为左对齐或右对齐。

另一方面,经常需要将字幕序列或缓冲区内文本居中。Titler(或其他 Adobe 应用软件的Paragraph 面板)具有对齐文本按钮,它们能用于左对齐、右对齐或居中对齐。

> **Pr** 提示:在 Adobe 应用软件中设置文字,方法通常不仅限于即点即输(称为点文字,Point Text)。使用 Type(类型)工具单击拖动,首先定义出段落区域。这称为段落文字(Paragraph Text),该工具的对齐和布局功能更强。

16.3.7　Safe Title Margin（字幕安全边界）

设计字幕时，经常能看到两个紧邻的方框。第一个方框内显示 90% 可视区域，称为 Action-Safe Margin（动作安全边界）。以电视机视频信号为例，第一个方框外的信号会被裁切。因此须将所有需显示的关键要素（例如 logo），保持在该安全边界内。

左图中的文字太过于接近边缘（并且超出字幕安全边界范围）。右边图像显示的是恰当调整到安全边界内的字幕，经过调整，视频字幕的可读性得到提高。

第二个方框内显示 80% 可视区域，称为 Title-Safe Zone（字幕安全区域）。正如本书设有边界防止文字太过紧贴边缘线，一个较好的处理方法是将文字保持在最中间或者字幕安全区域内。这会更便于观众阅读信息。

> **Pr** | 提示：打开 Title 面板菜单（或选择 Title>View 命令），之后选择 Safe Title Margin 或 Safe Action Margin，即可分别关闭字幕安全边界和动作安全边界。

16.4　创建字幕

创建字幕时，需要针对文字在屏幕上的组织方式作出选择。Titler 面板提供 3 种字幕创建方法，每种都提供水平和垂直字幕方向选择：

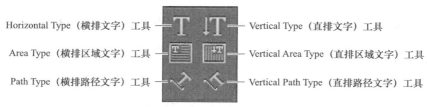

- Point Text（点文字）：这种方法在你输入时建立文字范围框。文字会排在一行，直到你按下回车键，或从 Title 菜单中选择 Word Wrap（换行）为止。改变文字框的形状和大小会相应改变文字的形状和大小。
- Paragraph（Area）Text（段落（区域）文字）：在输入文字前先设置文字框的大小和形状。以后改变文字框的大小可以显示更多或更少的文字，但不会改变文字的形状和大小。

- Text on a Path（路径上的文字）：执行以下操作为文字构建路径：在文字窗口中单击点，创建曲线，再用手柄调整这些曲线的形状和方向。

在 Title Tools 面板中，从左侧还是从右侧选择工具将决定文字朝向是水平的还是垂直的。

16.4.1　创建点文字

现在，你已对如何设计和修改字幕有个基本的认识，接下来可以从零开始创建字幕。下面，执行一个新项目，为 Las Vegas（拉斯维加斯）一场会议的宣传材料创建字幕。

1. 从 Project 面板中打开序列 02 Vegas。
2. 选择 File>New>Title 命令，打开 New Titler（新建字幕）对话框（其在 Windows 上的快捷键是 Ctrl+T，在 Mac OS 上的快捷键是 Command+T）。

> **Fl** 注意：Adobe Premiere Pro 会自动将新字幕设置匹配到打开的序列。因此，创建具有不同帧尺寸和长宽比的字幕时，存在不同的视频属性。建议打开新字幕所在序列，并使用 Adobe Premiere Pro 默认匹配设置。

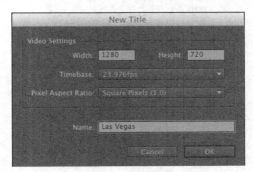

3. 在 Name（名称）框内输入 Las Vegas，单击 OK 按钮。
4. 拖动 Timecode（在 Show Background Video 按钮的正右方），改变字幕窗口中显示的视频帧。

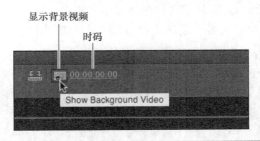

> **Pr** 提示：如果你想将字幕定位到与视频内容相关的位置，或者检查字幕在视频上的显示效果，则可以通过拖动时码这种简便的方法来实现。显示在字幕之后的视频帧没有随字幕一起保存，它在那里只是为作为定位和风格化字幕的参考。

5. 单击 Show Background Video（显示背景视频）按钮，隐藏视频剪辑。

背景由灰度棋盘格组成，这表示是透明的。也就是说，如果将字幕放置在 Timeline 的视频轨上方，透明区域可使视频可见。如果降低字幕的不透明度，我们会透过棋盘格看到部分对象，即视频会透显出来。请记住，100% 不透明度意味着 0% 透明度（30% 不透明度则意味着 70% 透明度）。

6. 单击 Myriad Pro White 25 样式（如下图所示）。

将光标放在每种样式上数秒，查看其名称。

7. 单击 Type 工具（其快捷键为 T），在 Titler 面板内的任意处单击。
   这样就使用 Type 工具创建了 Point Text。

8. 输入 LAS VEGAS，匹配文字框的形状和大小。

| Fl | 注意：如果继续输入，你会注意到 Point Text 没有自动换行，输入的文字会向右超出屏幕。为了使它到达字幕安全边界时自动换行，请选择 Title>Word Wrap（自动换行）命令。如果需手动强制换行，则可按下 Enter 键（Windows）或 Return 键（Mac OS）。 |

9. 单击 Selection 工具（Titler Tools 面板左上角的箭头）。字幕边界框上将出现手柄。
   在这种情况下，Selection 工具的键盘快捷键不起作用，因为我们正在文字框中输入字符。

10. 拖动文字边界框的角和边缘，请注意字幕的大小和形状也相应地发生改变。按住 Shift 键收缩文字，使其大小相应变化。

11. 将鼠标指针刚好悬停在文字边界框角的外部，直到显示出曲线光标为止，之后拖动，使边界框沿其水平方向旋转。

提示：移动字幕框的多种方法除了拖动边界框手柄外，还可以在 Titler Properties 面板中改变 Transform（变换）设置内的数值。用键盘输入新的值，或把光标放在数值上左右拖动。这些修改会立即显示在边界框内。

12. Selection 工具激活后，在边界框内的任意处单击，将成一定角度的文字及其边界框在 Titler 窗口中拖动。

运用所学到的技巧，调整文字尺寸、旋转度以及位置，使其看起来如上图所示。

16.4.2　添加段落文字

点文字具有很高的灵活度，段落文字则可帮助更好地控制布局，当文字到达段落字幕框的边缘，其会自动换行。

继续使用之前练习打开的字幕。

1. 单击 Title Tools 面板内的 Area Type（区域文字）工具。

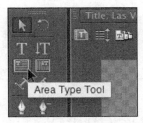

2. 将文字边界框拖到 Titler 窗口内，它几乎填满字幕安全区的右上角。

Area Type 工具将会创建段落文字。

3. 开始输入。开始输入 Las Vegas 会议的参会名单。可使用此处的名单或者自己加入一些。此次，要输入足够多的字符，使它超出边界框的尾部。如有需要，请减小字体尺寸，以便可以同时看到几行文字。与点文字不同，段落文字会将字符限制在定义的边界框之内。它在边界框的边界处换行。

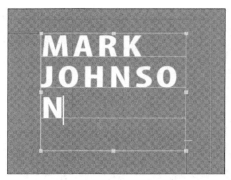

这个屏幕中的字符太大，无法容纳在一行，所以其自动换行。在 Title Properties 面板上降低字体大小，可使一行容纳更多字符。

4. 按住 Enter 键（Windows）或 Return 键（Mac OS）换到下一行。

5. 单击 Selection 工具，改变边界框的尺寸和形状。

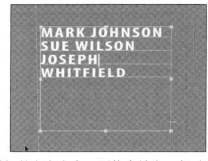 

最初的文字太大，不能容纳在一行（左图）。调整文字边界框，使得每一行可容纳更多文字（右图）。

文字大小不会改变，而是调整其在字幕框基准线上的位置。如果边界框太小，容纳不下所有文字，多余的文字会滚落到边界框底部边缘之下。在这种情况下，在边界框外右下角会显示出一个小加号（+）。

> **Pr** 　**提示**：避免拼写错误的一个较好方式是，找到客户或制片人审核通过的稿本或电子邮件，复制粘贴上面的文字。

6. 关闭当前打开的字幕。

由于 Adobe Premiere Pro 自动将字幕保存到项目文件中，所以随时可以切换到新的或不同字幕，而不会丢掉当前字幕中所创建的内容。

16.5 　设计字幕风格

之前已经实践过字幕样式工具，可迅速将格式应用到所选文本块。字幕样式工具便捷简单，不过这仅仅是一个开始。还可以使用 Title Properties 面板对字幕视觉效果进行精准调控。

16.5.1　改变字幕视觉效果

在 Title Properties 面板，有数个可改变字幕视觉效果的功能选项。适当运用（稍加把控），可提高易读性和视觉效果。不过，如果滥用这些功能并加入过多特效，会使作品显得很外行，并对阅读产生消极影响。

> **Pr**　**提示**：从视频中提取颜色除了用 Color Picker 改变色标颜色之外，还可以使用 Eyedropper 工具（位于色板旁）从视频中选择一种颜色。单击 Titler 面板顶部的 Show Video（显示视频）按钮，拖动时码，移动到想使用的帧上，选择 Eyedropper 工具，移动到视频场景中，单击想要的颜色。

针对当代字体设计，已开发出一些强大工具。可在 Typographic Properties（字体设计属性）面板上找到它们：

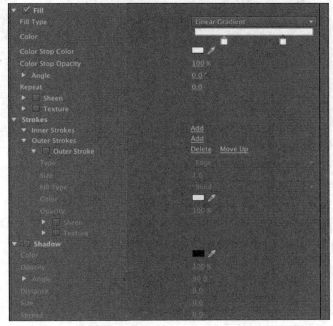

- Fill Type（填充类型）：填充类型有数个选项。最常见的是 Solid（纯色填充）和 Linear Gradient（线性渐变），另外还有 Gradient（渐变填充）、Bevel（斜面填充）及 Ghosting（阴影填充）。
- Color（颜色）：为文字设置颜色。方式包括，单击 Swatch（调色板）、在 Color Picker 内输入数值、使用 Eyedropper 工具从视频剪辑中取样。

> **Fl**　**注意**：如果所选颜色旁边出现感叹号，则 Adobe Premiere Pro 在提醒颜色不符合广播安全标准。也就是说，当视频信号进入广播环境时，这种颜色选择会引发问题（DVD 或蓝光播放机模式时也会有问题）。请单击感叹号，选择最接近之前所选颜色、且符合广播安全标准的颜色。

- Sheen（光泽）：一种柔和亮光，能增加字幕深度。光泽微妙效果的发挥，还需要调整其大小和透明度。
- Stroke（描边）：可单击增加外部描边和内部描边。描边可以是纯色，也可以是线性渐变，为字幕边缘增加一层薄薄的边框。调整描边的不透明度，可形成柔和光线或者柔和边缘。描边常用来保持视频或复杂背景上文字的清晰可见。
- Shadow（阴影）：视频文字中常常使用阴影，因为它可增加文字的易读性。需调整阴影的柔和度。同时，为保持设计一致性，同一项目中所有字幕的阴影应该具有相同的角度。

1. 在 Project 面板，双击 Las Vegas 字幕。
2. 使用本章节中所介绍的属性工具，修改 Las Vegas 文本块。

3. 继续完善设计，直到视觉效果令人满意为止。

16.5.2 保存自定义样式

如果创建了喜欢的图形，可将其保存为自定义样式。样式是保存的颜色特点、字体特征的集合。只需轻松一点，即可将样式用于重定文字格式。文字所有属性自动更新匹配到该预设。

接下来，选用之前课程中修改过的文本，创建一个样式：

1. 选择一个文本块或其他文本对象（它的样式属性是你想要保存的）。

请选择之前练习中设定过格式的文字。

2. 在 Title Styles 面板菜单，单击 submenu（子菜单）并选择 New Style（新样式）。

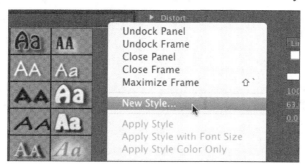

3. 输入一个描述性名称，单击 OK 按钮。该样式被添加到 Title Styles 面板。

4. 为便于观察样式，可以单击 Title Styles 子菜单，分别选择 Text Only（纯文本）、Small Thumbnails（小图标）、Large Thumbnails（大图标），观察预设效果。

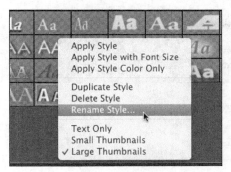

5. 右击样式缩略图，对其进行应用管理。可选择 Duplicate Style（复制样式），并对复制件进行修改。选择 Rename Style（重命名样式），从而方便查找样式。如果想移除样式，可以选择 Delete Style（删除样式）。

创建Adobe Photoshop图形或者字幕

　　创建Adobe Premiere Pro使用中所需字幕或者图形的另一个工具是Adobe Photoshop。该工具是修改图像的首选工具，并且具有多重功能，可创建有质感的字幕及图形标志。Adobe Photoshop提供很多高级选项，包括消除锯齿（使文字边缘更平滑）、高级格式（例如，灵活图层样式、拼写检查）。

在Adobe Premiere Pro中创建新的Adobe Photoshop文件，操作如下：

1. 在Adobe Premiere Pro的Project面板上，选择 File（文件）> New（新文件）> Photoshop File（Photoshop文件）命令。

2. 检查New Photoshop File（新Photoshop文件）窗口。针对所操作项目，Video Settings（视频设置）需正确调节好。

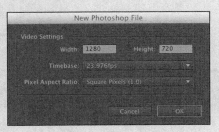

3. 单击OK按钮。

4. 选择PSD文件的存储位置，命名并单击Save。

5. Adobe Photoshop或Photoshop Extended打开，可用其编辑字幕。
该新创建的Adobe Photoshop文件会自动匹配到使用中的Adobe Premiere Pro Timeline（或所选预设）。在Photoshop文件打开状态，请快速浏览Adobe Photoshop的一些功能。

6. 按下T键选择Text工具。

7. 单击后，从字幕安全区的左侧边缘向右侧边缘拖动，则创建了一个可容纳

创建Adobe Photoshop图形或者字幕（续）

文字的段落文本框。Adobe Photoshop和Adobe Premiere Pro一样，使用段落文本框可精准调控文字布局。

8. 输入将要使用的文字。

9. 屏幕上端的Options选项栏用于调整字体和文字项。使用该长条上的控件，根据需要调整字体、颜色和磅值。

10. 单击Options选项栏中的复选标记，组织文字图层。

11. 如果需要呈现透明，则在Layers面板中，单击Background旁边的Visibility（可见度）图标，从而取消Background图层效果。将出现一个表示透明度的棋盘格图案。

完成在Adobe Photoshop上的操作后，保存文件、关闭软件。其将自动在Adobe Premiere Pro项目中更新。如果想返回到 Adobe Photoshop操作，则选择Project或Timeline上的一个字幕标题，单击Edit > Edit in Adobe Photoshop命令。

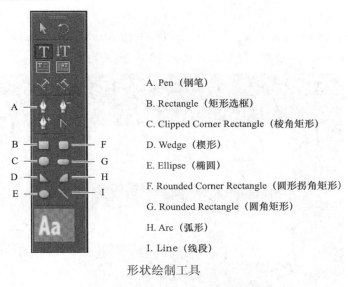

16.6　创建形状和添加 logo

使用字幕工具时，一个完整的图形项目不仅仅需要文字。Adobe Premiere Pro 可产生矢量图形，从而创建图形元素。也可输入完整图形（例如 logo），提高 Adobe Premiere Pro 的字幕效果。

16.6.1　创建形状

如果你已经在图形编辑软件（如 Photoshop 或 Illustrator）中创建过形状，就会知道如何在 Adobe Premiere Pro 中创建几何对象。首先从 Title Tools 面板内的各种形状中选取一种，拖动和绘制出轮廓，然后松开鼠标按键。

A. Pen （钢笔）

B. Rectangle （矩形选框）

C. Clipped Corner Rectangle （棱角矩形）

D. Wedge （楔形）

E. Ellipse （椭圆）

F. Rounded Corner Rectangle （圆形拐角矩形）

G. Rounded Rectangle （圆角矩形）

H. Arc （弧形）

I. Line （线段）

形状绘制工具

请在 Adobe Premiere Pro 内按照以下步骤绘制形状。此处的操作仅是练习的目的。

1. 按 Ctrl+T 组合键（Windows），或者按组合键 Command+T（Mac OS），打开 New Title 对话框。
2. 在该对话框的 Name 文本框内输入 Shapes Practice，单击 OK 命令。
3. 单击 Show Background Video（显示背景视频）按钮，隐藏视频预览。
4. 选择 Rectangle 工具（R），在 Titler 窗口中拖动光标，创建矩形。

5. 在矩形仍处于选中状态时单击不同的字幕样式。注意字幕样式也影响形状及文字。可以尝试不同样式或者创建新的样式。
6. 在另一个位置按住 Shift 键拖动光标，创建正方形。
7. 选择 Rounded Corner Rectangle 工具，按住 Alt 键（Windows）或 Option 键（Mac OS）拖动，从中心绘制出该形状。
   该形状的中心保持在第一次单击鼠标时的那个位置，拖动光标时，形状和大小会围绕着这点发生改变。
8. 选取 Clipped Corner Rectangle 工具，按住 Shift+Alt 组合键（Windows）或 Shift+Option 组合键（Mac OS）并拖动，约束长宽比，并从中心开始绘制。

还可用其他工具创建不同线条和形态自由的路径。

9. 按住 Control+A 组合键（Windows）或 Command+A 组合键（Mac OS），然后按住 Delete 键，清除图形。

10. 选取 Line 工具（L），创建一条直线。

11. 选择 Pen 工具，在空白绘制区单击创建锚点（不要拖动创建手柄）。

12. 在 Titler 窗口中该段直线结束的位置再次单击（或者 Shift 并单击将该段的角度限制为 45°），这样就创建了另一个锚点。

13. 继续用 Pen 工具单击，创建更多的直线线段。添加的最后一个锚点看起来像一个较大的正方形，这表示它被选中。

14. 用以下方法结束路径的绘制。

   • 要封闭路径，请将 Pen 工具移动到第一个锚点上。当它位于第一个锚点正上方时，在 Pen 光标下方出现一个小圆形。单击建立连接。

   • 如果要保持路径开放，则请在所有对象外的任意地方按下 Ctrl 并单击（Windows）或者 Command 并单击（Mac OS），或选择 Title Tools 面板内的不同工具。

可以尝试不同的形状选项。试着把它们交叠在一起或者使用不同的样式，这样有无数种可能的组合。

16.6.2　添加 logo

使用 logo 可为字幕设计载入图形文件。可插入普通文本格式（例如 ai 和 .eps 等矢量格式）或静态图像格式（.psd，.png，.jpeg）。

1. 在 Project 面板，双击文件 Lower-Third Start，从而打开 Titler panel 面板中的 title 对话框。

2. 选择 Title > Logo > Insert Logo（插入 logo）命令。

3. 在 Lesson 16 文件夹中选择文件 logo.ai，单击 Open 按钮。

4. 使用 Selection 工具，拖放 logo 到想放在字幕上的位置。

| Fl | **注意**：如果将矢量图像放入字幕，Adobe Premiere Pro 会将其转换为位图图像。该图像会呈现其原始尺寸。可缩小其尺寸；如果放大尺寸，该图像可能会呈现马赛克效果。 |

如果需要，调整 logo 的尺寸、透明度、旋转角度、比例。调整比例时按住 Shift 键约束比例，以防止出现不必要的变形。

5. 完成上述操作后，关闭 title 对话框。

如果需要还原 logo 为默认尺寸，则选取 logo 后单击 Title >Logo > Restore Logo Size（恢复 logo 尺寸）命令。若误操作出现变形 logo，则选取该 logo 后单击 Title > Logo > Restore Logo Aspect Ratio（恢复 logo 长宽比）命令。

16.6.3 对齐形状和 logo

设计字幕和图形时，经常需保持设计图的统一和干净。Adobe Premiere Pro 的 Titler 工具可进行字幕元素的对齐和分布操作。对齐功能可匹配目标物的位置，例如两个（或两个以上）对象的底部边缘对齐、中心对齐。使用两端对齐命令，使数个对象均匀分布在边距之间。

1. 在 Project 面板双击文件 Align Start（开始对齐），打开 Titler 面板上的字幕图形。

   此处，字幕图形包括三个形状，它们会随机地摆放在屏幕上。

2. 按住 Shift，依次单击形状，对这三个正方形进行全选。

   请注意，当一个以上对象选中时，Align 工具就已激活。

3. 单击 Align Vertical Bottom（底部垂直对齐）工具，对其这三个对象的底部边缘。

   这样，这三个形状基于最下面的对象而对齐。

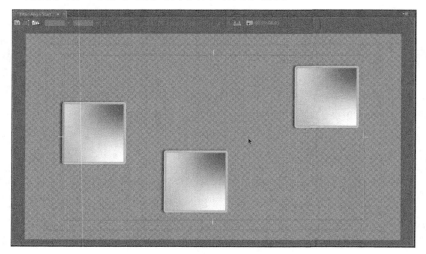 

4. 单击 Horizontal Center Distribute（水平居中分布）工具，平均分布这三个对象。

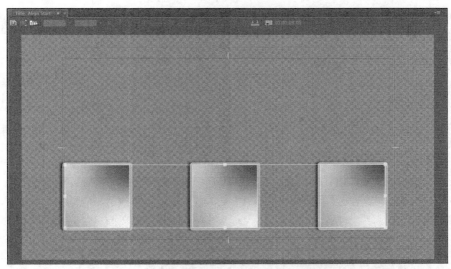

这样，这些对象均匀分布且相互对齐。在字幕区继续对它们进行空间分布处理。

5. 单击 Horizontal Center（水平居中）和 Vertical Center（垂直居中）工具。

这三个正方形应该完美居中对齐在字幕区域内。

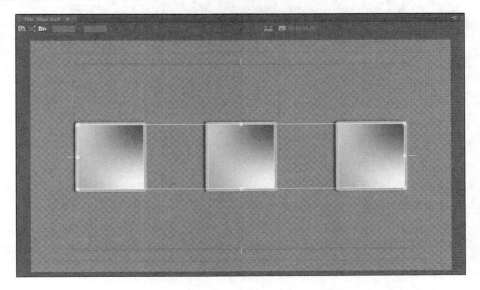

16.7　创建滚动字幕和游动字幕

用 Titler 可以在片头和片尾创建演职人员滚动字幕，也可以创建像标题新闻这样的游动字幕。

1. 从 Adobe Premiere Pro 菜单栏中选择 Title>New Title（新建字幕）>Default Roll（默认滚动字幕）命令。

2. 将其命名为 Rolling Credits，单击 OK 按钮。

3. 选择 Type 工具，然后用 Caslon Pro 68 样式输入一些文字。

   创建此图所示的占位字幕，在每行后按回车键。输入足够的文本，使其超出屏幕的高度。

   使用 Title Properties 面板，根据需要调整文字格式。

FI 注意：选择 Rolling Text 后，Titler 自动沿着右侧添加滚动条，这样就可以看到超出
屏幕底部的文本。如果选择 Crawl（游动）选项之一，滚动条则会显示在屏幕底部，
这使我们能够看到超出屏幕左右边缘的文本。

4. 单击 Roll /Crawl Options（滚动 / 游动选项）按钮。

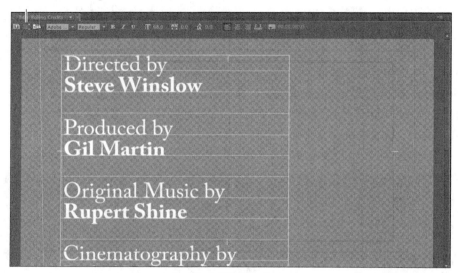

滚动/游动选项

其中包含以下几种选项。

* Still：将字幕修改为静态字幕。

* Roll（垂直滚动文字）：这个选项应该已经被选择，因为该字母创建为垂直滚动字幕，
  就像在电影演职员表内常见的那样。

* Crawl Left、Crawl Right：指出游动的方向（滚动字幕始终向上滚动屏幕）。

* Start Off Screen：控制字幕开始时是完全从屏幕外滚进，还是从 Titler 中输入的位置开始滚
  动。

* End Off Screen：指出字幕是否完全滚动出屏幕。

* Preroll：指出第一个字在屏幕上显示之前的帧数。

* Ease-In：指出逐渐把滚动或游动的速度从零开始增加到其最大速度的帧数。

* Ease-Out：末尾处放慢滚动或游动字幕速度的帧数。

* Postroll：滚动或游动字幕结束后播放的帧数。

5. 选取 Strat Off Screen 和 End Off Screen，在 Ease-In 和 Ease-Out 中输入 5。单击 OK 按钮。

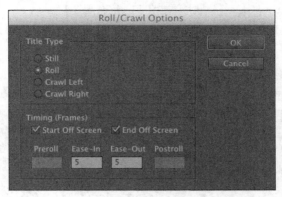

6. 关闭 Titler。

7. 将新创建的 Rolling Credits 拖放到 Timeline 上视频剪辑上方的 Video 2 轨上（如果这里已经有字幕，可以新的字幕直接拖放到原来字幕上方，覆盖它）。

8. 选择 Edit 工具，按住 Rolling Credits 剪辑的右边缘，将它拖动到与轨道 1 上的视频剪辑完全相同的长度。

Fl 注意：拖动滚动字幕增加时长时，会导致滚动速度变慢。拖动滚动字幕减少时长则会导致滚动速度变快。

9. 在该序列被选择时按空格键，查看滚动字幕效果。

Pr 提示：与直接往 title 中输入文字相比，一种更为简便的方法是，先在文字处理应用程序或文本文档上编写，然后再进行复制和粘贴。

使用Adobe After Effects对文字进行动画处理

要为Adobe Premiere Pro创建较为生动活泼的字幕，一个比较理想的选择是Adobe After Effects。这个非常有用的工具提供17个动画处理属性，包括Scale（缩放）、Position（位置），以及Blur（模糊）和Skew（倾斜）等。

1. 在Adobe Premiere Pro中新建一个 Adobe After Effects混合图层，选择File（文件）>Adobe Dynamic Link （Adobe动态链接）> New After Effects Composition（新建After Effects合成图像）命令。

2. New After Effects Comp窗口区的设置会自动匹配项目设置。单击OK按钮。一个新的Adobe After Effects合成图像将会添加到Timeline和Project面板上。

3. 自动切换到Adobe After Effects。为项目命名，单击Save按钮。可以使用Adobe Premiere Pro项目文件存储该项目，这样媒体路径结构更易于保存。从Adobe Premiere Pro当前项目发送到Adobe After Effects的所有剪辑会自动添加到Adobe After Effects的链接项目。

使用Adobe After Effects对文字进行动画处理（续）

4. 选择Text工具，在After Effects Composition面板中单击输入文字。

   可单击合成图像窗口下方按钮，从而打开一个字幕安全覆盖层。如果不确定是哪个按钮，则将鼠标指针悬停在工具栏按钮上方时可看到工具提示。

5. 在Character面板中调整text属性，从而改善文字风格和易读性。

6. 对图层进行动画处理的一个简便方法是使用预设。选择Timeline面板中的文本图层。

   把当前时间指示器（播放头）移动到timeline起点。

7. 选择Effects & Presets面板（可以在Window菜单中选择）。在Effects & Presets面板的右上角单击子菜单，选择Browse Presets（浏览预设）。

   Adobe Bridge启动时将会显示该默认预设。

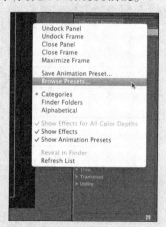

8. 选择命名为Text的文件夹，双击打开。双击其他子文件夹，检查其他动画预设。单击.ffx文件，可在Preview（预览）面板上看到一段预览视频。使用该

使用Adobe After Effects对文字进行动画处理（续）

窗口上端的导航路径，切换到另一个文件夹。

9. 选择、单击一个动画预设效果，将其应用到所选文本图层。在本练习中，选择Animate In（调用动画效果）> Raining Characters In.ffx。将Adobe Bridge最小化，Adobe After Effects应用程序则处于活动状态。

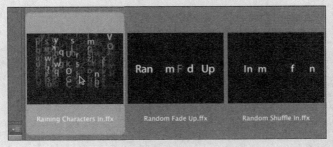

10. 在Preview面板上单击RAM Preview（内存预览）按钮，预览文字动画效果。在该动画效果中，可以根据需要调整时间设置。

11. 在Adobe After Effects中选定图层后，按住U查看自定义添加的所有关键帧。在Timeline上拖动关键帧到新的位置，可以调整动画效果的起止时间。

12. 分别调整文字动画效果的各个参数。单击Range Selector（范围选择器）旁边的开合三角隐藏属性。然后再次单击开合三角，展开所有动画属性。

单击Advanced（高级选项）旁边的开合三角，观察展开的所有属性。

使用Adobe After Effects对文字进行动画处理（续）

13. 尝试使用不同的Advanced属性并观察效果，重点体验如下属性，并单击
    RAM Preview观察变化效果：

- Randomize Order（随机排序）：对 Range Selector 影响范围之内的文字应用属性
  进行随机排序。

- Random Seed（随机种子）：控制计算随机数的方式。输入不同的值，则形成不
  同的动画效果。

- Shape（形状）：该项设置用来控制变化区域内文字变化的曲线外形。选择不
  同的选项，会产生精妙且显著的变化。可选择 Square（正方形）、Ramp Up（向
  上渐进）、Ramp Down（向下渐进）、Triangle（三角形）、Round（圆形）或
  Smooth（光滑）。

14. 如果对动画效果满意，则保存Adobe After Effects项目并切换回Adobe Premiere
    Pro。至此，你可以将这个Adobe After Effects混合图层添加到Timeline上。

复习题

1. 点文字与段落（区域）文字之间的区别是什么？
2. 为什么需要显示字幕安全区？
3. 为什么 Align 工具是灰色的？
4. 如何使用 Rectangle 工具绘制出完美的正方形？
5. 如何应用描边和阴影效果？

复习题答案

1. 使用 Type 工具创建点文字。输入文字时边界框会相应地扩展。改变边界框的形状会相应改变文字的形状和大小。而使用 Area Type 工具创建段落文字时，字符会限制在定义的边界框之内。改变边界框的形状，可以相应地显示更多或更少的字符。
2. 一些电视机会裁切电视信号的边缘。裁切量随电视机的不同而不同。将字幕保持在字幕安全边界内，可以确保观众能够看到所有字幕。这个问题在新的数字电视不严重，但使用 Title Safe 区限制字幕区域仍是一个好方法。
3. 在 Titler 内选择一个以上对象时 Align 工具才激活。Distribute 工具在选择两个以上对象后才激活。
4. 用 Rectangle 工具绘图时按下 Shift 键，可以创建出完美的正方形。
5. 要应用描边或阴影，请选择要编辑的文字或对象，单击其 Stroke（Outer 或 Inner）或 Shadow 框，添加描边或阴影。然后开始调整参数，它们就会立即体现在对象上。

第17课 项目管理

课程概述

在本课中，你将学习以下内容：

- 使用 Project Manager（项目管理器）；
- 导入项目；
- 管理协作；
- 管理硬盘驱动。

本课的学习大约需要 25 分钟。

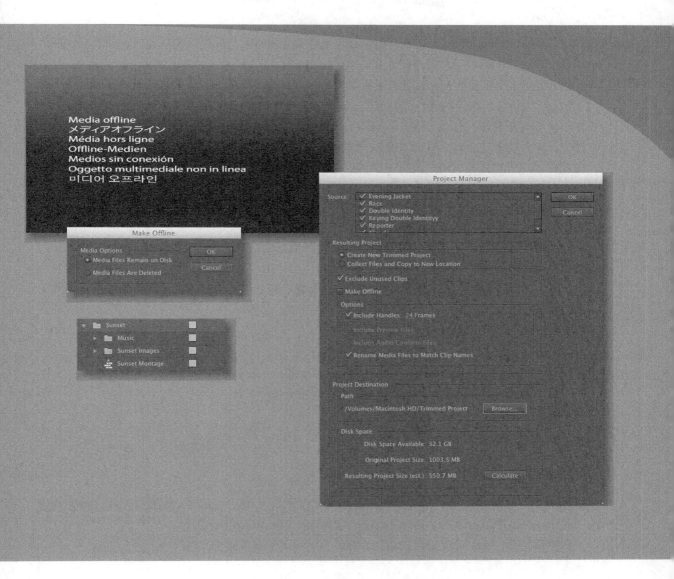

只需简单几个步骤，便可轻松掌控媒体素材和项目。

在本课中，你将学习如何对多个 Adobe Premiere Pro CS6 项目进行有效管理。最佳组织系统应该事先就规划好，而不是在创作过程中遇到问题时才想到该如何构建。通过学习本章中的内容，只需做一点点计划，便可使你在项目创作的过程获得更多的创造性。

17.1 开始

使用 Adobe Premiere Pro 创建项目时，你可能感觉无需投入时间进行项目管理。如果正处理第一个项目，那么在硬盘上可快捷跟踪到它。

但是当处理多个项目时，项目管理就复杂起来。有时需要处理来源多样化的多种媒体素材。有时使用的多个序列，均有各自独特的设计，而且需要制作多种多样的字幕。有时则有数个效果预设和字幕模板需要管理。总之，很有必要使用存档系统对这些项目元素进行组织管理。

对此，解决之道是为所有项目创建一个组织系统，并制定计划将以后需用到的项目存档。

如果在切切实实需要组织系统之前就构建好系统，那么，实际使用这种系统的过程会简便些。从另一个角度试想：如果有需要时（例如，有个新的视频剪辑需要保存时），组织系统并未构建好，而且当时你没有充足的时间考虑文件名、文件位置等。这样导致的普遍后果是，很多项目名称一样，众多不相关的项目文件也可能混乱保存在同一个位置。

对此，解决办法很简单：提前创建好组织系统。拿出纸笔绘制构建思路：从获取源媒体文件、进行编辑，到完成输出、存档等。

在本课中，你将首先熟悉一些功能项，它们能帮助你管理项目的同时，还能集中于设计制作这一最重要事项。

接下来，你将学习一些开展合作的有效方式。

1. 首先，打开 Lesson 17 文件夹中的 Lesson 17.prproj。
2. 选择 Window > Workspace >Editing 命令，切换到 Editing 工作区。
3. 选择 Window > Workspace > Reset Current Workspace 命令。
   这时将会打开 Reset Workspace 对话框。
4. 在 Reset Workspace 对话框单击 Yes 按钮。

17.2 Project 菜单

虽然大多数制作过程使用界面按钮或键盘快捷键即可，但一些重要功能项只能在菜单中进行选择。通过 Project 菜单可访问 Project Manager，这个工具对精简项目这一过程进行自动化管理。它还可用于剪辑脱机，使得媒体文件断开和剪辑的链接。

17.2.1 Project 菜单命令

Project Settings（项目设置）下的选项用于创建项目。注意，此处唯一不能做出更改的是项目文件的存储位置，不过，可以退出项目后使用

Windows Explorer（Windows）或者 Finder（Mac OS）来移动文件。

Project 菜单包括一些重复出现的功能。比如右键单击剪辑时，Link Media（链接媒体）和 Make Offline（脱机）也会显示在 Project 面板中。

Automate to Sequence（自动加入序列）同样如此，本书第 5 章"视频编辑基础知识"部分也使用过这种方法。

Batch List（批列表）用于采集，第 3 章"导入媒体"部分使用过这种方法。

Project Manager 自动备份项目，并摒弃不用的媒体文件。本课稍后将用到 Project Manager。

Remove Unused（删除无用素材）命令用于从项目中删除无用于任何序列的剪辑，对于清理项目非常有用。

17.2.2　使剪辑处于脱机状态

在后期制作不同工作流中，联机和脱机在不同的应用环境下，其意思也不同。在 Adobe Premiere Pro 语言中，它们是指剪辑与其所链接到的媒体文件之间的关系。

- Online（联机）：剪辑链接到媒体文件。
- Offline（脱机）：剪辑不链接到媒体文件。

当剪辑处于脱机状态时，仍然可以将剪辑编入序列，甚至还可以对其应用特效，但是无法看到任何视频。不过，能看到 Media Offline（媒体脱机）提醒。

几乎在所有操作中，Adobe Premiere Pro 是完全无损的。也就是说，对项目中剪辑所做任何处理，都不会影响到原始媒体文件。尽管如此，创建脱机剪辑是个特例。

在 Project 面板中右键单击剪辑或者切换至 Project 菜单，选择 Make Offline，将显示两个选项：

- Media Files Remain on Disk（媒体文件保留在磁盘上）：断开剪辑和媒体文件之间的链接，媒体文件会保持不变地位于合适的位置。
- Media Files Are Deleted（删除媒体文件）：正如其名称所示，该选项用于删除媒体文件。这样，无任何媒体文件用于链接，从而将剪辑设为脱机状态。

将剪辑设为脱机状态的好处是，它们能和新的媒体文件链接。

如果之前一直处理的是低分辨率媒体文件，那么新的链接意味着可获得更高质量的、基于磁带或文件的媒体素材。

如果磁盘存储空间有限或者存在大量剪辑，那么处理低分辨率媒体有时是值得期许的。当完成编辑工作并准备优化时，可以使用所选的高分辨率、大容量媒体文件替换低分辨率、小容量媒体文件。

> **Pr** | 提示：只需简单一步，即可将多个剪辑设为脱机状态。方法是，在选择菜单选项前，选中需变为脱机状态的所有剪辑。

但需要注意，需谨慎操作 Make Offline。一旦媒体文件被删除，将不复存在。请谨慎使用该功能项以免删除那些真正需处理的媒体文件。

17.3　使用 Project Manager

接下来我们来讨论 Project Manager。在 Project 菜单中选择该功能即可将其打开。

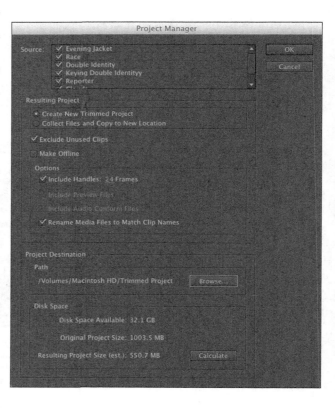

Project Manager 提供几个选项，对精简项目这一过程进行自动化管理，或者将项目中使用过的媒体文件整理到一起。

Project Manager 对于项目存档及项目共享非常有用。使用 Project Manager 将所有媒体文件整理到一起，那么将项目转交给团队成员时，无需担忧丢失资料或出现脱机问题。

使用 Project Manager 会形成一个新的、独立的项目文件。由于这个新文件独立于当前项目，比较保险的做法是，在删除任何资料前，使用 Project Manager 并仔细检查一切是否正常。

下面简要介绍一些功能项：

* Source（源）：在项目中选择一个或所有序列。Project Manager 会基于所选序列而选择剪辑和媒体文件。

* Resulting Project（生成的项目）：基于序列中剪辑的裁剪部分创建一个新项目，其中包含新的媒体文件；或者创建一个新项目，它包含序列中剪辑的全部副本。

- Exclude Unused Clips(不包含未使用剪辑)：选择该项，新项目不会包含所选序列中未用剪辑。
- Make Offline（脱机）：选择该项，Adobe Premiere Pro 会自动解除从磁带中采集的剪辑的
  链接，以便它们可以使用 Batch Capture（批量采集）重新采集。如果最初采集的媒体素材
  分辨率低，这个功能对于重新采集使用过的高质量部分非常有用。不过，该选项对于从文
  件中导入的媒体素材不起作用。
- Include Handles（包含处理帧）：增加序列中剪辑的新裁剪版帧数。增加的帧数可帮助灵活
  裁剪以及灵活对裁剪内容进行调整。
- Include Preview Files（包含预览文件）：如果已经应用特效，则可以将预览文件添加到新项
  目，这样无需再次进行特效处理。
- Include Audio Conform Files（包含音频统一文件）：选择该项，项目中包括音频统一文件，
  这样 Adobe Premiere Pro 无需再次对音频进行分析。
- Rename Media Files to Match Clip Names（重命名媒体文件，使它们与剪辑名称匹配）：正
  如其名称所示，该选项对媒体文件重命名，使其匹配项目中剪辑名称。该操作会使得不容
  易识别剪辑的原始源媒体，所以请在选择前仔细考虑。
- Project Destination（项目目标文件夹）：为新项目选择存储位置。

17.3.1 使用裁剪项目

要创建一个裁剪项目，可以执行以下操作，该新项目文件只指向所选序列中所使用过的剪辑部分：

1. 在 Project 菜单中选择 Project Manager 选项。
2. 选择需要添加到新项目中的一个或多个序列。
3. 选择 Create New Trimmed Project（创建新的裁剪项目）命令。
4. 选择 Exclude Unused Clips 命令。如果需要重新采集或重新导入处于脱机状态的文件，则
   跳过此步骤。
5. 如需重新采集所有基于磁带的剪辑，选择 Make Offline 命令。在大多数情况下，无需选择此项。
6. 添加一些处理帧。默认设置是在序列中用过剪辑的每端添加 1 秒。如需在新剪辑中更灵活
   裁剪和调整编辑，则可增加时长。

7. 决定是否需重命名媒体文件。一般而言，最好是保持媒体文件的初始名字。不过，如果创
   建一个裁剪项目以共享给其他编辑人员，重命名可帮助他们识别媒体文件。
8. 单击 Browse（浏览），为新的媒体文件选择一个存储位置。
9. 单击 Calculate（计算），Adobe Premiere Pro 将基于之前选择而估算最新项目大小。然后请

单击 OK 按钮。

创建一个裁剪项目的好处是，无需用到的媒体文件不会杂乱充斥在硬盘中。这样，可以使用最小的存储空间，很便捷地将项目另存到一个新的存储位置，而且这也是归档的好方法。

选择这种操作的风险在于，一旦删除未用媒体文件，它们将不复存在。在创建裁剪项目之前，如果不能百分之百确定无需使用这类文件，那么先要对未用媒体文件进行备份。

创建裁剪项目时，Adobe Premiere Pro 并不会删除源文件。在手动删除硬盘上文件前可随时切换回去检查，以防选择有误。

17.3.2 将文件收集并复制到新的位置

要将所选序列中用到的所有文件整理到一起，并复制到一个新的存储位置，执行以下操作：

1. 在 Project 菜单中选择 Project Manager 选项。
2. 选择需添加到新项目中的序列。
3. 选择 Collect Files and Copy to New Location（将文件和收集并复制到新位置）命令。
4. 选择 Exclude Unused Clips 命令。如果想选入文件夹中的每个剪辑，不考虑它们是否在序列中用到，则取消选择此项。如果正创建的新项目可更好组织媒体文件（原因可能是已经从众多存储位置导入媒体文件），也请取消选择此项。当新项目创建好，与该项目链接的所有媒体文件会复制到新的存储位置。
5. 选择是否需添加现有的预览文件，如果添加，在新项目中无需再次进行特效处理。
6. 选择是否需勾选 Include Audio Conform Files 选项，如果选择该项，Adobe Premiere Pro 无需再次对音频进行分析。
7. 决定是否需重命名媒体文件。一般而言，最好是保持媒体文件的初始名字。不过，如果创建一个裁剪项目以共享给其他编辑人员，重命名可帮助他们识别媒体文件。
8. 单击 Browse（浏览）按钮，为新的媒体文件选择一个存储位置。
9. 单击 Calculate（计算）按钮，Adobe Premiere Pro 将基于之前选择而估算最新项目大小。然后单击 OK 按钮。

如果媒体文件存储在多个不同的位置且难以跟踪，用上述方式收集文件非常有用。Adobe Premiere Pro 会将源文件副本存储到一个单独的位置。

如果需为整个原始项目创建一个归档文件，可以按照这种方法进行处理。

17.4 项目管理中的最后几个步骤

如果目标是基于新项目而最灵活地重新编辑序列，那么需要在使用 Project Manager 之前，选择 Project 菜单下方的 Remove Unused 命令。

Remove Unused 只会留下当前在序列中用到的剪辑。不过，整个源媒体文件会被复制，这不同于使用 Project Manager 将文件收集到新位置时创建裁剪项目文件。这样或许是两全其美的方法，在处理新创建的项目的同时，用制作方面的灵活性来抵消硬盘空间上的损失。

17.5 导入项目或序列

Adobe Premiere Pro 不仅可以导入不同种类的媒体文件，还可以从现有项目中导入序列以及序列中使用过的所有剪辑。其步骤如下：

1. 选用导入新的媒体文件的任何一种方法。在 Project 面板上双击一个黑色区域，则会弹出 Import（导入）对话框。

2. 选择 Lesson 17 文件夹中的文件 Sunset.prproj，单击 Import 按钮。这会打开 Import Project（导入项目）对话框，它只有两个选项：
   * Import Entire Project（导入整个项目）：导入目标项目的所有序列，以及已存入一个文件夹中的所有剪辑。
   * Import Selected Sequences（导入选择的序列）：选择需导入的指定序列。只导入该序列中使用过的剪辑。

3. 当前导入的这个项目只有一个序列，所以选择 Import Entire Project 即可，并单击 OK 按钮。

Adobe Premiere Pro 向该项目添加一个新的文件夹（里面包含一个已经导入的序列）以及一些其他的文件夹（里面包含该序列使用过的剪辑）。

Adobe Premiere Pro 基于导入的项目，已经自动组织好新的剪辑，所以这不失为一个很好的工作方法。

17.6 管理协作

导入其他项目为协作开启了新的工作流和机会。例如，使用同样的媒体工具，编辑人员可共享一个项目中不同部分的工作。然后，某个编辑人员可以导入所有其他的项目，将它们合成为一个完整的序列。

项目文件较小，一般可以通过邮件方式发送。这样，编辑之间可相互邮件发送更新的项目文件。若他们有同样一份媒体文件的副本，则可打开更新的文件进行比较，或者导入到项目中逐项比较。

记住，也可以向 Timeline 添加评论标注，所以更新序列时，可以考虑针对重要修改添加标注，以便团队成员参考。

需要注意的是：Adobe Premiere Pro 不会锁定使用中的项目文件。也就是说，在同一时间，两个人可以使用同一项目文件。这在制作过程中是有风险的！一人保存文件，它会更新。接着又有一人保存该文件，它会再次更新。无论是谁保存的项目文件，最后的操作决定了文件内容。在协作状态，最好是在独立的项目文件上处理。

在使用共享的媒体文件进行协作的过程中，可借助第三方提供的一些媒体软件。它们可帮助存储和管理媒体文件，且允许多个编辑人员在同一时间进行操作。

请谨记如下问题：
* 所编辑序列的最新版本在谁的手中？
* 媒体文件存储在什么位置？

只要知道了这些问题的答案，那么就可以使用 Adobe Premiere Pro 协作并共享创造性作品。

17.7 管理硬盘驱动

使用 Project Manager 创建项目副本后，或者完成项目及媒体文件时，可能需要清理硬盘。视频文件太大，即使硬盘的存储空间很大，也需要考虑哪些媒体文件需要保留或者删除。

导入所有媒体文件，可方便项目完成后移除无用的文件。这种导入可借助项目文件夹，也可借助硬盘上一个特定的项目存储位置。也就是说，在导入前将媒体文件的副本存储到一个独立的位置，这样处理的原因是，导入媒体文件到电脑上的任何位置时，Adobe Premiere Pro 都会为其创建一个链接。

在导入前组织媒体文件，使得它们都很便捷地存储在一个位置，那么在创意制作工作流结束时，可以更加方便地移除不需要的内容。

请记住，删除项目中的剪辑，甚至删除项目文件本身，并不会删除任何媒体文件。

其他文件

向项目中导入新的项目文件时，媒体缓存会占用存储空间。并且每次渲染特效时，Adobe Premiere Pro 都会创建预览文件。

要移除这些文件并释放硬盘空间，可以执行以下操作：

- 选择 Edit > Preferences（首选项）> Media（Windows）命令，或者 Premiere Pro > Preferences > Media（Mac OS）命令，并在 Media Cache Database（媒体缓存数据库）区域单击 Clean（清除）按钮。

- 选择 Sequence > Delete Render Files（删除预览文件）命令，从而删除与当前项目相关的预览文件。或者，通过 Project > Project Settings > Scratch Disks（暂存盘）命令，找到 Preview Files 文件夹。然后使用 Windows Explorer（Windows）或者 Finder（Mac OS），删除该文件夹及其内容。

请谨慎选择媒体缓存和项目预览文件的存储位置。这些文件的占用空间非常大。

使用Dynamic Link管理媒体

Dynamic Link（动态链接）允许Adobe Premiere Pro将After Effects合成图像作为导入媒体使用，同时它们还可以在After Effects中进行编辑。为了执行这种操作，Adobe Premiere Pro需要访问包含混合图层的After Effects项目文件，同时After Effects也需要访问合成图像使用过的媒体文件。

如果所运行的电脑上同时安装了这两个应用程序，且媒体素材位于内部存储器，那么会自动达到上述状态。

使用Project Manager为新创建的Adobe Premiere Pro项目收集文件，并不会形成Dynamic Link文件的副本。而是需要自己在Windows或Mac OS中创建文件副本。如果已经在单一位置创建了所有Dynamic Link项目，那么这个操作就会变得很容易；只需复制文件夹并将其放进已经收集到的素材资源中即可。

复习题

1. 为什么需要将剪辑设为脱机状态？
2. 使用 Project Manager 创建裁剪项目时，为什么添加处理帧？
3. 为什么选择 Project Manager 选项 Collect Files and Copy to a New Location？
4. Project 菜单中的 Remove Unused 选项有什么用途？
5. 如何从 Adobe Premiere Pro 其他项目中导入一个序列？
6. 创建一个新项目时，Project Manager 是否收集 After Effects 合成图像之类的 Dynamic Link 素材资源？

复习题答案

1. 如果处理的是低分辨率的媒体文件副本，将剪辑设为脱机状态，则可以重新采集或重新导入它们。
2. 裁剪项目只包含序列使用过的剪辑部分。为便于灵活裁剪，需添加一些处理帧。由于每一帧添加到每个剪辑的头尾两端，所以 24 个处理帧实际上是为每个剪辑添加了 48 帧。
3. 如果你的媒体文件存储在电脑上多个不同的位置，那么会增加跟踪、管理所有资料的难度。使用 Project Manager 将所有媒体文件收集到一个单独的位置，更加便于管理媒体文件。
4. 选择 Remove Unused，Adobe Premiere Pro 会从项目中删除序列未使用的剪辑。记住，该操作不会删除媒体文件。
5. 从 Adobe Premiere Pro 其他项目中导入一个序列的方法是，像导入媒体文件那样导入项目文件。Adobe Premiere Pro 将给出选项，可选择导入整个项目或导入所选序列。
6. 创建一个新项目时，Project Manager 并不收集 Dynamic Link 素材资源。因此，将新创建的 Dynamic Link 项目保存到项目文件夹所处位置，或者保存到一个专用的项目文件夹中，是一个不错的处理方式。这样，更容易为新项目搜集和复制素材资源。

第18课 导出帧、剪辑和序列

课程概述

在本课中，你将学习以下内容：

- 选择正确的导出选项；
- 导出单帧；
- 创建影片、图像序列和音频文件；
- 使用 Adobe Media Encoder；
- 导出到 Final Cut Pro；
- 导出到 Avid Media Composer；
- 使用编辑决策列表；
- 录制到磁带。

本课的学习大约需要 25 分钟。

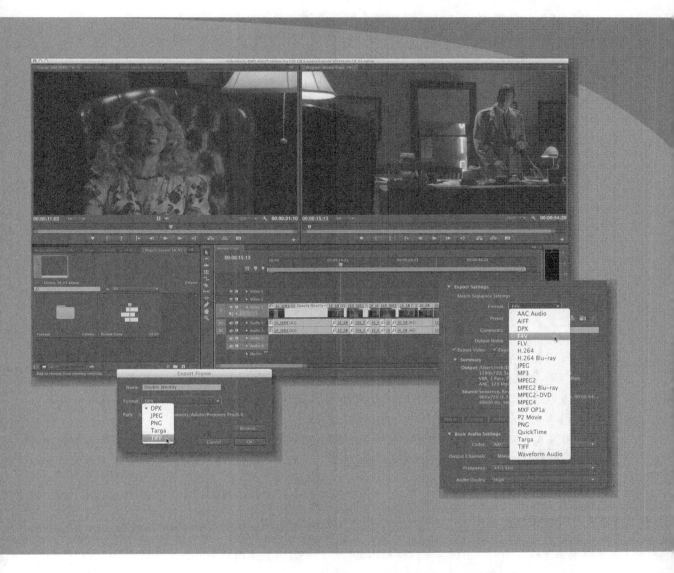

　　导出项目是视频制作过程中的最后一个步骤。Adobe
Media Encoder 提供了很多高级的输出格式：Adobe Flash、
QuickTime 以及 MPEG 格式。输出为这些格式时，存在众
多可供使用的选项，同时，还可以执行批量导出操作。

18.1 开始

视频制作中最让人感到愉悦的事情就是在作品完成之后，将其与观众一起分享。Adobe Premiere Pro CS6 中提供了很多导出选项——众多可以将项目记录到磁带的方法，或者将其转换为其他的数字文件格式。

最为基本的传播格式就是使用数字文件。要创建此类文件，可以选择使用 Adobe Media Encoder。这是一个能够执行批量导出任务的独立的应用程序，因此可以同时导出几种格式并且可以在后台执行各种任务，在这期间，你仍然可以使用其他的应用程序，例如 Adobe Premiere Pro 和 Adobe After Effects。

> **FI**　注意：Adobe Premiere Pro 可以导出在 Project 面板、序列或者序列工作区中所选择的剪辑。当你选择 File > Export 时所选择的内容就是 Adobe Premiere Pro 将要导出的内容。多进行一些相关的练习并且确保启动导出工作流前请先单击序列，以免浪费宝贵的时间渲染 Project 面板（而不是序列）中的内容。

18.2 导出选项概述

当你完成某个项目时（或者只是想将进行中的项目分享给其他人用于检查），都可以使用众多的导出选项。

- 可以选择将整个序列作为单独的文件进行导出以便发布到网页上或者刻录到磁盘中。
- 可以导出单个帧或者多个帧并将其发布到网页上或者作为电子邮件的附件进行发送。
- 可以选择只导出音频、视频，或者导出完整视/音频输出。
- 可以直接导出到磁带。

除了实际导出格式外，还有一些设置和参数可供选择。

- 可以选择创建的任一个文件可以与原素材具有相同的视觉品质和数据码率，也可以采用压缩格式。
- 如果某个预设无法满足需要，可以指定帧尺寸、帧速率、数据码率和视频、音频压缩方法。

可以对导出的文件做进一步编辑，将其用于展示，作为 Internet 或其他网络的流媒体使用，或用作创建动画的图像序列。

18.3 导出单帧

在编辑的过程中，你可能需要快速导出某个静态帧并将发送给团队成员或则客户，以便供他们检查。此外，当想将作品发布到网页上时，你可能需要导出某个特定的缩览图图像以便将其作为视频文件的缩览图。为此，Adobe Premiere Pro 提供了一个用于导出静态图像的非常简化的工作流。

我们首先来看一下 Export Frame（导出帧）功能。要选择某个帧，只需将播放头放置到该帧上即可。可以通过以下两种方法使用 Export Function 功能。

- 可以将剪辑从 Project 面板中载入到 Source Monitor 中。当在 Source 面板中使用 Export Function 功能时，Adobe Premiere Pro 会创建一个与原视频文件分辨率相匹配的静态图像。
- 可以在 Timeline 或者 Program Monitor 中移动播放头来选择某个帧。当在 Timeline 中使用 Export Function 功能时，Adobe Premiere Pro 会创建一个与所选视频序列分辨率相匹配的静态图像。

我们现在就来尝试一下。

1. 启动 Adobe Premiere Pro，并打开 Lesson 18_01.prproj。
2. 单击 Review Copy Timeline 中的某个位置选择该序列。

3. 在 Program Monitor 中，单击右下角的 Export Frame 按钮。
   如果你看不到该按钮，可能是因为你已经对面板的按钮进行了自定义设置。可以按 Shift+E 组合键手动激活该命令。

4. 在 Export Frame 对话框中，输入自己喜欢的文件名称。
5. 在弹出菜单中，选择自己需要的静态图像格式。
   - JPEG、PNG、BMP 和 GIF 适用于压缩图像工作流程（例如网页发布）。
   - TIFF 和 Targa 适用于打印以及动画制作任务。
   - DPX 通常用于数字电影或者色彩分级工作流中。

6. 单击 Browse 按钮打开 Browse for Folder（浏览文件架）对话框。在桌面上常见一个新的文件及并将其选中。
7. 单击 OK 按钮导出该帧。

Fl 注意：在 Windows 中，可以导出为 BMP、DPX、GIF、JPEG、PNG、TGA 以及 TIFF 格式。在 Mac 中，可以导出为 DPX、PG、PNG、TGA 以及 TIFF 格式。

18.4　导出主副本

通过创建主副本，可以获得一个编辑项目的原始数字副本并可以留作以后继续使用。主副本中包含序列中的全部内容并且最具有最高的分辨率以及最佳的质量。创建之后，你可以继续使用该文件制作其他的压缩输出格式。

18.4.1　匹配序列设置

理想情况下，主文件应该序列中的原始材料的设置非常匹配（帧尺寸、帧速率以编码解码器）在 Adobe Premiere Pro 中很容易就可以做到这一点，你可以选择相匹配的序列设置，这能够帮助你轻松创建与编辑相匹配的文件。如果选择了正确的序列预设（或者使序列自动匹配），那么一切都将是水到渠成的事情，我们现在就来尝试一下。

> **Fl**　**注意**：有些时候，Match Settings（匹配设置）无法写入如原始摄像机媒体完全匹配的格式。例如，XDCAM EX 会写入到 MPEG2 文件。大多数时候，写入的文件会具有一个相同的格式并且能够与源文件的数据速率（data rate）相匹配。

1. 继续处理 Lesson 18_01.prproj 中的 Review Copy。
2. 选择序列（在 Project 面板或者 Timeline 面板中），然后选择 File > Export> Media 命令。
   这时将会打开 Export Settings（导出设置）对话框。我们将在本章的后面深入了解这个界面。

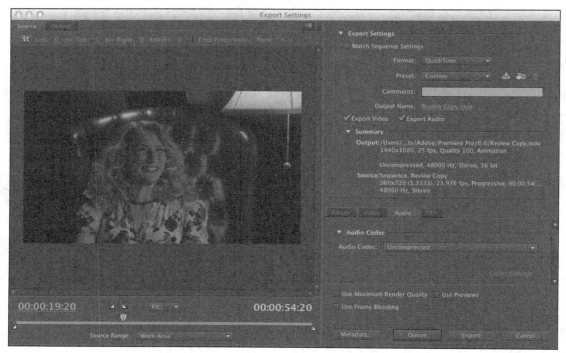

3. 在 Export Settings 对话框中，选择 Match Sequence Settings（匹配序列设置）选项。

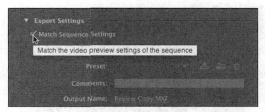

4. 单击 Output Name（输出名称）选项的金色的超文本，选择一个目标。

5. 选择一个目标（例如文件夹 Lesson 18），并将序列命名为 Review Copy 01.mxf。

6. 单击 Save 按钮。

7. 在 Summary（总结）区域这能够检查文本以便确定选择与序列设置相匹配的输出格式。在这个示例中，应该使用帧速率为 23.976fps 的 DVCPRO HD 媒体（MXF 文件）。

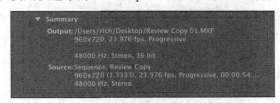

8. 单击 Export 按钮写入单个文件，这是序列的数字克隆文件。

> **Fl** 注意：有如果要导出的序列中存在很多不同比例的项目（例如照片或者混合分辨率视频），那么可以使用 Maximum Render Quality（最佳渲染质量）选项。这虽然会花费较多的时间，但是却能够生成非常好的效果。

18.4.2 选择其他的编码解码器

在将项目作为独立的影片导出时，可以更改所使用的编码解码器（codec）。有些摄像机格式（例如 DSLR 和 HDV），会在很大程度上被压缩。使用较高质量的主编码解码器能够改进所创建的主文件的质量。

可以自行安装并使用的第三方编码解码器有很多，例如 ProRes、Avid DNXHD 和 Cineform。可能需要通过购买的方式获得此类编码解码器，或者对第三方硬件捆绑在一起销售，有些时候也可以免费下载。

1. 使用与上一个联系中相同的项目。

2. 选择 File> Export > Media 命令或者按 Control +M 组合键（Windows）或者 Command+ M 组合键（Mac OS）。

3. 在 Export Settings 对话框中，单击 Format（格式）弹出菜单并选择 QuickTime 选项。

4. 单击输出名称（金色的文本），并将文件命名为 Review Copy 02.mov。将其保存在与前一个练习相同的存储位置上。

5. 单击窗口底部的 Video 选项卡。

6. 选择已经安装的主编码解码器。

    Animation 编码解码器应该已经安装在了你的系统中。这个文件能够生成非常高质量的文件（但是很大）。检查帧尺寸和帧速率是否与源文件的设置相匹配。你可能需要滚动窗口或者重新设置面板的尺寸以便获得更大的查看范围。使用如图中所示的设置。

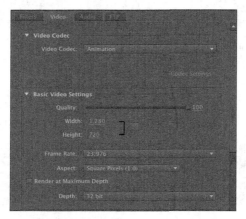

> Fl 注意：JPEG 2000 是另一个比较好的跨平台的选择，它能够创建用于归档的高质量文件。在基于 Windows 的计算机上，也可以使用高质量的 AVI 预设。

7. 单击 Audio 选项卡并为音频编码解码器选择 Uncompressed（未压缩）选项。在 Basic Audio Settings（基本音频设置）选择区域中，采样率选择 48000Hz，Channels 选择 Stereo，Sample Size（采样尺寸）选择 16 bit。

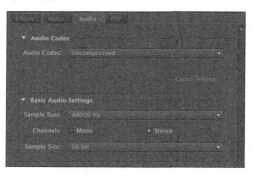

> Fl 注意：Animation 编码解码器具有非常高的质量，但是如果没有极快的磁盘阵列，则无法继续实时查看。

8. 单击对话框底部的 Export 按钮，到处序列并将其转码为特定的文件格式。

18.5 使用 Adobe Media Encoder

Adobe Media Encoder 是一款独立的应用程序。它可以独立运行，也可以通过 Adobe Premiere

Pro 启动它。使用 Adobe Media Encoder 的一个优势是可以直接从 Adobe Premiere Pro 中提交工作，然后以便记性编码处理，以便进行其他工作。

18.5.1　选择导出的文件格式

Adobe Premiere Pro 和 Adobe Media Encoder 可以导出很多种格式；我们将快速对这些格式进行介绍，是你了解何时应该使用这些格式。

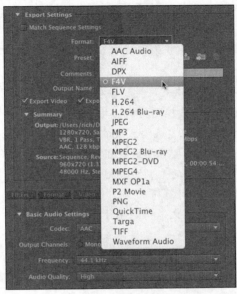

- AAC Audio：Advanced Audio Coding（高级音频编码）格式，这是一种纯音频文件格式，通常用于 H.264 编码。
- Audio Interchange File 格式：这是 Mac 系统中普遍使用的纯音频文件格式。
- DPX 代表 Digital Picture Exchange（数字图像交换），这是在数字媒介和特效处理中使用的一种高端图像序列格式。
- F4V：这是一个比较新的 Flash 视频格式，使用该格式的视频通常用于在网络上发布。F4V 文件使用 H.264 视频编码解码器 / AAC 音频编码解码器。
- FLV：这是一个常用在老式计算机中的更加兼容的 Flash 视频格式。FLV 文件使用 VP6 视频编码解码器 / MP3 音频编码解码器。
- H.264：这是当今最灵活、使用最广泛的格式，它针对多种设备（例如 iPod 和 Apple TV、TiVo Series3 SD 和 HD）和服务（例如 YouTube 和 Vimeo）提供选项。通过该选项创建的 H.264 文件还可以传送到智能手机（如 Android、Blackberry 和 iPhone 设备），也可以被其他视频编辑软件用作高质量、高位速率的媒体文件。
- H.264 Blu-ray：该选项创建可用于 Blu-ray Discs（蓝光盘）的文件。
- JPEG：该设置将会在指定地点创建一些列的静态图像。

- MP3：这种压缩音频格式在 Internet 上十分流行。
- MPEG2：这种较老的文件格式主要用于光盘和蓝光盘。该组内的预设创建出的文件能够在计算机上播放。有些广播公司也会使用 MPEG2 作为数字传输的格式。
- MPEG2 Blu-ray：该选项能够从 HD 材料中创建蓝光 MPEG2 视频和音频文件。
- MPEG2-DVD：使用该预设能够创建标清 DVD 光盘。
- MPEG4：选择这种编码式创建低质量的 H.263 3GP 文件，用于分发到老式移动电话上。
- MXF OP1a：这些预设能够创建与 Sony IMX 和 XDCAM（除了 EX）系统兼容的文件。
- P2 Movie：这个输出选项用于将序列渲染回 P2 卡。
- PNG：这是 Internet 中采用一种无损且高效的静态图像格式。可用于 Internet 或者包含透明度的图像序列中。
- QuickTime：这个容器格式可以采用多种编码存储文件。所有 QuickTime 文件都使用 .mov 扩展名，Macintosh 计算机上多使用格式。
- Targa：这种未压缩的静态图像文件格式现在很少使用。
- TIFF：这种流行的高质量静态图像格式提供有损和无损两种压缩选项。
- Waveform Audio：这种未压缩的音频文件格式在 Windows 计算机上非常流行。

以下几种格式仅适用于 Windows 计算机：

- Microsoft AVI：这个"容器格式"仅适用于 Windows 版本的 Premiere Pro。它可以用多种压缩技术或编码解码器保存文件。多年以来，Microsoft 官方一直不提供对该格式的支持，但是它仍然被广泛应用于 Windows 系统中，一般用于编辑项目中较大的文件上，例如仅 Windows 环境下的应用程序间的渲染传输。很少用在视频文件的分发上。
- Windows Bitmap：这是一种非压缩、很少被采用的静态图像格式，它的扩展名是 .bmp。该格式仅适用于 Windows 版本的 Premiere Pro。
- Animated GIF 和 GIF：这些压缩静态图像和动画格式主要用于 Web，它们仅适用于 Windows 版本的 Premiere Pro。
- Uncompressed Microsoft AVI：这是一种高位速率的媒体格式，该格式很少被采用，且仅适用于 Windows 版本的 Premiere Pro。
- Windows Media：该选项创建的 MWV 文件适合在 Windows Media Player 和像 Microsoft Silverlight 这样的一些设备上播放（仅适用于 Windows）。

这里只是对文件格式做了简要介绍，但在创建视频时，程序中会提供一些有用的指导。

使用格式

Adobe Media Encoder支持很多种格式。要了解每一种设置的使用方式似乎有一点复杂。我们可以先了解一下某些通用的场景以及相关格式的典型使用方式。虽然不会帮助你了解全部，但至少可以让你基本掌握。显然，在开始使用一个选项之前，

使用格式（续）

应该先在一个小文件上试试你选择的这个选项，以测试工作流。

- 上传到Web站点供Flash调用：选择FLV|F4V格式后，选择FLV预设创建较老的On2 VP6编码文件，而选择F4V将创建较新的、质量较高的H.264格式。如果不知道该使用哪种格式，则请选择F4V。在分辨率方面，F4V和FLV格式中的"720p Source, Half Size"预设均以740x360的分辨率（对于HD源）编码视频，这是一种理想的可靠的分辨率选择，效果应该不错。请和网站管理员协商格式、分辨率、数据率及其他细节。

- 针对光盘/蓝光盘编码：这两种情况都使用MPEG2格式，也就是对于光盘格式使用MPEG2-光盘，而对于蓝光盘格式则使用MPEG2 Blu-ray。在这些高位速率应用中，MPEG2看起来和H.264没有明显的差别，但编码速度快很多。而且还有另一个优势，无需在Encore中进行渲染就可以导入序列（选择File > Adobe Dynamic Link > Import Adobe Premiere Pro Sequence命令）。

- 为上传到用户创建视频网站而编码：H.264拥有针对YouTube和Vimeo（包括宽屏、SD和HD）的预设。请把这些预设用作你所提供服务的起点，并注意观察分辨率、文件尺寸和时长限制。

- 为Windows Media或Silverlight调用而编码：虽然较新版本的Silverlight可以播放H.264文件，但采用Windows Media格式是最安全的选择。如果针对Silverlight创建H.264文件，请遵守前面介绍的Flash规则，因为Silverlight可以播放Flash创建的所有文件。

总的来说，现在已经证明Adobe Premiere Pro预设可以满足各种需求。针对设备或光盘编码时，请不要修改参数，因为细微的修改会导致渲染的文件无法播放。即使对于其他预设，也请尽量不修改参数，除非你知道这将修改将对编码带来什么影响。大多数Adobe Premiere Pro预设是很稳妥的，采用默认参数能够获得很高的编码质量，因此，自行修改参数可能不仅不会提高，甚至还会大大降低输出质量。

18.5.2 配置导出

要使用 Adobe Media Encoder 从 Adobe Premiere Pro 中导出文件，需要首先对于项目进行排序。第一步需要使用 Export Settings 对话框针对将要导出的文件进行初步额选择。

1. 如果需要，打开 Lesson 08_01.prproj。
2. 选择 File > Export> Media 命令。

   当在 Export Settings 对话框中进行选择时，最好按照从上到下的顺序进行，首先选择格式和预设，然后是输出设置，最后决定是否要导出到音频、视频或同时导出视音频。
3. 从 Format 预设中选择 H.264 格式。当创建用于上传到视频共享网站的文件时，很多人会选择这个格式。选择 YouTube HD 720p 23.976 预设。

这将会正确载入与源素材的帧尺寸和帧速率相匹配的设置。同时，它会对编码解码器和数据速率进行调整以便满足 YouTube 网站的需求。

4. 单击输出名称（金色的文字），并将文件命名为 Review Copy 03.mov。将其保存在与上一个练习相同的存储位置。

5. 检查预设列表下方的 Summary 以查看目前为止所选择的特效。注意，Export Settings 对话框右下角的选项卡将随选择格式的不同而改变。大多数重要的选项都包含在 Format、Video 和 Audio 选项卡内，而这些选项也会随格式的不同而改变。下面对各选项卡作简要介绍。

- Filters：编码输出可以使用的滤镜是 Gaussian Blur（高斯模糊）。启用该滤镜将降低轻微模糊视频所产生的视频杂色。请在不使用该滤镜情况下导出项目，观察是否存在杂色问题。如果存在，请稍微增加 Gaussian Blur。杂色降低数值增加太多会使视频变模糊。合理使用 Gaussian Blur 通常能够很好地降低文件的比特率（尤其对于具有丰富细节的高分辨率材料，这类材料通常会被进行压缩处理以便分发）。它能够将一些能够导致画面"眩晕"感的过度精细的细节移除掉。

- Video：Video 选项卡用于调整帧尺寸、帧速率、场序以及配置参数。它们的默认值是基于所选的预设。

- Audio：Audio 选项卡允许调整音频的位速率，对于某些格式，还允许调整编码解码器。它们的默认值是基于所选择的预设。

- Multiplexer：这些控件允许你决定是否对编码方法进行优化，以便获得针对某些特定设备的兼容性（例如 iPod 或者 PlayStation Portable）。

- FTP：这个选项卡主要允许你指定 FTP 服务器，以便在完成编码后上传导出的视频。如果需要启用该功能，请根据 FTP 管理员提供的合适的 FTP 参数进行填写。

18.5.3　源和输出面板

我们再看看 Export Settings 对话框的左侧的 Source Range（源范围）下拉列表，从该下拉列表可以选择导出的内容：是序列中被选择的工作区条，还是用该下拉列表正上方的手柄选择的区域，或者是整个序列。在需要导出 Timeline 上的选择区域（而不是整个序列）时，这个选项很有用。

同样是在该对话框的左侧，请注意 Source/Output 选项卡，后者显示将被编码的视频预览。在 Output 选项卡中查看视频是很有用的，这能够发现某些视频格式中由于不规则像素所导致的边框化或者变形问题。

18.5.4 为输出排序

当准备导出序列或者所选择的范围时，需要认真检查最后几个项目，这几个项目对导出文件的细节起着决定性的作用。需要认真分析每一种设置对导出所产生的影响。

- Use Maximum Render Quality（使用最佳渲染质量）：进行渲染时，当从尺寸较大的格式缩放为较小的格式时请考虑激活这项设置，但请注意，该选项需要的内存比正常渲染多，并且可能使渲染速度变慢 1/4 至 1/5。除了需要进行缩放并需要获得最佳质量的输出之外，该选项很少被使用到。

- Use Previews（使用预览）：该选项在 Adobe Premiere Pro CS4 同样仅在弹出菜单中可以使用，它使用制作项目时创建的预览作为最终渲染文件的起点，而不是从零开始渲染所有视频和特效。这可以加快编码速度，但当渲染生成的格式和序列预设不同时，也会降低质量。当对输出质量没有过多要求并且时间比较匆忙时，可以使用该选项。

- Use Frame Blending（使用帧混合）：当更改项目中源剪辑的速率，或渲染为与序列设置不同的帧速率时，激活该选项将平滑运动效果。

- Metadata（元数据）：单击该按钮将打开 Metadata 面板。你可以对很多信息进行设置，例如标记、脚本以及用于高级传输选项（例如 Flash 制作）中的语音抄录。

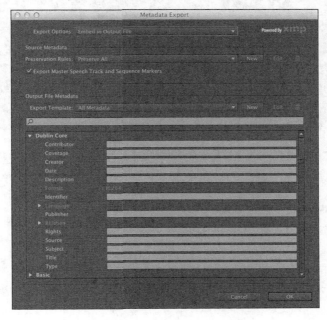

- Queue（队列）：单击 Queue 按钮可以将文件发送到 Adobe Media Encoder，该应用程序将自动打开。
- Export（导出）：激活该选项将直接从 Export Settings 对话框导出，而不通过 Adobe Media Encoder 渲染。这是一种较简单的工作流，但在渲染完成之前无法在 Adobe Premiere Pro 中编辑。

单击 Queue 按钮启动 Adobe Media Encoder 并提交文件。

18.5.5　Adobe Media Encoder 中的其他选项

使用 Adobe Media Encoder 还有几个额外的益处。虽然只需单击 Adobe Premiere Pro 的 Export Settings 面板这能够的 Export 按钮就可以执行几个额外的步骤，而这些选项的作用却不容小觑。

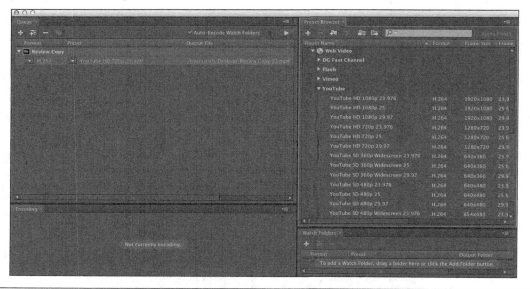

下面将介绍一些 Adobe Media Encoder 中最有用的功能：

- 添加更多的独立文件：要向 Adobe Media Encoder 中添加独立的文件，可以选择 File> Add Source 命令。
- 直接导入 Adobe Premiere Pro 项目：可以选择 File > Add Premiere Pro Sequence 命令，选择 Adobe Premiere Pro 项目文件并选择序列（甚至不需要启动 Adobe Premiere Pro）。

- 渲染 After Effects 项目：要从 Adobe After Effects 中导入合成图形并进行编码，可以选择 File> Add After Effects Composition（添加 After Effects 合成图像）命令。该方法与上一个方法类似，不需要打开 Adobe After Effects。

- 使用监视文件夹：如果想要自动完成某些编码任务，可以通过选择 File > Add Watch Folder（添加监视文件）命令创建监视文件夹，然后将预设指定给监视文件夹。这样，以后拖动到该文件夹中的源文件会被自动进行编码，进而转换成预设中指定的格式。

- 修改项目：可以使用相应的按钮添加、复制或者删除任何任务，也可以将尚未启动的任务拖动到队列中的任意位置上。如果没有将队列设置为自动启动，可以单击 Start Queue（启动队列）启动编码操作。Adobe Media Encoder 会连续对文件进行编码，而不是平行进行编码，在启动编码操作之后，如果向队列中添加文件，那么这些文件也会被进行编码。

- 修改预设：可以使用每种方法单独选择格式 / 预设。当编码任务被载入到 Adobe Media Encoder 之后，管理工作就会变得十分简单明了。要更改编码设置，单击目标任务然后再单击右侧的 Settings 按钮即可。

18.6 与其他编辑应用程序进行交互

在视频后期制作过程中，经常需要几个程序之间互相协作。幸运的是，Adobe Premiere Pro 能够读取和写入与市面上很多高端编辑和色彩分级工具互相兼容的项目文件。

18.6.1 导出 Final Cut Pro XML 文件

使用 Final Cut Pro XML 可以使 Adobe Premiere Pro 与很多应用程序进行交互式操作。你可以将项目直接导入到 Final Cut Pro 7 或者 6 中，或者使用 Assisted Editing 公司提供的 7toX for Final Cut Pro 将其转换为 Final Cut Pro X。也可以将项目导出到其他应用程序中吗，例如 Davinci Resolve 和 Grass Valley Edius。从 Adobe Premiere Pro 导出到 Final Cut Pro，以及将 XML 文件导入到 Final Cut Pro 中，都是非常简单的。

1. 开始时，在 Adobe Premiere Pro 中，选择 File > Export <Final Cut Pro XML 命令。单击 Yes 按钮保存项目。

2. 在 Final Cut Pro XML-Save Converted Project As 对话框中，对文件进行命名，选择存储位置，并单击 Save 按钮。Adobe Premiere Pro 会通知你是否存在导出到 XML 的事项。

   文件现在可以导入到其他的应用程序中。你可能需要导入或者将媒体捕捉到其他的应用程序中并重新链接。

18.6.2 导出到 OMF

Open Media Framework（OMF）现在已经成为在不同系统间交换信息的标准方式（尤其对于音频混合）。当导出 OMF 文件时，最典型的方法是创建一个包含全部音频轨道的单个文件。当 OMF 文件在一个兼容的应用程序中打开

时，会显示所有的轨道。

下面介绍如何创建 OMF 文件。

1. 选择序列，然后选择 File > Export> OMF 命令。

2. 在 OMF Title 字段中为文件输入一个名称。

3. 确保 Sample Rate 和 Bits per Sample 设置与素材相匹配；最常用的设置时 48000Hz 和 16 位。

4. 从 Files 菜单中，选择以下选项之一：

    • Encapsulate：该选项能够导出包含项目元数据以及所选序列中全部音频的 OMF 文件。Encapsulated OMF 文件通常都比较大。

    • Separate Audio：该选项能够将单个的单声道 AIFF 文件导出到 omfMediaFiles 文件夹中。

5. 如果使用 Separate Audio 选项，需要在 AIFF 和 Eave 格式之间进行选择。二者都具有较高的质量，但是需要检查一下需要与之进行交互的系统。一般来说，AIFF 文件具有更大的兼容性。

6. 使用 Render 菜单，可以选择使用 Copy Complete Audio Files（复制完整音频文件）或者使用 Trim Audio Files（裁剪音频文件）以便较小文件尺寸。修改剪辑时，可以添加手柄（额外的帧）来获得更大的灵活度。

7. 单击 OK 按钮生成 OMF 文件。

8. 选择存储位置，并单击 Save 按钮。这里，可以选择课程文件。

18.6.3 导出到 AAF

另一种交换文件的方法是 Advanced Authoring Format（AAF）。这种方法通常用于交换项目信息和 Avid Media Composer 中的源媒体。

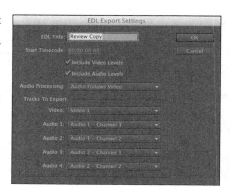

1. 选择 File > Export> AAF 命令。

2. 在 AAF-Save Converted Project As 对话框中，选择一个存储位置并单击 Save 按钮。

3. 在 AAF Export Settings 对话框中，存在两个附加选项。

    • Save as legacy AAF：可以增加文件的兼容性，但是所支持的功能不多。

    • Embed audio：该选项会尝试将音频嵌入到文件中以便减少重新链接的次数。

4. 单击 OK 按钮将序列以 AAF 文件形式保存在指定的位置。

这时，AAF Export Log 对话框将会打开并报告相关的事宜。

使用编辑决策列表

编辑决策列表（EDL）令人回想起以前，当时的小容量硬盘限制了视频文件的大小，低速处理器无法播放高分辨率视频。作为补救措施，编辑人员在 Adobe

Premiere Pro这样的非线性编辑软件中使用低分辨率文件编辑项目，把其导出到EDL，然后把这个文本文件和原始磁带一起送到制作机房。制作机房人员使用昂贵的硬件切换台创建最终的高分辨率作品。

现在不大需要这种脱机作业，但是电影制作者仍然使用EDL，这与文件大小和电影与视频之间来回转换的复杂性有关。

如果要使用EDL，项目必须严格遵循以下原则。

EDL最适合的项目只有一条视频轨道，两条立体声（或4条单声道）音频轨道，并且不包含嵌套序列。

- 大部分标准切换、静帧和剪辑速度的调整都可以用在EDL中。
- Adobe Premiere Pro目前支持字幕或其他内容的键控轨道，这种轨道必须位于选择的导出视频轨道的正上方。
- 必须用精确的时间码采集和记录所有原始素材。
- 采集卡必须具备使用时码的设备控制功能。
- 每盒磁带都必须有唯一的卷轴（reel）号，在拍摄之前必须事先录好时码，确保时码内没有中断。

要查看EDL选项，请选择File > Export > EDL命令，以打开EDL Export Setting对话框。

其中的选项如下所示。

- EDL Title：指出显示在EDL文件第一行中的标题。标题可以与文件名不同。在单击EDL Export Settings（EDL导出设置）对话框中的OK之后，就可以输入文件名。
- Start Timecode：设置序列中第一个编辑的起始时码值。
- Include Video Levels：在EDL中包括视频透明度等级注解。
- Include Audio Levels：在EDL中包括音频等级注解。
- Audio Processing：指出何时应该进行音频处理，选项包括Audio Follows Video（视频处理后处理音频）、Audio Separately（单独处理音频）和Audio At End（最后处理音频）。
- Tracks to Export：指出导出哪些轨道。位于所选导出视频轨道的正上方视频轨道用作键控轨道。

18.6.4 发送到 Adobe SpeedGrade

Adobe提供了一款本公司开发的名为SpeedGrade的强大的色彩分级工具，它包含于Creative Suite Production Premium软件套件中。它所提供的完整的工具组合能够操控并改进色彩效果。只有当项目处于最终的收尾阶段，视觉效果已经基本锁定并且不需要进行进一步的改进时，才可以将文件发送到 Adobe SpeedGrade 中。如果仍然想继续对项目的内容和时长进行编辑，那么不应该使用 SpeedGrade。

1. 选择 File > Save 命令捕捉序列中存在的任何更改。
2. 选择 File> Send to Adobe SpeedGrade 命令。
3. 在新打开的对话框中，为新文件选择一个存储位置。
4. 一切就绪之后选择 Save 命令。

   这时，会生成一个新的项目文件，并且为项目中的每个剪辑都创建一个图像序列（使用 DPX 文件格式）。

18.7　记录到磁带

磁带的使用现在已经变得越来越少，但是在世界上的某些行业和地区中，仍然有很多人更喜欢这种输出方法。例如，很多广博公司需要使用 HDCAM SR 或者 DVCPRO HD 格式的主磁带（master tape）。如果使用的拍摄格式为 DV 或者 DHV，那么通常需要将内容记录到磁带上以便保存。

如果你拥有磁带设备或者摄像机，可以使用项目 Lesson 18_02.prproj。其中包含可以进行输出的 DV 和 HDV 序列。

18.7.1　准备用于磁带输出的项目

要将项目录制到磁带中，序列需要具有流畅播放效果，也就是不能存在丢帧或者不自然的特效问题。你需要具有运行足够快速的硬盘驱动以及性能良好的设备。下面是一些其他需要注意的细节：

- Device Control 设置：确保 Adobe Premiere Pro 支持你的录制设备。打开 Adobe Premiere Pro 的 Preferences（首选项）并选择 Device Control（设备控制）。在 Devices 菜单中，选择合适的设备控制类型。单击 Options 按钮并尽量选择与你的设备相匹配的选项。如果你使用船业的设备和采集卡，可能需要安装其他一些驱动程序。

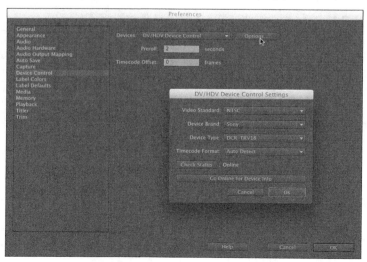

- 音频通道指定：需要检查序列中的音频通道是否已经被指定到正确的输出上。有些设备，例如 DV，只支持两个音频通道，而其他格式则可以支持 4、8，甚至 16 通道。通过使用 Audio Mixer，可以将每一个音频轨道指定到特定的输出。

18.7.2　准备用于输出的磁带

要将项目录制到磁带中，首先需要准备磁带，这个过程通常被称为 striping 或者 blacking。在这个过程中，需要将时间码设置到磁带上并确保能够随时进行录制。

对于不同的设备来说，这个过程活存在很大的区别，因此有必要查看硬件制造商提供的说明书。为了与条块、语调、录制信息和倒计时相适应，通常会从磁带的 00:58:00:00 处开始。基本视频通常从 1:00:00:00 处开始。

18.7.3　录制到 DV 或者 HDV 设备

Adobe Premiere Pro 具备连接到 DV 和 HDV 设备的能力。如果你的原始视频是使用 DV 或者 HDV 磁带采集的，可能需要将完成之后的项目再次写入到磁带中以便长时间保存。如果要执行这种操作，请执行以下步骤：

1. 将 DV 或者 HDV 摄像机连接到计算机上，就像采集视频时所做的那样。
2. 开启摄像机，并将其设置为 VCR 或者 VTR 模式（而不是你可能认为的 Camera 模式）。
3. 找到磁带中你要开始录制的位置。
4. 选择要录制的序列。
5. 选择 File > Export > Tape 命令。
   在使用 DV 摄像机时，将看到如下图中所示的 Export to Tape（导出到磁带）对话框。
   其中各选项的功能如下。

   - Activate Recording Device（激活录制设备）：选取该项时，Adobe Premiere Pro 将控制 DV 设备。如果要手动控制录制设备，就不要选取此项。
   - Assemble at Timecode（放置时码）：使用此项在你想开始录制的地方选择入点，如果未选择此项，将从磁带当前位置开始录制。
   - Delay Movie Start by x frames（使用预卷 x 帧延迟影片录制）：这个选项针对一小部分 DV 录制设备，它们从接收视频信号到开始录制需要一小段时间。请查阅使用手册，了解设备制造商推荐的方法。
   - Preroll x frames:（预卷 x 帧）：大部分磁带装置都不需要或只需一点时间即可达到合适的磁带记录速度。为安全起见，请选择 150 帧（5 秒），或在项目的开始处加一段黑底视频。

   其他选项意思很明确，这里不再解释。
6. 单击 Record（如果不想录制可以单击 Cancel）。
   如果项目还未渲染(按 Enter 键 [Windows] 或者 Return 键 [Mac OS] 回放，而不是按空格键)，

Adobe Premiere Pro 现在就会进行渲染。当渲染结束后，Adobe Premiere Pro 会启动摄像机，将项目录制到磁带中。

18.7.4　使用第三方硬件

一些制造商能够提供视频输入 / 输出设备，例如 AJA、Blackmagic Design、Bluefish444 以及 Matrox。这些产品能够将专业品质的视频设备连接到你的计算机上。

在使用专业设备时，以下几个功能非常有用：

- SD/HD-SDI：串行数字接口（Serial Digital Interface，SDI）能够搭载标清或者高清视频以及最高 16 通道的数字音频。通过一条线缆，可以将视频，以及需要的全部音频输出到设备中。
- 分量视频：有些设备仍然需要依赖其他的连接类型。你可以使用分量视频（component video）进行模拟（Y'PrPb）和十字（Y'CbCr）连接。分量连接仅能够搭载视频信号，无法搭载音频信号。
- AES 和 XLR 音频：如果你不想使用嵌入式 SDI 音频信号，那么很多设备也会提供专用的音频连接。最常见的连个是 AES（或者 XLR OR BNC 类型）或者模拟 XLR 音频。
- RS-442 设备控制：专业的设备会使用一种被称为 RS-442 的设备控制。这种串行连接用于设备上精确到帧的控制。

> **Pr** ｜ 提示：要了解更多受支持的硬件设备，可以访问 www.adobe.com/products/premiere/extend.html。

复习题

1. 如果希望导出的数字视频文件在将来能够被编辑，应采用哪些主要格式？

2. Adobe Media Encoder 支持哪些流媒体选项？

3. 导出到大多数移动设备时应使用哪种编码格式？

4. 在处理新项目前，必须等待 Adobe Media Encoder 完成其队列的处理吗？

5. 当单击 Export to Tape 对话框中的 Record 按钮时，摄像机会处于暂停状态，这是什么原因？

复习题答案

1. 对于 SD 文件，主要选项是 DV 格式的 Microsoft DV AVI 和 QuickTime MOV；对于 HD 文件，可以尝试使用 Match Sequence Settings 选项或者 H.264 格式创建文件或者使用第三方编码解码器。

2. 这将随平台的不同而不同。两种操作系统都包含 Flash（FLV|F4V）、H.264 和 QuickTime，而 Windows 版本还包含 Windows Media。

3. 导出到大多数移动设备时所采用的编码格式是 H.264

4. 不需要。Adobe Media Encoder 是一个独立的应用程序，你可以在它处理其渲染队列期间处理其他应用程序，或者甚至开始新的 Adobe Premiere Pro 项目。

5. 在 Adobe Premiere Pro 开始将项目录制到磁带之前，它必须首先对项目进行渲染。你可以事先进行渲染，打开序列并按 Return 键或者 Enter 键即可。否则，当单击 Record 按钮时，必须先等待 Adobe Premiere Pro 对序列中存在的任何不自然的部分进行处理。